高等院校无损检测本科专业系列教材

无损检测导论

WUSUN JIANCE DAOLUN

夏纪真　编著

·广州·

版权所有　翻印必究

图书在版编目（CIP）数据

无损检测导论/夏纪真编著．—2版．—广州：中山大学出版社，2016.8
ISBN 978-7-306-05741-9

Ⅰ.①无…　Ⅱ.①夏…　Ⅲ.①无损检验　Ⅳ.①TG115.28

中国版本图书馆CIP数据核字（2016）第152959号

出 版 人：徐　劲
策划编辑：李　文
责任编辑：周　玢
封面设计：曾　斌
责任校对：王　璞
责任技编：何雅涛
出版发行：中山大学出版社
电　　话：编辑部 020-84111996，84113349，84111997，84110779
　　　　　发行部 020-84111998，84111981，84111160
地　　址：广州市新港西路135号
邮　　编：510275　　　　　传　真：020-84036565
网　　址：http://www.zsup.com.cn　　E-mail:zdcbs@mail.sysu.edu.cn
印　刷　者：广州一龙印刷有限公司
规　　格：787mm×1092mm　1/16　19.25印张　351千字
版次印次：2016年8月第1版　2020年8月第2次印刷
定　　价：50.00元

如发现本书因印装质量影响阅读，请与出版社发行部联系调换

作者简介

夏纪真（Xia Jizhen）

高级工程师，男，汉族，1947年生于广州市，祖籍江苏高邮。

1991年获得航空航天工业部"有突出贡献的中青年科技专家"称号。

1992年获得国务院授予的"有突出贡献专家"称号并终身享受国务院的政府特殊津贴。

2000年4月创建并主持无损检测技术专业综合资讯网站（"无损检测图书馆"，www.ndtinfo.net）至今。

1960年毕业于中山大学附属小学，1965年毕业于广东广雅中学，1970年毕业于哈尔滨军事工程学院空军工程系飞机电器专业（哈尔滨军事工程学院最后一期学员）。

从事过多种技术工作（锻造、电器、电子仪表、理化测试、无损检测、计算机等），曾长期在航空工业系统生产第一线（贵州省安顺市）工作，具有在高等院校（南昌航空工业学院、广州铁路职业技术学院、北京理工大学珠海学院）从事大专、本科无损检测专业教学，科研与科技开发，以及在广州某大型国企从事质量管理和计算机技术工作等实践经历。

历任航空工业系统某锻造厂无损检测组组长、南昌航空工业学院无损检测专业教研室副主任和昌航高新技术开发公司副总经理、广州某大型国企集团公司的机械公司质量管理部副部长兼理化计量测试中心主任和集团公司计算机与信息中心主任等职。曾任航空航天工业部无损检测人员技术资格鉴定考核委员会委员、中国机械工程学会无损检测专业委员会会刊《无损检测》杂志编委、广东省机械工程学会无损检测分会理事长，具有原航空航天工业部无损检测人员超声检测、磁粉检测和渗透检测的高级技术资格、劳动部锅炉压力容器无损检测人员超声检测高级技术资格、中国无损检测学会工业X射线实时成像检测2级人员技术资格。自1982年至今30多年来长期兼职从事无损检测人员的技术资格等级培训考核工作，1991—1993年期间还担任闽台超声波检测、射线检测研讨班（对我国台湾地区无损检测人员中高级技术资格培训考核）的主讲教师和考核工作。

专长于无损检测技术，尤其在超声波检测方面有较高造诣，在国际和全国性杂志与学术会议发表论文30多篇、译文30多篇，编写出版专业教材和专著10本，从事科研课题数十项，开发新产品九项，曾获国家科技进步一等奖，航空工业部与国防工业重大科技成果及科技成果一、二等奖等。

现任北京理工大学珠海学院"应用物理（无损检测方向）"本科专业责任教授，兼任中国机械工程学会无损检测专业委员会教育培训科普工作委员会委员、辽宁省无损检测学会会刊《无损探伤》杂志特邀编委等。

2009年3月获中国机械工程学会无损检测分会1978—2008年30周年的第一届"百人奖"——"优秀工作者奖"，2013年获中国机械工程学会无损检测分会成立35周年的第二届"百人奖"——"特殊贡献奖"。

自1996年起陆续被收入《中国高级专业技术人才辞典》（中国人事出版社）、《中国专家大辞典》（国家人事部专家服务中心）、《数风流人物——广州市享受政府特殊津贴专家集》（广州市人事局）、《世界优秀专家人才名典》（香港中国国际交流出版社）、"中国设备工程专家库"（国家级专家，中国设备管理协会）、"广州市科技专家库"（广州市科技局）等。

地址：中国广东省广州市海珠区新港西路中山大学园西区745号之一201室

邮编：510275

手机：13922301099   E-mail：xjzndt@126.com

前言

本书是继 1988 年 12 月原劳动部锅炉压力容器安全杂志社出版的《无损检测导论》（夏纪真编著，原劳动部锅炉压力容器检测研究中心张泽丰主审）和 2010 年 1 月中山大学出版社出版的《无损检测导论》（夏纪真编著）之后的第三次修订，无损检测技术发展的突飞猛进，使得有必要再次进行增补与修订。

无损检测（non-destructive testing，NDT）技术是第二次世界大战后迅速发展起来的一门新兴的、多学科综合应用的、理论与实践紧密结合的工程科学。顾名思义，相对于金相试验、化学分析试验、力学性能试验等破坏性试验技术而言，无损检测技术能够在不损伤被检物使用性能、形状及内部结构和形态的前提下实现百分之百检查，从而达到了解和评价被检测的材料、产品和设备构件的性质、状态、质量或内部结构等的目的，因而其在工业生产、在役检验、物理研究、生物工程等广大领域获得了高度重视和广泛应用，并且不断为适应新应用的需求而迅速发展。

目前，无损检测技术已经在机械装备制造、冶金、石油化工、兵器、船舶、航空与航天、核能、电力、建筑、交通、电子电器、医药与医械、轻工直至食品工业等行业，以及地质勘探、安全检查、材料科学研究等领域都获得了广泛的应用，成为极其重要的检测与测试手段。

不仅如此，无损检测技术正从单纯的检验测试技术阶段发展到了无损评价技术（non-destructive evaluation，NDE）阶段，它不仅包含了无损检查与测试，还涉及材料物理性质的研究、产品设计与制造工艺、产品与设备使用中的应力分析及安全使用寿命评估，它与以断裂力学理论为基础的损伤容限设计概念发生了紧密的联系，在材料科学中起着重要的作用。

尽管无损检测技术本身并非一种直接的生产技术，但是其技术水平却能反映企业、部门、行业、地区，甚至一个国家的科技与工业水平，特别是对一个国家的经济发展而言，可以说无损检测与评价技术具有重要的意义。

无损检测与评价技术无论在理论性、系统性和工艺性方面都有较高的要求，它涵盖了物理学、材料科学、电子技术、测量技术、信息技术及计算机技术等多方面的内容，材料的每一种物理特性几乎都可以成为某种无损检测方法的基础，几乎所有形式的能量都能被利用来确定材料的物理特性或用于缺陷检测。就目前应用的无损检测技术方法而言，涉及的物理基础就有声、光、热、电、磁、电磁、机械、放射线辐射、物理化学、粒子束、高能物理等，以及其中某些特性的组合应用。因此，要求从事无损检测与评价技术的人员具备较深厚的物理知识基础、材料知识基础、加工工艺知识基础等，需要有较广泛的知识面和较强的综合分析判断能力。即便是从事非无损检测专业工作的工程技术人员，也需要对无损检测技术有较深入的了解，因为无损检测与评价技术在产品设计及制造工艺的确定、保证材料和产品质量、确保产品的使用可靠性，以及降低制造成本、提高生产效率和产品使用效率、延长产品使用寿命以达到提高经济效益、提高社会效益、保障生命财产安全的效果等方面都起着关键性的作用。

本书力图对无损检测与评价技术的基本内容及其应用范围，它在产品设计制造和使用维护中所起的作用，以及对它的人员管理、组织管理、质量控制与管理、经济管理等方面做出简明扼要的介绍。

本书适合大学本科与大专、高级职业技术学院的无损检测专业，作为其《无损检测技术》课程或《无损检测新技术》课程的教材，以及中级和高级无损检测技术资格人员的参考教材。推荐本科层次教学设置64学时，推荐大专层次教学设置48学时，如作为非无损检测专业《无损检测概论》课程的教材则推荐设置32学时。本书对以无损检测为研究方向的硕士、博士有开拓思路的参考作用，对从事非无损检测专业工作的工程技术人员也有重要的参考价值。

夏纪真

2016年1月于广州

目录

第一章 无损检测的定义与目的 ……………………………………………………… (1)
  1.1 无损检测的定义 ……………………………………………………………… (1)
  1.2 无损检测的目的 ……………………………………………………………… (1)
    1.2.1 产品制造中的质量控制 ………………………………………………… (1)
    1.2.2 产品的质量鉴定 ………………………………………………………… (3)
    1.2.3 在役检测 ………………………………………………………………… (4)
    1.2.4 无损评价 ………………………………………………………………… (8)
  1.3 无损检测的本质 ……………………………………………………………… (8)
  1.4 无损检测技术的应用对象与应用范畴 ……………………………………… (9)
  1.5 无损检测技术的起源与发展 ………………………………………………… (10)
    1.5.1 世界无损检测技术的起源与发展过程 ………………………………… (10)
    1.5.2 我国无损检测技术的发展 ……………………………………………… (16)

第二章 无损检测技术原理及其应用简介 …………………………………………… (23)
  2.1 利用声学特性的无损检测技术（利用机械振动波的无损检测技术） …… (23)
    2.1.1 超声波检测技术 ………………………………………………………… (23)
    2.1.2 声发射检测技术 ………………………………………………………… (65)
    2.1.3 声振检测技术 …………………………………………………………… (71)
    2.1.4 声全息法 ………………………………………………………………… (76)
    2.1.5 超声频谱分析法（ultrasonic spectral analysis） …………………… (79)
    2.1.6 超声波计算机层析扫描技术（声波层析成像技术、超声波CT） …… (79)
    2.1.7 激光超声检测 …………………………………………………………… (80)
    2.1.8 利用振动波的残余应力测试 …………………………………………… (83)
  2.2 利用电、磁和电磁特性的无损检测技术 …………………………………… (84)
    2.2.1 磁粉检测 ………………………………………………………………… (84)
    2.2.2 漏磁检测 ………………………………………………………………… (89)
    2.2.3 巴克豪森噪声分析 ……………………………………………………… (92)
    2.2.4 涡流检测（eddy-current testing，ET） ……………………………… (93)

2.2.5 金属材料涡流分选技术 (95)
2.2.6 金属材料电磁分选技术 (96)
2.2.7 远场涡流检测技术 (96)
2.2.8 涡流阵列检测技术 (97)
2.2.9 脉冲涡流检测技术 (98)
2.2.10 涡流法覆层厚度测量 (99)
2.2.11 磁性法覆层厚度测量（电磁法测厚） (100)
2.2.12 电流扰动检测技术 (101)
2.2.13 磁光涡流成像检测 (102)
2.2.14 磁测（应力）法 (102)
2.2.15 电位法检测 (102)
2.2.16 交流电磁场检测 (104)
2.2.17 介电法 (107)
2.2.18 电容法 (107)
2.2.19 涡流-声（电磁-超声）检测技术 (107)
2.2.20 微波检测 (111)
2.2.21 探地雷达 (112)
2.2.22 太赫兹波检测 (116)
2.2.23 微波断层成像技术 (119)
2.2.24 电磁层析成像 (119)
2.2.25 金属探测器 (119)
2.2.26 金属磁记忆检测 (121)
2.2.27 核磁共振 (123)
2.2.28 里氏硬度测量 (124)
2.3 **利用放射性辐射特性的无损检测技术** (128)
2.3.1 射线照相检测 (129)
2.3.2 数字化 X 射线照相检测 (133)
2.3.3 计算机辅助层析扫描射线检测技术 (147)
2.3.4 中子射线照相检测 (150)
2.3.5 中子活化分析 (151)
2.3.6 X 射线荧光分析 (152)
2.3.7 β 射线反向散射法 (154)
2.3.8 辐射测厚 (154)
2.3.9 放射性气体吸附检测 (154)
2.3.10 穆斯堡尔谱分析 (155)
2.3.11 正电子湮灭技术（PAT） (155)
2.3.12 X 射线表面残余应力测试技术 (156)
2.4 **利用热学特性的无损检测技术** (157)

2.4.1　热图像法（红外检测） ················· (157)
　　2.4.2　红外热波无损检测技术 ················· (167)
　　2.4.3　热图法 ······························· (171)
　　2.4.4　热电法 ······························· (172)
　　2.4.5　液晶无损检测 ························· (174)
2.5　利用渗透现象的无损检测技术 ··················· (174)
　　2.5.1　着色渗透检验的基本检验程序 ············· (175)
　　2.5.2　荧光渗透检验的基本检验程序 ············· (177)
　　2.5.3　过滤微粒法检验 ······················· (179)
　　2.5.4　光折射渗透检测 ······················· (180)
2.6　利用光学特性的无损检测技术 ··················· (181)
　　2.6.1　激光全息照相检测 ····················· (181)
　　2.6.2　激光散斑干涉技术 ····················· (182)
　　2.6.3　激光电子散斑剪切技术 ················· (183)
　　2.6.4　紫外成像技术 ························· (189)
　　2.6.5　目视检测 ····························· (190)
　　2.6.6　荧光测温 ····························· (196)
2.7　泄漏检测技术（leak testing，LT） ············· (196)
2.8　结束语 ······································· (203)

第三章　无损检测人员的技术资格鉴定与认证 ··········· (205)
3.1　对无损检测人员技术资格鉴定与认证的理由 ········· (205)
3.2　对无损检测人员技术资格鉴定与认证的要求 ········· (207)
　　3.2.1　分类与职责 ··························· (207)
　　3.2.2　无损检测人员资格鉴定与认证的报考条件 ··· (210)
　　3.2.3　无损检测人员的资格鉴定考试 ············· (211)
　　3.2.4　无损检测人员资格的证书有效期 ··········· (212)

第四章　无损检测技术的组织管理、质量控制与技术经济分析 ··· (213)
4.1　无损检测技术的组织管理 ······················· (213)
4.2　无损检测技术的质量控制与管理 ················· (214)
4.3　无损检测技术的经济管理 ······················· (220)
　　4.3.1　无损检测技术的经济意义 ················· (220)
　　4.3.2　无损检测技术费用的经济核算 ············· (220)

主要参考文献 ···································· (232)

第一章 无损检测的定义与目的

1.1 无损检测的定义

无损检测技术是利用被检物质因存在缺陷或组织结构上的差异而使其某些物理性质的物理量发生变化的现象，在不损伤被检物使用性能、形状及内部结构和形态的前提下，应用相应的物理方法测量这些变化，从而达到了解和评价被检测的材料、产品和设备构件的性质、状态、几何尺寸、质量或内部结构等的目的，它属于高新科技领域的一种特殊检测技术。

1.2 无损检测的目的

无损检测的目的大体上可从四个主要方面来阐述。

1.2.1 产品制造中的质量控制

按照全面质量管理的理念，产品质量的保证不仅是产品制造完成后的检验剔除，而且应该在产品制造前和制造过程中就杜绝可能影响产品最终质量的各种因素，无损检测技术的应用恰好能够满足这一理念的要求。

每一种产品均有其特定的使用性能要求，这些要求通常在该产品的技术文件中规定，并以一定的技术质量指标反映，例如技术条件、技术规范、验收标准等。无损检测技术应用的目的之一是根据验收标准将材料、产品的质量水平控制在适合使用性能要求的范围内。

例如对非连续加工（多工序生产）或连续加工（自动化生产流水线）的原材料、半成品、成品及其构件采用无损检测技术实施百分之百检查（实时工序质量控制），及时检出原材料和加工过程中出现的各种缺陷并据此加以控制，即控制材料的冶金质量与产品生产工艺质量，诸如产生缺陷的情况、材料的显微组织状态变化、产品表面涂镀层厚度及质量的监控等，防止不符合质量要求的原材料、半成品流入下道工序，避免产品成品的不合格所导致的工时、人力、原材料及能源的浪费。此外，还能把通过无损检测了解到的质量信息反馈给设计与工艺部门，促使进一步改进设计与制造工艺，即避免出现最终产品的"质量不足"，起到减少废品和返修品，从而降低制造成本、提高生产效率的效果。

例如，某锻造厂生产一种 45 号钢（一种中碳钢）制的球面管嘴模锻件，对成品锻件进行磁粉检测时发现存在严重的锻造折叠（图 1-1），折叠缺陷的出现率达到 30%～40%，缺陷的最大深度已接近甚至超过设计的壁厚加工余量而导致锻件报废，或者因需要返修而成为次品。根据磁粉检测结果的反馈，设计部门改进了模具设计，工艺部门改进了模锻前的毛料荒形和模锻时摆放毛料的方式，使折叠缺陷的出现率下降到 0%，杜绝了因为折叠缺陷造成的废品和返修品，从而大大节约了原材料和降低了能源消耗，节省了返修工时，明显提高了生产效率。

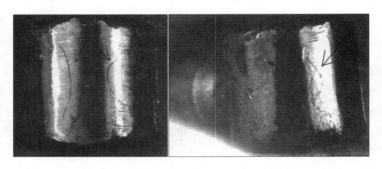

图 1-1　45 号钢三通接头模锻件上的折叠，黑磁粉检测的磁痕显示

又如某厂用电弧炉冶炼牌号为 5CrNiMo 的热作模具钢，浇铸成钢锭，再经过开坯锻造制成模具毛坯，在投入制模机械加工之前采用超声波检测，发现比率高达 48% 存在白点缺陷（图 1-2）从而导致毛坯报废。根据超声检测结果的反馈，工艺部门改进了冶炼原材料的质量控制，增加了炉料烘烤工艺以去除湿气，并且在钢锭开坯锻造制成模具毛坯后立即进行红装等温退火处理等，经过一系列的工艺改进，完全杜绝了白点的产生，大大提高了钢材的收得率，降低了冶炼与锻造的能源消耗并明显提高了生产效率。

又如某锻造厂生产的飞机用铝合金托板螺帽本应该用 LD5（5 号锻铝）锻造，一批成品入库数量应该是 28 000 件，入库时发现为 28 003 件，说明有可能混入了其他材料（俗称"混料"），用涡流导电率检测方法查出混入了 3 件 LD10（10 号锻铝），消除了以后使用中有可能因为材料强度不同而出现的安全隐患。

另外，根据验收标准实施无损检测，将材料、产品的质量水平控制在适合使用性能要求的范围内，可以避免无限度地提高质量要求而造成"质量过剩"。

还可以利用无损检测技术确定缺陷所处的准确位置，在不影响设计性能的前提下使用某些存在缺陷的材料或半成品，例如确认缺陷位置处于毛坯机械加工余量之内，或者允许通过局部修磨去除缺陷、允许挖除缺陷后堆焊修补，又或者可以调整加工工艺使缺陷位于于将要加工去除的部位等，从而可以提高材料的利用率，获得良好的经济效益。

因此，无损检测技术在降低生产制造费用、提高材料利用率、提高生产效率，使产品同时满足使用性能要求（质量水平）和经济效益的需求两方面都起着重要的作用。

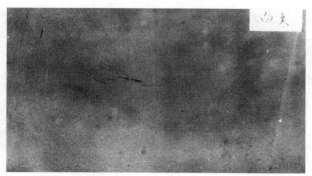

横向低倍×1

纵向断口×1

图 1-2　5CrNiMo 模具钢锻坯中的白点

横向宏观表现为辐射状发裂，纵向断口为银白色椭圆斑点

1.2.2　产品的质量鉴定

已制成的产品（包括材料、零部件等）在投入使用或做进一步加工、组装之前，应用无损检测技术进行最终检验，确定其是否达到设计性能要求，能否安全使用，亦即判别其是否合格（符合产品技术条件、验收标准的要求），以免给以后的使用造成隐患，此即质量鉴定的意义。

例如，某锻造厂使用牌号为 5CrNiMo 的热作模具钢制成三吨模锻锤用整体模具，在三吨模锻锤上锻制铝合金锻件，仅生产了数十件锻件，模具即开裂报废，飞出的模具碎块还差点酿成人身伤害事故，按该模具的正常设计寿命应能至少生产 5 万件。经过金相分析判断，发现原因是该模具存在严重的过热粗晶，而该模具成品未经超声波检测就投入使用了。

又如某中外合资汽车制造厂从国外进口的汽车发动机曲轴，在装配前，工人发现曲轴轴颈部位存在若干肉眼可见的"白斑"（如芝麻般大小），经涡流检测确认属于曲轴轴颈表面的氮化层剥落，于是剔除了具有这种缺陷的曲轴，从而避免了装配后因轴颈快速磨损甚至卡死造成的发动机事故，保障了汽车的安全使用，而且该厂通过索赔挽回了可能造成的经济损失。

又如某锻造厂从国外进口一批 Φ230 mm 的 WNr2713 热作模具钢轧棒，未经超声波检测验收即投入锻造加工，结果出现大约 56% 的锻件开裂报废，后来经过超声检测和解剖鉴定，确认其原因是该批轧棒中存在严重的白点缺陷（图 1-3），但是由于已经过了索赔期，使该厂遭受了很大的经济损失。

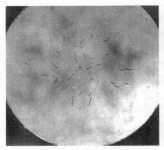
横向低倍

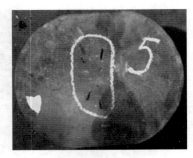
锻造时导致开裂

纵向断口

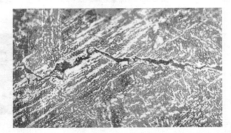
高倍500×，穿晶裂纹，周围无氧化物及脱碳等现象

图1-3　国外 Φ230 mm WNr2713 热作模具钢轧棒中的白点

涡轮喷气发动机锻造叶片出现锻造裂纹、锻造的传动齿轮含有夹渣（原材料缺陷）、涡轮喷气发动机涡轮盘存在锻造折叠缺陷等造成航空发动机试车及飞行过程中发生损坏事故，机械设备中的零部件质量低劣而在后续使用中早期破损导致重大经济损失甚至酿成灾难性事故等的案例和教训是很多的，而许多部门由于对无损检测技术不了解、甚至完全没有概念，以至于要等吃了大亏才想起寻求无损检测技术帮助的例子就更多了，这里不予赘述。

因此，产品使用前的质量鉴定验收是非常必要的，特别是那些将要在高应力、高温、高循环载荷等复杂条件下工作或者要在有腐蚀性等的恶劣环境中工作的零部件或构件，仅靠一般的外观检查、尺寸检查、破坏性抽检来判断其质量是远远不够的，在这方面，无损检测技术表现出了能够百分之百地全面检查材料内外部质量的无比优越性。

1.2.3　在役检测

使用无损检测技术对正在运行中的设备构件进行经常性的或定期、不定期的检查，或者实时监控，统称为在役检测，目的是为了能够尽早发现和确认危害设备继续安全运行及使用的隐患并及时予以清除，以防止事故的发生。

在役无损检测主要是检测疲劳裂纹、应力腐蚀裂纹和应力腐蚀疲劳裂纹及腐蚀损伤，或者产品中原有的微小缺陷在使用过程中扩展成为危险性缺陷等，也包括因为非正常使用而导致的过载断裂等，显然，这些缺陷是要经过一段使用时间后才会形成和发展的。例如，曾发生过的海上直升机桨毂因为应力腐蚀裂纹导致旋翼飞脱而使直升机成了

"秤砣"栽入大海。对于使用中的重要的大型设备，如锅炉、压力容器、核反应堆、飞机、铁路车辆、铁轨、桥梁建筑、水坝、电力设备、输送管道、起重设备、电梯，甚至游乐场的旋转、飞行游戏设施，等等，必须预防因为产品失效而引起灾难性后果，亦即防患于未然，因此，定期进行在役无损检测更有着不可忽视的重要意义。

例如铁路机车、客货车的车轴，以一定的运行时间或公里数作为一个检修周期，铁路路轨以一定的运行时间作为一个检修周期，锅炉压力容器则根据投入运行后的时间定期检测，又如飞机和航空发动机以一定的飞行小时（工作时间）或起落次数作为确定检修周期的依据，等等。

图1-4～图1-12是一些实例照片。图1-4所示的是应力腐蚀裂纹，由于裂纹扩展而导致运行中的轮缘突然断裂脱落，随之使汽轮发电机组突然发生爆炸燃烧，造成严重经济损失。

图1-4 某热电厂汽轮机叶轮轮缘应力腐蚀裂纹解剖显示
（源自北极星电力网）

使多处产生麻坑的氢腐蚀

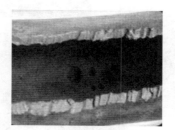
停炉处理不当产生的腐蚀坑

垢下腐蚀坑

内螺旋管壁腐蚀坑

图1-5 锅炉管道内壁腐蚀
（源自厦门涡流检测技术研究所）

图1-6 16吨米无砧座模锻锤锤头燕尾槽根部的循环冲击疲劳裂纹外观照片

图1-7 冲模上的冲击疲劳裂纹荧光磁粉探伤磁痕显示

（照片源自香港安捷材料试验有限公司黄建明）

图1-8 在役管道管座焊缝焊趾裂纹着色渗透检测显示

（照片源自香港安捷材料试验有限公司黄建明）

图1-9 1 000吨双盘摩擦压力机左立柱中部原工艺焊接口处因振动疲劳造成焊缝开裂

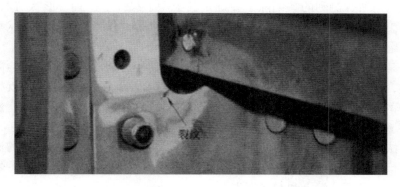

图1-10 某民航客机隔框疲劳裂纹（着色渗透检测显示）
（照片源自广州飞机维修工程有限公司聂有传）

 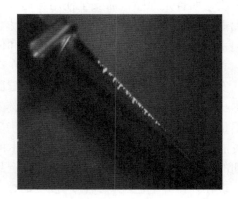

图1-11 蜗杆齿根疲劳裂纹着色渗透检测显示（照片源自香港安捷材料试验有限公司黄建明）

图1-12 航空涡轮发动机叶片进气边蚀损裂纹荧光渗透检测显示（照片来自网络）

1.2.4 无损评价

现代无损检测技术已经从单纯的检测技术阶段发展到无损评价技术（non-destructive evalution，NDE）阶段，它不仅包含了无损检查与测试，还涉及材料物理性质的研究、产品设计与制造工艺方案的确定、产品与设备构件的质量评估，以及在役使用中的应力分析和安全使用寿命评估等，它与以断裂力学理论为基础的损伤容限设计概念有着紧密的联系，特别是定期或不定期在役无损检测已经不仅是要求尽早发现和确认危害设备安全运行的隐患，以便能够及时予以清除，从经济意义上来说，当今对于无损检测技术还要求在发现早期缺陷（例如初始疲劳裂纹）后，通过无损检测技术定期或实时（连续）监视其发展，对所探测到的缺陷除了要确定其类型、尺寸、位置、形状与取向等以外，还要根据断裂力学理论和损伤容限设计、耐久性设计等对设备构件的现存状态、能否继续使用、可继续安全使用的极限寿命或者说"剩余寿命"做出评估和判断。

例如，某液化气公司的一个大型液化气储罐在使用周期检查中用超声检测发现一处焊缝有裂纹，虽然尚未裂穿，暂时没有泄漏而不会引发爆炸，但是按常规就必须立即放空（将罐中的液化气全部排放到大气中），然后才能进行打磨、焊接返修。然而，这不但会造成环境污染，也带来了很大的经济损失。采用精确的超声定量检测后，根据断裂力学评价方法确定其还有多长的安全寿命，就可以先停止其他无缺陷储罐的液化气销售而集中销售该储罐的液化气，在安全寿命期限内把该储罐的液化气销售完，然后再开始返修，从而避免了环境污染和经济损失。

1.3 无损检测的本质

综上所述，无损检测技术不仅是产品设计制造过程和最终成品静态质量控制的极重要手段，而且是保障产品安全使用与运行的几乎唯一的动态质量控制手段。因此，可以说无损检测技术应用的必要性贯穿于设计、制造和运行全过程中的各个环节，其目的总结起来就是为了最安全、最经济地生产和使用产品。

必须明确的是，尽管无损检测技术在产品设计、制造工艺控制、质量管理、质量鉴定、安全评价、经济成本、生产效率等方面都显示了极其重要的作用，但是无损检测技术本身并非一种直接的生产技术，对具体某项产品而言，似乎并未直接增加什么内容，即不是所谓的"成形技术"，对产品所期待的使用性能和质量只能在产品制造中达到而不可能在产品检测中达到，无损检测技术的根本作用是保证产品的质量或使用性能符合预期的目标，是一种经济效益好、保证产品质量、高科技的检测技术。

现在在世界上已经得到普遍接受的概念是，无损检测技术水平能反映企业、部门、行业、地区甚至国家的工业与科技水平，可以说无损检测与评价技术对未来的经济发展具有重要的意义。

1.4 无损检测技术的应用对象与应用范畴

现代无损检测技术应用的内容包括了产品中缺陷的检测（俗称"探伤"，包括缺陷的检出及缺陷的定位、定量、定性评定）、材料的机械或物理性能测试（如强度、硬度、电导率等）、产品的性质和状态评估（如热处理状态、显微组织、应力大小、淬硬层或硬化层深度等）、产品的几何度量（如几何尺寸、涂镀层厚度等）、运行设备的安全监控（现场监测、动态监测）及安全寿命评估等，涉及产品、构件的完整性、可靠性、使用性能等的综合评价。

除了人们所熟知的常规金属材料、机械结构与机械零部件产品、复合材料与胶接结构、橡胶制品（如轮胎）、各种类型的涂镀层、建筑钢结构和混凝土桩基，以及混凝土结构、桥梁工程、汽车行业（如铝合金铸造轮毂、车体点焊、汽车发动机零部件）、工业陶瓷制品、电力行业的陶瓷绝缘子及钢结构（如输变电铁塔、手机发射塔）、水下钢结构（如海上石油平台、海底管道）、地下金属管网管道探测及管道的腐蚀检测、超高温超高压应用的钢制件（如人造金刚石反应釜、人造水晶反应釜、超高压锅炉压力容器）、起重设备或其他承载设备使用的钢丝绳、桥梁斜拉索、特种设备（如电梯、大型游乐设施）等物品以外，还涉及高速公路路面（混凝土路面、沥青铺设路面）质量、建筑物内外墙与贴面结合质量、房屋地面和顶盖质量及房屋保温性能（如冷库），甚至包括了玩具行业（如儿童滑轮板、玩具用微型电动机）、民用轻工机械产品与电器（如电风扇的铝合金压铸转子、微波炉磁控管里的铁氧体芯、自行车的铝合金压铸刹车柄、碳纤维复合材料自行车车架、烹饪用的铝合金压力锅直至厨房设施等）、食品行业（如冷冻食品——馒头、包子之类也要求采用无损检测方法检查，因为机械化生产而可能存在于食物中的金属屑，啤酒纯净度监测，等等）、市政建设（如巨型广告牌立柱、路灯杆管与路灯散热罩、城市公交车站牌立柱等）、电子工业（如电子元器件及印刷电路板的焊接质量，密封电子元件如集成块、开关管等的真空密封性，锂电池质量，等等）、医药机械（如针剂纯净度监测、医疗器械包括植入人体的人造骨头、夹板、螺栓的质量等）、考古（文物鉴定、地下埋藏物探测）等，都对无损检测技术提出了越来越多的需求（不仅是手工检测，还提出了在线自动化无损检测的需求）。

因此，现代无损检测技术的应用范畴已经涉及航空与航天器、兵器、船舶、冶金、机械装备制造、核电、火力发电、水力发电、输变电、锅炉压力容器、汽车、摩托车、海洋石油、石油化工、建筑、铁路与铁路车辆、地铁、高速铁路、高速公路、桥梁工程、电子工业、轻工、食品工业、医药与医械行业，以及地质勘探、安全检查、材料科学研究、考古等，可以说，无损检测技术已经几乎应用于所有行业领域。

1.5 无损检测技术的起源与发展

1.5.1 世界无损检测技术的起源与发展过程

回顾世界无损检测技术的起源与发展过程，都是自然科学中一种新的物理现象被发现后，随之进行深入研究并开拓其应用，一般的规律往往首先是在医学领域、军事与军工领域得到应用，然后再进一步推广到工业领域应用。下面我们来回顾一下世界上部分无损检测技术的起源与发展过程。

1. 射线检测

1895年11月，德国渥茨堡大学教授威廉·康拉德·伦琴（W. K. Rontgen）用通电的克鲁克斯阴极射线管做实验时发现X射线（伦琴射线），1901年获诺贝尔物理学奖，随后首先在医学领域得到应用。

1896年，发现天然放射性元素，法国的安东尼·亨利·贝克勒尔（A. H. Becquerel）发现铀的放射线，提出某些重元素会放出有穿透力的射线，即放射性现象，1903年获诺贝尔物理学奖。

1896年，英国的康倍尔·斯温顿（Campbell Swinton）首先用X射线透射金属并发现了内部缺陷。同年，美国耶鲁大学的赖特（Wright）也用X射线透射厚度4 mm的钢板焊缝，成功地检出了焊接缺陷；在德国则对海底电缆拍出了射线照片。当时所用的X射线管都是冷阴极式的所谓克鲁克斯管。这是用泵将内部抽成低压的玻璃泡，有两个电极，通过感应线圈施加有限的高电压，故穿透力很小。

1898年，法国的居里夫妇（P. Curie 与 M. S. Curie）发现放射性元素镭和钋，从铀矿中分离出镭。居里夫妇因开创了放射性理论于1903年获得诺贝尔物理学奖，居里夫人因发明分离放射性同位素技术于1911年获得诺贝尔化学奖。

1899年，英国的欧内斯特·卢瑟福（Ernest Rutherford）通过实验分出两种射线，即α射线和β射线。卢瑟福首先提出放射性半衰期的概念，证实放射性涉及从一个元素到另一个元素的嬗变，因为"对元素蜕变及放射化学的研究"而于1908年获得诺贝尔化学奖。

1900年，法国的维拉尔德（P. Villard）发现γ射线，法国海关首次应用X射线检查物品。

1905年3月，德国理论物理学家阿尔伯特·爱因斯坦（Albert Einstein）《关于光的产生和转变的一个启发性观点》一文中提出光量子学说和光电效应的基本定律，并第一次揭示了微观物体的波粒二象性，从而圆满地解释了光电效应，获得1921年诺贝尔物理学奖。同年创立狭义相对论。

1908年，英国的康倍尔（Campbell Swinton）讨论了用X射线打出的电子来成像的可能性，墨辛第尔拍出了蛙腿动作的射线活动影片。

1913年，美国的威廉·柯立奇（William D. Coolidge）宣布发明了一种新型X射线管（因此称为柯立奇管，也称康利吉管，即热阴极电子射线管），有热阴极（灯丝），能施加高的管电压，能通过较大的管电流，并且可以独立控制管电压和管电流。同一年，盖特（Gaede）真空泵出现，射线管的真空度可达到 0.013 3 Pa。

1913 年，柯达公司推出硝酸纤维片基的 X 射线胶片，1918 年推出双面乳剂胶片，1924 年推出醋酸纤维安全片基的胶片取代易燃的硝酸纤维片基胶片。

1915 年，德国理论物理学家阿尔伯特·爱因斯坦（Albert Einstein）建立了广义相对论，标志着物理学进入现代物理的新时代。

1916 年，美国的纽约通用电气公司研究所（柯立奇管发明地）尝试用增感胶片＋荧光增感屏透照板厚 12.7 mm 的氧乙炔气焊焊缝，在底片上发现了未熔合、未焊透和气孔等缺陷。从此射线照相作为质量评价手段，为焊接方法与技术的发展起到了推动作用。

1917 年，英国伦敦的武尔威奇（Woolwich）兵工厂研究所将射线照相技术用于检查弹壳底座、武器弹药及雷管构件等。

1919 年，英国的卢瑟福用 α 粒子轰击氮原子打出质子，首次实现人工核反应进而建立起第一个核反应装置。

1920 年前后，X 射线开始在工业领域广泛应用。

1922 年，美国建立了世界第一个工业射线实验室，用 X 射线检查铸件质量。

1922 年，美国水城兵工厂安装了一台 200 kV 的 X 射线机并于 1926 年用于锅炉焊缝检验。同年，德国的 R. 贝索特（Berthold）在柏林开展工业射线检测。

1925 年，帕依龙（Pilon）和拉卜特（Laborde）发表第一篇有关使用 γ 射线进行工业射线照相的科学报告，检测对象是有损伤的汽轮机铸件。

1929—1930 年，英国、美国、法国、德国的射线检测工作者差不多是在同时分别用镭源对大厚度的铸钢件和焊缝进行 γ 射线照相检验，并公布了实验结果。英国的武尔威奇（Woolwich）使用的是装在管中的 242 mg 的镭盐源，其有效直径 3.5 mm，长 14 mm，曝光时间通常至少 1 小时。

1931 年，美国的劳伦斯（E. O. Lawrence）等人建成第一台能产生高能 X 射线的回旋加速器。

1928 年，英国物理学家保罗·狄拉克（Paul Adrien Maurice Dirac）在求解电子运动的狄拉克方程时预言有正电子存在，1933 年因为"发现了在原子理论里很有用的新形式"（即量子力学的基本方程——薛定谔方程和狄拉克方程），狄拉克和埃尔温·薛定谔共同获得了诺贝尔物理学奖。1932 年，美国物理学家安德森（Andersan）在威尔逊云室研究宇宙射线时发现了正电子。正电子是人类发现的第一个反粒子。

1932 年，美国在市场上又推出了一种新的柯立奇管，能在 300 kV、8 mA 下连续工作。

1933 年，英国制成了 400 kV、20 mA 的 X 射线机，这使常规用变压器加速电子的 X 射线机在使用两种增感方式——铅箔增感和荧光增感时，对钢能分别获得 75 mm 和 110 mm 的穿透力。

1933 年，美国的图夫（M. A. Tuve）建立第一台能产生高能 X 射线的静电加速器。

1933 年，美国通用电气公司推出第一代工业用超高能 X 射线设备。先是 1 MV 共振式变压器配以多电极 X 射线管，而后是 2 MV 的 X 射线机。

1936 年，匈牙利化学家赫维西和 H. 莱维用镭－铍中子源（中子产生额约达到 3×10 中子/秒）辐照氧化钇试样，通过 Dy（n，γ）Dy 反应，活化反应截面为 2 700 靶（恩），生成核 Dy 的半衰期为 2.35 小时，测定了其中的镝，定量分析结果为 10 克/克，完成了历史上首次中子活化分析。

1938 年，德国的奥拓哈恩（Otto Hahn）与史特拉斯曼（F. Strassmann）发现铀裂变现象，此后人工制造的放射性同位素逐渐进入 γ 射线检验领域。1944 年获诺贝尔化学奖。

1940 年，美国的凯斯特（D. W. Kerst）建造第一台能产生高能 X 射线的电子感应加速器。

1941 年，美国的凯斯特（Kerst）研制出第一代能产生高能 X 射线的电子回旋加速器（简称"回加"），能在 4.5 MeV 下工作，但 X 射线输出甚小。过后不久，美国和瑞典又制成更大功率的"回加"，其中有些就用于工业射线照相。

1941 年，美国镭和 X 射线学会成立，其主要目的是交流有关工业射线照相的信息。后来此社团改名为"美国无损检测学会"（英文缩写"ASNT"）。

1946 年，携带式 X 射线机诞生，首先是油绝缘冷却，随后发展为绝缘气体冷却，正式开始了射线照相检测（radiography testing，RT）的广泛应用。

1948 年，由 H. 费里德曼（H. Friedmann）和 L. S. 伯克斯（L. S. Birks）制成第一台波长色散 X 射线荧光分析仪，至 20 世纪 60 年代，X 射线荧光光谱分析法在分析领域的地位得以确立。

20 世纪 50 年代，研制出工业射线照相用的第一个人造放射性同位素 γ 源 ^{182}Ta（钽 182，半衰期 115 天）。

20 世纪 50 年代初，荷兰裔美国物理学家罗伯特·杰米森·范德格拉夫（Van de Graff）研制出静电加速器（简称"静加"），与此同时，美国瓦里安（Varian）公司和英国地那米克斯（Dynamics）公司推出 1～25 MeV 的电子直线加速器（简称"直加"），因 X 射线输出较强（200～25 000 R/min·m），使"回加"逐渐被淘汰。"直加"大多数是固定式的，也有便携式的［美国松浦尔克（Shongburg）公司制造］。

1952—1953 年，英国的哈威尔原子能研究中心（AERE Harwell）推出人造放射性同位素源。英美开始使用 ^{192}Ir（铱 192，半衰期 74 天）。

1953 年推出 ^{170}Tm（铥 170，半衰期 127 天）。

1958 年，由德国物理学家穆斯堡尔（Rudolf Ludwig Mößbauer）于 1958 年首次在实验中发现穆斯堡尔效应。1961 年获诺贝尔物理学奖。

1970 年推出 ^{169}Yb（镱 169，半衰期 31 天）。

1994 年德国公开 ^{75}Se（硒 75，半衰期 118 天）的应用。

…………

进入 20 世纪 70 年代后期，X 射线实时成像检测（real-time radiography testing image，RRTI）开始得到越来越广泛的应用，其记录介质不再是胶片，而是采用特殊荧光物质（如硫化锌镉、硫氧化钆、溴氧化镧、硫化锌等）或者闪烁晶体（如碘化钠、碘化铯、锗酸铋、钨酸钙、钨酸镉等）制成的荧光屏，或者其他能将穿过物体的带有物体内部形状及缺陷信息（表现为因衰减导致强度变化）的 X 射线转变为肉眼可见透视轮廓图像的物质（如三硫化二锑、碲化锌镉、硒化镉、氧化铅、硫化镉、硅等）制成的显示屏。

计算机辅助层析扫描射线检测技术（computed tomography testing，CT，也称为"电子计算机 X 射线断层扫描技术"）产生于 20 世纪 70 年代，首先从医学领域起步（称为"医用 CT"），20 世纪 90 年代进入工业领域并迅速得到越来越广泛的应用（称为"工业 CT"），这是一种重建检测对象横截面薄层切片图像的技术。

进入 21 世纪后，计算机射线照相检测（computed radiography，CR，采用影像板 IP 替代传统胶片，将储存于 IP 上的 X 射线信号用激光扫描转换为电信号并进行数字图像处理的一种技术）和数字化 X 射线成像检测（digital radiography，DR，采用电子成像技术进行直接数字化 X 射线成像）得到了迅速的发展和应用。

2. 超声检测

1830 年，法国物理学家萨伐尔（F. Savart）用风机和多个齿轮组成的机械装置，第一次人工产生了频率为 2.4×10^4 Hz 的超声波。

1877 年，英国物理学家瑞利（J. W. S. Rayleigh）的 *The Theory of Sound*（《声学原理》）出版，为近代声学奠定了基础。

1880 年，法国的居里兄弟皮埃尔与杰克斯（Pierre Curie 与 Jacques Curie）发现晶体的压电效应，从而解决了利用电子学技术产生超声波的办法，为发展与推广超声技术广泛应用的压电换能器打下基础。1903 年获诺贝尔物理学奖。

1912 年，超声波探测技术最早在航海中用于探查海面上的冰山。

第一次世界大战期间，1916 年法国物理学家保罗·朗之万（P. Langevin）领导的研究小组开展了水下潜艇超声侦察的研究，利用声波反射特性来探测水下潜艇，为声呐技术奠定了基础；1914—1918 年期间，美国也已经开始了利用声波反射特性来探测水下潜艇的研究。

1929 年，苏联学者索科洛夫（Sokolov）提出利用超声波的良好穿透性来检测金属物体内部缺陷，发明了穿透法检测仪器，并于 1936 年完成首次检测实验，以后美国科学家 Firestone 使超声波无损检测成为一种实用技术。

1935 年，已开始应用回声测深器来探测鱼群。

20 世纪 40 年代，美国的费尔斯通（Firestone）首次介绍了脉冲回波式超声波检测仪并申请了该仪器的专利。

在第二次世界大战后期，英国海军把"声呐"用于准确探测德军潜艇并用深水炸弹击毁，重创了德军的潜艇，获得辉煌战果。

1943 年和 1946 年，分别由美国和英国开发出商品化 A 型脉冲反射式超声波检测仪，并逐步应用于锻钢和厚钢板的探伤，美国、英国开始实际应用超声脉冲反射特性来探查金属材料中的缺陷，正式开始了超声检测（ultrasonic tesing，UT）的广泛应用。

第二次世界大战结束后，超声波检测技术在工业领域的应用得到了越来越多的重视，从而获得迅速的发展。特别是 1955 年后，脉冲回波法在超声检测技术中已处于支配地位。

进入 20 世纪 80 年代，数字式超声波探伤仪出现，并随着计算机技术的发展而迅速发展，得到了广泛应用。

进入 20 世纪 90 年代，超声 TOFD 技术（time of flight diffraction，TOFD，又称"衍射时差法超声波检测"）、超声波相控阵检测技术（ultrasonic phased array technique，PAUT）、超声导波（ultrasonic guided wave）检测技术得到了迅速的发展。

3. 声发射检测

1950—1953 年期间，联邦德国的 J. 凯塞尔（Joseph Kaiser）发现 Kaiser 效应（凯塞尔效应），成为声发射检测技术的物理基础。

1964 年，美国首先将声发射检测技术应用于火箭发动机壳体的质量检验并取得成功。

4. 涡流检测

1824 年，加贝（Gambey）用实验发现金属中有涡电流存在；几年后法国的佛科（Foucauit）确认了涡电流的存在。

1831 年，英国的法拉第（Faradey）发现电磁感应现象。

1865 年，英国的麦克斯韦完成法拉第概念的完整数学表达式，建立电磁场理论。

1879 年，美国的休斯（D. E. Hughes）首先将涡流用于实际金属材料分选。

1926 年，第一台涡流测厚仪问世。

1935 年，第一台涡流探测仪器研究成功。

1930 年，实现用涡流法检验钢管焊接质量。

20 世纪 50 年代初期，德国的福斯特（Forster）开创现代涡流检测理论和设备研究新阶段，涡流检测技术（eddy-current testing，ET）开始正式进入实用阶段。

20 世纪后期，脉冲涡流（phased eddy current，PEC）、阵列涡流（eddy current arrays）等新技术得到了迅速的发展。

5. 磁粉检测

1820 年，丹麦的奥斯特（H. C. Oersted）发现导线通电产生磁效应。

1842 年，英国的詹姆斯·普雷斯科特·焦耳（James Prescott Joule）发现了线性磁致伸缩现象（焦耳效应）。

1865 年，维拉里（E. Villari）发现压磁效应（维拉里效应，磁致伸缩效应的逆效应）。

1868 年，英国应用漏磁通探测枪管上的不连续性。

1876 年，应用漏磁通探测钢轨的不连续性。

1918 年，美国开创磁粉检测首例，美国的霍克提出可利用磁铁吸引铁屑的现象进行检测。

1919 年，德国的巴克豪森（H. G. Barkhausen）发现磁畴。

1928 年，美国的福里斯特（Forest）研制出了周向磁化和使用尺寸与形状可控并具有磁性的磁粉用于油井钻杆检测。

1930 年，德国的福斯特（Forster）将磁粉检测（magnetic powder tesing，MT）正式

引入工业领域。

1933年，漏磁检测技术设想被提出。

1934年，美国磁通公司创立，生产磁粉检测设备和材料，固定式磁粉探伤设备问世。

1941年，荧光磁粉投入使用。

1947年，第一套漏磁检测系统研制成功。

…………

20世纪70年代，美国Convair航空公司首创磁橡胶探伤法（MRI）。

20世纪80年代末，中国发明了磁粉试验-橡胶铸型探伤法（MT-RC）。

进入20世纪70年代后，自动化、半自动化磁粉检测系统设备，采用磁敏感元件取代磁粉的漏磁检测（magnetic fluxleakage testing，MFL）等都得到迅速发展和应用。

6. 金属磁记忆检测

20世纪80年代，苏联学者发现在电站锅炉管子的爆破部位有强烈的磁化现象。

1986年，D. L. Atherton和J. A. Szpuna研究了应力对管道钢磁化强度和磁致伸缩的效应。

20世纪90年代后期，以杜波夫为代表的俄罗斯学者率先提出金属磁记忆检测技术。

7. 渗透检测

1930—1940年，煤油、"油-白垩法"、有色染料作为渗透剂的渗透检测方法（penetrate testing，PT）出现。

1941年，荧光染料被发现并得到应用，采用紫外线辐照显示，吸收剂-显像剂得到应用。

1950年，出现以煤油与滑油混合物作为荧光液的荧光渗透检测。

1960年后，出现荧光渗透检测自动流水线、水基渗透液和水洗法技术，开始关注对氟、氯、硫含量的控制，适应各种不同新材料应用的新型渗透检测材料不断出现。

…………

8. 微波检测

1888年，德国的物理学家海因里希·鲁道夫·赫兹（Heinrich Rudolf Hertz）首先证实了电磁波的存在，用火花振荡得到了微波信号。

1936年4月，美国的科学家South Worth用直径为12.5 cm的青铜管将波长9 cm的电磁波传输了260 m远，波导传输实验成功。

20世纪30年代，微波技术出现。

1943年，第一台微波雷达制造成功，工作波长在10 cm。

1948年，微波被首次用于工业材料测试。

1963年，美国首先使用微波法成功检测了"北极星"A3导弹固体火箭发动机玻璃钢壳体内部缺陷。

20世纪70年代初期，大功率磁控管研制成功，为微波检测技术的推广打下基础。

…………

9. 红外热像检测

1800年，英国物理学家F. W. 赫胥尔发现红外线。

1900年，德国物理学家马克斯·普朗克（Max Planck）创立黑体辐射定律，成为物体间热力传导的基本法则。获1918年诺贝尔物理学奖。

在第二次世界大战中，德国人用红外热像管作为光电转换器件，研制出了主动式夜视仪和红外通信设备。

第二次世界大战后，美国德克萨兰仪器公司首先开发研制了第一代红外成像装置用于军事领域，称为"红外寻视系统"（FLIR）。

20世纪60年代早期，瑞典国家电力局和瑞典AGA公司合作开发出第二代红外热像装置用于工业，它是在红外寻视系统的基础上增加了测温功能，称为"红外热像仪"。

20世纪60年代中期，瑞典AGA公司研制出第一套工业用的实时红外成像系统（THV）。

1986年，研制的红外热像仪是以热电方式制冷，可用电池供电。

1988年，推出的全功能热像仪将温度测量、修改、分析、图像采集、存储合于一体，重量小于7公斤。

20世纪90年代中期，美国FSI公司首先研制成功由军用技术（FPA）转民用并商品化的新一代红外热像仪（CCD），属焦平面阵列式结构，结合计算机软件工作，仪器重量已小于2公斤。

10. 激光散斑检测

20世纪80年代，开始了在无损检测领域的激光散斑检测技术应用研究。

1983年，美国空军开始将错位照相法用于粘接复合材料无损检测的可行性研究。

…………

还有很多无损检测技术和方法的起源与发展尚未进行仔细的考究，但是总的趋势都是结合计算机技术和电子技术的发展，在现代化、先进性等方面都有着迅速的发展。

世界无损检测技术的发展历史大致上可以以第二次世界大战（以下简称"二战"）为重要转折点："二战"前已经起步并开始得到少量的初步应用；在"二战"期间由于医学和军事的需要得到迅速发展；在"二战"后随着工业生产技术的迅猛发展，特别是近代和现代机械制造、电子技术、计算机技术的迅猛发展，现代无损检测技术已经发展到了很高的水平。

1.5.2　我国无损检测技术的发展

中国的无损检测技术实际上从20世纪30年代起就已经开始在一些机械工业领域中得到少量应用，但是由于历史的原因，并没有发展起来。中华人民共和国成立后，在20世纪50年代初，首先在军工领域（特别是航空工业）、与军工相关的重工业领域和科研机构开始注重X射线、磁粉、渗透、超声等无损检测技术的应用，其中不少工作是在苏联援华专家指导下进行的，当年的一批年轻人被选调加入无损检测技术行业，成为今天被我们尊称为我国无损检测界的"爷爷辈"的专家，他们为我国无损检测技术的起步和发展做出了卓越的贡献。

下面是我国无损检测技术发展的部分历史资料。

1. **超声检测**

1950年，铁道部引进瑞士制的以声响指示的穿透式超声仪用于路轨检验，是国内首例。

1951—1954年，航空工业系统（如沈阳飞机制造厂、沈阳飞机发动机制造厂及相关的研究所）、机械工业系统的上海综合实验所（现在上海材料研究所的前身）、中国科学院长春机电研究所、哈尔滨锅炉厂、富拉尔基重型机器厂等开始陆续引进苏联、德国的超声波探伤仪。

1952年，铁道科学院孙大雨仿制苏联 узд-12 型超声波探伤仪成功。

1953年，中国科学院长春机电研究所研制成了国内首台脉冲反射式超声检测仪，并举办了培训班，培养了我国首批超声检测人员。

1953年，第一机械工业部船舶管理局试制成功超声波水深测量仪。

1954年，中国科学院长春机电研究所笪天锡、吴绳武仿制加拿大超声波探伤仪成功。

1954—1955年，中国科学院长春机电研究所开办我国首次超声波探伤技术、仪器调试及试制培训班。

1956年，铁道科学院吴德雨等仿制苏联 урд-12 型超声波钢轨探伤仪成功。

1957年，上海中原无线电厂仿制苏联超声波探伤仪成功。

1955—1958年，上海江南造船厂吴绳武、宗立德等仿制出中国第一台电子管式脉冲回波超声探伤仪并陆续有改进型，即"江南Ⅰ、ⅠB、ⅠC、Ⅱ、ⅡB、Ⅲ型"（据说生产了3 800多台）并在1960年左右烧制钛酸钡压电陶瓷获得成功，1963年烧制锆钛酸铅压电陶瓷获得成功（1965年2月获国家科学技术委员会签发"发明证书"）；1958年研制江南58型超声测厚仪成功，后来1966年9月改由上海无线电22厂（中原电器厂）生产超声探伤仪，改称中原Ⅰ型超音波探伤仪。

1959年，齐齐哈尔富拉尔基重型机器厂首先制造出超声探伤试块。

1960年，齐齐哈尔富拉尔基重型机器厂、上海综合实验所已经开始了超声探头的研制。

1962年，地方国营汕头无线电厂〔成立于1957年，1965年改名为汕头超声电子仪器厂，是我国第一家专业研制生产超声波仪器的厂家，1979年改名为汕头市超声设备工业公司，1985年改名为汕头市超声电子仪器公司，1997年成为上市公司的汕头超声电子（集团）公司广东汕头超声电子股份有限公司超声仪器分公司〕以姚锦钟为首研制成功 TS-Ⅰ 医用超声诊断仪，1964年试制成功 TS-Ⅱ 工业用电子管式脉冲回波超声探伤仪并陆续研发系列型号和批量生产投入市场，如 CTS-4/5/6/11/12/15型等，大量供应国内各工业领域。

1962年，北京航空材料研究所（现为北京航空材料研究院）陈小泉和北京航空工艺研究所（现为北京航空制造工程研究所）叶××合作研制出"69型超声波谐振探伤仪"用于检查飞机蜂窝结构胶接质量。

1962—1965年，航空工业系统的哈尔滨国营伟建机器厂刘毓秀、仲维畅研制出

"松花江-Ⅲ、Ⅳ、65-Ⅰ型声阻探伤仪"。

1963年，航空工业系统的哈尔滨国营伟建机器厂刘毓秀研制出"松花江-Ⅴ型超声波（谐振）测厚仪"。

1965年，交通部上海船舶运输科学研究所杨君劲研制出脉冲反射式晶体管超声测厚仪。

1966年，航空工业系统的哈尔滨国营伟建机器厂刘毓秀、仲维畅研制出"松花江-Ⅸ型胶接质量检查仪"。

1966年，冶金部建筑科学研究院研制出混凝土（低频）超声探伤仪。

1967年，多家单位联合研制出"声谐振式胶接强度检验仪"。

20世纪60年代初期，国产的金属胶接质量检测仪研制成功。

20世纪70年代后期，汕头超声波仪器厂研制出晶体管式超声波探伤仪并大批量生产投入市场，如CTS-8A/8C。

20世纪80年代初期，汕头超声波仪器厂研制出大规模集成电路晶体管式超声波探伤仪并大批量生产投入市场，如CTS-21/22型，随后又研制成功CTS-23/26型等，这些模拟式超声波探伤仪至今仍在生产，成为世界上市场寿命最长的工业超声波检测仪器，被称为世界奇迹。

1983年2月，北京航空材料研究所研制成功我国首台可投入工业应用的超声C扫描装置（SM-Ⅰ型）。

1988年5月，中国科学院武汉物理数学研究所的武汉科声技术公司（后为武汉中科创新技术有限公司）蒋危平主持研制出我国第一台数字超声探伤仪KS-1000型。

20世纪80年代末到90年代初，江苏几家单位研制出应用单片机芯片的半模拟、半智能型电子管超声波探伤仪。

2008年，武汉中科创新技术有限公司研发出国产第一台具有TOFD功能的数字式超声探伤仪HS-800型。

2008年以后，国产超声相控阵、TOFD等最新技术的超声检测仪器相继面世并投入市场。

2011年，浙江大学研制出磁致伸缩导波检测仪用于管线检测，深圳市市政设计研究院有限公司研制出磁致伸缩导波检测仪用于桥梁斜拉索的在役原位检测。

…………

2. 射线检测

1915年，山东济南共合医道学堂（齐鲁大学前身之一）建立了X光室，已经有了国外进口的医疗诊断用X光机。

抗日战争期间，1939年新加坡华侨捐赠了医疗诊断用X光机（现陈列在北京宋庆龄故居），美国志愿航空队（飞虎队）也带来了工业X光探伤机。

1953年10月，上海精密医疗器械厂试制成功100 kV医用大型X光机。

1954年，上海锅炉厂引进匈牙利X射线机。

1957年，哈尔滨锅炉厂引进苏联$^{60}Co\gamma$射线机。

1959年，上海探伤机厂试制成功我国第一台工业用X射线探伤机。

1960年，丹东射线仪器厂试制成功工业用X射线探伤机和X射线管。
1963年，上海材料研究所张企耀研制成功^{60}Coγ射线探测铸铁装置。
1964年，上海锅炉厂引进英国^{137}Csγ射线检测装置。
1966年，丹东工业射线仪器厂仿制苏联200 kV工业X光机成功。
1966年，第一机械工业部电气科学研究院等多个单位共同研制出电子回旋加速器。
1973—1989年，我国X射线机进入仿制国外X射线机并快速发展的时期。
20世纪80年代，我国已经能够自行生产^{60}Co、^{192}Ir等γ射线源及γ射线探伤机。

进入21世纪后，国产工业X射线实时成像检测系统、加速器、工业CT（图像增强器、X射线发生器等关键部件仍为进口）已经有了很大发展，成为应用较普遍的检测设备，自行研制的X射线机和γ射线机的性能、结构也都有了很大改善并大量投放市场，有了国产中子射线检测装置，γ射线源及中子源的生产品种也大大增加。

．．．．．．．．．．．．

3．磁粉检测

在抗日战争时期，由英美援华和爱国华侨捐助，已经引进了磁粉探伤设备，如1939年3月新加坡华侨带入英国磁粉探伤仪用于云南修理厂（可能是国内最早的无损检测应用），滇缅公路上的爱国华侨汽车维修大队、美国志愿航空队（飞虎队）使用了从国外带来的便携式磁粉探伤机，1941年的昆明空军第十修理厂已应用磁粉探伤仪。

1949年以前，国民政府的南京飞机场维修部和北京南苑机场维修厂已经有蓄电池式直流磁粉探伤机，上海综合实验所（现在上海材料研究所前身）、台湾地区台中第三飞机制造厂已经有美国生产的台式磁粉探伤机。

1949年新中国成立后，国内利用变压器（包括交、直流电焊机）作为交流电源的触棒法磁粉检测焊缝已经较为普遍，特别是军工行业和重型机械行业在苏联援华专家帮助下引入苏联的床式磁粉探伤机，已经开始将磁粉探伤技术应用于产品检测。

1957年，上海联达华光仪器厂（上海探伤机厂前身）杨百林试制成功我国第一台手提式交直流磁粉探伤机。

1958年，上海探伤机厂杨百林试制成功台式磁粉探伤机。

20世纪60年代，我国进入仿制国外磁粉探伤机的时期。

20世纪70年代，我国进入磁粉探伤机系列化、半自动化、磁粉检测辅助器材完善化的时期，并在工业领域得到广泛应用。

20世纪80年代初，首先由北京航空材料研究所郑文仪研制出国产荧光磁粉并迅速在航空工业得到推广应用。

20世纪90年代，我国自行研制的半自动化及专用磁粉探伤机得到迅速发展和广泛应用。

进入21世纪后，我国自行研制的半自动化、自动化磁粉探伤设备得到迅速发展，如采用自动爬行器和CCD摄像记录，此外，配套的辅助器材也都有了很大发展，如与国际标准相适应的灵敏度试片、标准试块，黑光灯已经从高压汞灯型发展到LED型，除了系列的非荧光磁粉、荧光磁粉，还有中空球形彩色磁粉。

．．．．．．．．．．．．

4. 渗透检测

1949 年以前，上海综合实验所（现在上海材料研究所前身）已经采用以煤油为基础的渗漏检测（油－白垩法）。

1949 年新中国成立后，工业领域应用的渗透检测主要是以煤油＋滑油或机油为渗透剂载体，特别是军工行业和重型机械行业在苏联援华专家帮助下引入苏联的渗透检测材料，开始将渗透探伤技术应用于产品检测。

1960 年以后，首先在航空工业开始采用以荧光黄作染料的荧光渗透检测。

1964 年以后，国内自行研制的渗透检测材料投入应用，并以沪东造船厂陈时宗等研制成功的着色渗透剂为代表。

1970 年后，国产荧光染料 YJP-15 出现，开始生产自乳化型和后乳化型荧光渗透液。

进入 21 世纪后，国产渗透检测材料的质量、灵敏度有了很大提高，适用于各种特殊行业、材料的渗透剂也发展迅速，如用于核工业、航空航天工业、天然气运输容器等，以及与国际标准相适应的灵敏度试片、标准试块。

…………

5. 涡流检测

1960 年，国内多个单位开始了涡流检测技术的研究。

1962—1964 年，航空工业系统的南京金城机械厂岳允斌研制出涡流导电仪。

1963 年，上海材料研究所王务同研制出我国首台涡流检测装置。

1966 年，北京航空材料研究所（现北京航空材料研究院）陈小泉研制出 6442 型便携式涡流探伤仪。

1966 年，第一机械工业部电气科学研究院研制出裂纹测深仪（四探针法）。

1993 年，爱德森（厦门）电子有限公司研制出亚洲首台全数字式涡流检测仪。

进入 21 世纪后，如阵列涡流检测技术、脉冲涡流检测技术、远场涡流检测技术、三维电磁场成像技术等最新涡流检测技术的商品化国产仪器陆续面世。

…………

6. 声发射检测

20 世纪 60 年代末，声发射技术引入我国。

20 世纪 60 年代末 70 年代初，中国科学院沈阳金属研究所首先开始声发射技术的研究与应用，并研制了我国第一台单通道声发射仪器以后，发展到今天的国产声发射系统已经能达到 200 通道。

…………

7. 金属磁记忆检测

1996 年左右，金属磁记忆检测技术从俄罗斯传入我国。

2000 年，爱德森（厦门）电子有限公司开发出面向市场的磁记忆检测仪器。

…………

8. 红外检测

20 世纪 70 年代初，我国开始了对红外检测技术的研究。

1975 年，西安热工所与昆明物理所等单位联合研制了我国首台 HRD-1 型红外热像仪。

1996 年，苏州热工所研制成功了 HSY-01 型红外扫描测温仪。

…………

9. 其他

1953 年 10 月，汤良知编著的《现代放射学基础》出版，可能是我国第一部射线检测专著。

1955 年 10 月，朱定翻译的《焊接接头的质量检验》出版。

1957 年 7 月，龚再仲、廖少葆编著的《工业 X 射线探伤基础》出版。

1957 年 12 月，于在兹编写的《工业无损探伤法》（磁粉、射线、超声）出版，可能是我国第一本无损探伤专著。

1959 年 6 月，杜连耀、应崇福翻译的《超声工程》（［美］克洛福德 著）出版。

1963 年，在河北省北戴河举办了全国第一次无损探伤技术学习班；一批物理专业毕业的大学生开始进入无损检测技术界，成为我国无损检测技术发展历史中的骨干力量。

1964 年，上海锅炉厂开始应用氦质谱仪检漏。

1964 年 4 月，第一机械工业部举行了首次全国无损探伤会议。

1977 年，丹东仪表研究所创刊《无损检测》，后改名《无损检测技术》，再改名《检测与评价》，最终定名《无损探伤》双月刊杂志，成为辽宁省无损检测学会会刊。

1977 年，宗立德所著的《超声波探伤及探伤仪》出版，应该是中国第一部超声检测技术专著。

1978 年 11 月，中国机械工程学会无损检测学会成立。

1978 年，上海材料研究所增开《理化检验通讯－无损检测》月刊。1979 年创刊《无损检测》月刊杂志，成为中国机械工程学会无损检测分会会刊。

1980 年，南昌航空工业学院（现为南昌航空大学）首创开办无损检测本科专业（1982 年开始招收第一届），随后开办了无损检测专业的干部专修（大专，1987 年招收第一届）、函授大专（1987 年招收第一届）、专业证书班（大专，1989 年招收第一届）。90 年代后，无损检测本科专业被改名为测控技术与仪器（无损检测方向）本科专业。

1981 年，首届射线检测 II 级人员培训与资格鉴定班在南昌航空工业学院举办。

1982 年，首届超声检测 II 级人员培训与资格鉴定班在北京重型电机厂举办。

1985 年，昆明师范专科学校首创开办无损检测成人大专（2 年制，只办了一届）。

20 世纪 80—90 年代可以说是我国无损检测技术专著出版的巅峰时期。

1993 年 8 月，第一次在中国上海成功举办了第 17 届亚洲太平洋无损检测会议。

2002 年 1 月，李家伟、陈积懋主编的《无损检测手册》出版，成为我国第一本无损检测手册。

2008 年 10 月，第一次在中国上海成功举办了第 17 届世界无损检测会议（被称为无损检测的奥林匹克）。

2012 年 9 月，北京理工大学珠海学院开办了广东省第一个无损检测本科专业——应用物理（无损检测方向）（2012 年开始招收第一届）。

［注：我国无损检测技术发展史料可参见中国机械工程学会无损检测分会编辑的《中国无损检测年鉴》及《无损检测》杂志2011年第33卷增刊《中国的无损探伤始于何时、何地、何人？》（作者：仲维畅），《无损检测》杂志2012年第1期《中国无损检测简史》（作者：仲维畅），中国无损检测学会第10届无损检测年会论文《中国早期超声波探伤仪发展一瞥》（作者：仲维畅）。］

中华人民共和国成立后的无损检测技术发展大体上可以分为四个阶段：

第一阶段：20世纪50年代，新中国成立后的起步阶段，主要在军工领域（特别是航空工业）、与军工相关的重工业领域和科研机构开始X射线、磁粉、渗透、超声等常规无损检测技术的应用，其中不少工作是在苏联援华专家指导下进行的。

第二阶段：20世纪60年代，我国无损检测技术在机械工业领域开始得到推广应用，也开始了无损检测人员的技术培训工作，国产无损检测设备与器材陆续研制成功并投入应用。除了常规无损检测技术的应用外，也开始了新型无损检测技术的研究与应用。

第三阶段：20世纪70年代，无损检测技术在我国工业领域开始普遍应用，从事无损检测技术工作的人员快速增加。

第四阶段：20世纪80年代以后，随着中国内地的经济改革开放形势不断深入发展，中国加入了WTO（世界贸易组织），与国际接轨越来越紧密，因此中国内地的无损检测技术进入了全盛发展时期。80年代末期，中国机械工程学会无损检测分会（对外称为"中国无损检测学会"）加入了国际无损检测委员会，在国际上的地位越来越高，知名度也越来越高，在世界上也扮演着越来越重要的角色。我国无损检测人员的培训考核已经逐渐形成了比较规范的系统模式，中国无损检测学会已经在2009年和欧洲无损检测联盟签订了无损检测人员技术资格多国互认协议，并且还被欧盟以外的多个国家所认可（如日本、加拿大及东南亚各国等）。目前，中国无损检测学会已成为国际无损检测委员会无损检测人员技术资格多国互认协议（ICNDT MRA）的正式成员国，将进一步得到全世界的认可。

我国在电磁、涡流检测方面的技术水平已经达到了一个较高的阶段，可以说已达到甚至在某些方面超过了世界先进水平，在超声、射线、磁粉、渗透等检测领域与世界先进国家的差距也已经大大缩小，无损检测基本理论研究、无损检测设备的研制和生产在不少方面也都接近和达到世界先进水平，成为公认的无损检测大国，并且正在向无损检测强国发展。

第二章 无损检测技术原理及其应用简介

无损检测技术的基础是物质的各种物理性质或它们的组合，以及与物质相互作用的物理现象，无损检测技术是应用物理、材料科学、电子技术、计算机技术等多门学科相互渗透与结合的产物。

迄今为止，在工业领域已获得实际应用和已在实验室阶段获得成功的无损检测方法已达几十种，随着工业生产与科学技术的发展，物理学、材料学研究的不断深入，测试技术与电子技术的不断发展，计算机技术应用的不断深入与提高，以及工业生产和其他广大领域对无损检测技术的需求不断增加，还将出现更多的无损检测方法与种类。无损检测技术的方法与应用范围还存在着极大的潜力，也必然出现更多适应无损检测技术工艺所需要的设备器材，就无损检测技术应用的仪器设备自身而言，还要向多功能、自动化、智能化、袖珍化等方向不断深入发展，而且还要进一步提高无损检测技术的可靠性、准确性、检测效率及经济效益。因此，无损检测技术属于朝阳技术，需要继续深入探索研究和开拓的领域还很多，有待广大无损检测技术人员去努力发掘。本书仅能就几个主要方面作简单扼要的介绍。除了对工业上已经广泛应用的五大常规无损检测技术（超声波检测、磁粉检测、涡流检测、渗透检测和射线照相检测）给予一定的工艺介绍外，对其他方法仅作概念性介绍。若需对其中某项方法进行深入了解，应查阅相应方法的专业教材与技术文献资料。

本章将按物理领域分类来简单介绍各种无损检测方法。

2.1 利用声学特性的无损检测技术
（利用机械振动波的无损检测技术）

2.1.1 超声波检测技术

按照经典声学理论的划分，振动频率范围在 16 Hz～20 kHz 的机械振动波称为声波（人耳能感受到的纵波模式的机械振动波），频率低于 16 Hz 的机械振动波称为次声波（人耳不能感受到），频率高于 20 kHz 的机械振动波则称为超声波（人耳不能感受到）。实际上，目前工业超声波检测技术中应用的超声波频率范围一般在 2 kHz 到 25 MHz，在航天工业中甚至应用到数百 MHz（例如检测航天飞机隔热陶瓷片，超声频率达 400 MHz

甚至更高，要求发现 0.5 μm 的微细孔隙）。

超声波是由机械振动源在弹性介质中激发的一种机械振动波，其实质是以应力波的形式传递振动能量，其必要条件是要有振动源和能传递机械振动的弹性介质（实际上包括了几乎所有的气体、液体和固体），它能透入物体内部并可以在物体中传播。

工业无损检测技术中应用的超声波检测（ultrasonic testing，UT）是利用超声波在物体中的多种传播特性，例如反射、透射与折射、衍射与散射、干涉、衰减、谐振及声速等的变化，可以用于测量物体的几何尺寸、探测表面与内部缺陷的大小与位置、判断材料的显微组织变化等，因此是无损检测技术中发展最快、应用最广泛的一种极重要的无损检测技术，在工业无损检测技术中占有非常重要的地位。除了在工业领域中可用于例如工业材料及制品（包括金属、非金属、锻件、铸件、焊接件、型材、胶接结构与复合材料、紧固件等）的缺陷探测、硬度测量、测厚、显微组织评价、混凝土构件检测、陶瓷土坯的湿度测定、陶瓷制件的缺陷检测、气体与液体介质特性分析、黏度与密度测定、管道中流体的流量测定、容器中的液位测定、结构应力测量等以外，还应用于医疗上的超声诊断（如医用 B 超）、海洋学中的声呐、鱼群探测、海底形貌探测、海洋测深、地质构造探测等。

超声波具有如下特性：

第一，超声波的波长短（毫米级）、沿直线传播（在许多场合可应用几何声学关系进行分析研究）、指向性好，能在气体、液体、固体、固熔体等介质中有效传播，因此可应用于几乎所有材料。

第二，超声波可传递很强的能量，能传播很长的距离，可用于检测大型工件。

第三，超声波检测可利用的传播特性包括反射与折射、衍射与散射、衰减、谐振、声速、干涉、叠加和共振等，并能进行振动模式的转换（波型转换）。

第四，超声波在液体介质中传播时有"空化现象"产生，达到一定程度的声功率就可在浸没于液体中的物体界面上产生强烈的冲击，从而引出了"功率超声波应用技术"，例如超声波清洗、超声波钻孔、超声波去毛刺、超声波振动光饰等，统称"超声波加工"。

第五，利用强功率超声波的振动作用，还可用于例如塑料等材料的"超声波焊接"。

在超声波检测技术中，最主要的是利用某些单晶体的压电效应和多晶体的电致伸缩效应来产生和接收超声波，我们把这些材料统称为压电材料（例如石英晶体、钛酸钡及锆钛酸铅等压电陶瓷）。压电材料在外力作用下发生形变时，将有电极化现象产生，即其电荷分布将发生变化（正压电效应或逆电致伸缩效应）；反之，压电材料在电场作用下将会发生应变，亦即弹性形变（逆压电效应或电致伸缩效应）。因此，利用压电材料制成超声波换能器（俗称"超声探头"），对其输入高频电脉冲或连续电振荡，则探头将以相同频率产生超声波发射到被检物体中去，在接收超声波时，探头则产生相同频率的高频电信号用于检测显示。

除了利用压电效应和电致伸缩效应以外，还有利用磁致伸缩效应（强磁材料在被磁化时，由于外加磁场的作用会发生变形，表现为弹性应变）达到激发超声波的目的，利用磁弹性效应（也称为"逆磁致伸缩效应"，处在外加磁场中的强磁材料经受外加应力或应变时，其磁化状态将发生变化）达到接收超声波的目的，以及利用电动力学方法实现激发与接收超声波［见后面2.2.19节的"涡流－声（电磁－超声）检测技术"］。

超声波在弹性介质中传播时，视介质质点的振动方式与超声波传播方向的关系，可以把超声波分为以下几种波型（见图2－1）：

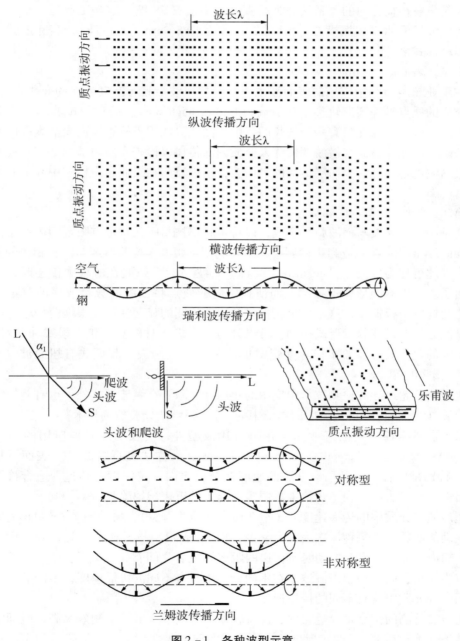

图2－1　各种波型示意

第一，纵波（longitudional wave，简称"L波"，又称"压缩波""疏密波"）。

纵波的特点是传声介质的质点振动方向与超声波的传播方向相同。

第二，横波（shear wave，简称"S波"，又称"transverse wave"，简称"T波"，也称为"切变波"或"剪切波"）。

横波的特点是传声介质的质点振动方向与超声波的传播方向垂直，并且视质点振动平面与超声波传播方向的关系又分为垂直偏振横波（SV波，这是工业超声检测中最常应用的横波）和水平偏振横波[SH波，也称为love wave（乐甫波），实际上就是地震波的震动模式之一]。

第三，表面波（surface wave）。

在工业超声检测中应用的表面波主要是指超声波沿具有空气界面的介质表面传递，传声介质的质点沿椭圆形轨迹振动的瑞利波（rayleigh wave，简称"R波"）。瑞利波在介质上的有效透入深度只有一个波长的范围，因此只能用于检查表面光洁度高的介质表面的缺陷，不能像纵波与横波那样深入介质内部传播以检查介质内部的缺陷。此外，水平偏振横波也是一种沿表面层传播的表面波，不过目前在工业超声检测中尚未获得实际应用。

第四，兰姆波（lamb wave）。

这是一种由纵波与横波叠加合成，以特定频率被封闭在特定有限空间内产生的制导波（guide wave）。在工业超声检测中，主要利用兰姆波来检测厚度与波长相当的薄金属板材，因此也称为板波（plate wave，简称"P波"）。兰姆波在薄板中传递时，薄板上下表面层质点沿椭圆形轨迹振动，而薄板中层的质点将以纵波分量或横波分量形式振动，从而构成全板振动，这是薄金属板材兰姆波检测的显著特征。根据薄板中层的质点是以纵波分量或横波分量形式振动，可以分为S模式（对称型）和A模式（非对称型）两种模式的兰姆波。在细棒和薄壁管中也能激发出兰姆波，其模式有扭曲波（torsinal wave）、膨胀波等。

在最新的超声导波检测技术中应用的超声导波除了有纵波模式外，也有兰姆波模式的制导波（扭曲波），可参见后面本节中的"7. 超声波导波检测技术"。

除了上述四种主要的工业超声检测应用波型外，现在已经发展应用的还有头波（head wave）和爬波（creeping longitudional wave，又称"爬行纵波""表面下折射纵波"），特别是后者能够以几乎纵波的速度在介质表面一定深度下传递，适合检测表面特别粗糙，或者表面存在不锈钢堆焊层等情况下的近表层缺陷。

超声波在介质中的传播速度C（与介质、波型等有关）、振动频率f（单位时间内完成全振动的次数，以每秒一次为1个赫兹，用Hz表示，与振动源有关）和超声波的波长λ（超声波完成一次全振动时所传递的距离）三者之间有如下关系：$C = \lambda \cdot f$。

应当注意，同一种超声波波型在不同介质中具有不同的传播速度，不同的超声波波型在同一种介质中具有不同的传播速度。

超声波检测的优点是穿透力强、设备轻便、检测成本低、检测效率高，能即时知道检测结果（实时检测），能实现自动化检测和实现永久性记录，在缺陷检测中对危害性较大的面积型缺陷（例如裂纹）特别敏感，等等。

超声波检测的缺点是通常需要通过耦合介质才能使声能透入被检物，需要有参考评定标准，特别是显示的检测结果不直观，因而对操作人员的技术水平有较高要求。此外，对于小而薄或者形状较复杂，以及粗晶材料等工件的检测还存在一定困难。

下面以超声波的传播特性为线索来分别叙述其应用。

1. 超声波的反射与折射特性

在弹性介质中传播的超声波遇到异质（密度或声速不同）界面时会发生反射与折射，并有波型转换发生。

在两种不同介质的界面上，超声波从第一介质垂直或倾斜入射到界面上返回第一介质的现象称为反射，其反射率的大小取决于两种介质的声阻抗差异（介质的声阻抗在数值上等于该介质的密度与声速的乘积）；超声波从第一介质倾斜入射到界面上进入第二介质并改变传播方向的现象称为折射，其折射率的大小取决于两种介质的声速差异。

在倾斜入射的反射情况中，由于同一介质具有相同的密度，相同波型的超声波有相同的声速，因此反射纵波 $L_反$ 的反射角与入射纵波 L 的入射角 α 相同，而在同一介质中的横波速度小于纵波速度，因此反射横波 $S_反$ 的反射角 β 小于入射纵波 L 的入射角 α。

在折射情况中，由于同一介质中的横波速度小于纵波速度，因此折射横波 $S_折$ 的折射角 β 小于折射纵波 $L_折$ 的折射角。

在工业超声波检测中，超声波在界面上的折射特性主要被用于达到波型转换的目的，例如把一般压电元件产生的纵波转换成横波、瑞利波、兰姆波等，以适应不同工件及不同情况下检测的需要，其转换条件与界面两侧介质的声速比（折射率）和入射、折射角度（正弦函数）相关——$\sin\alpha/C_1 = \sin\beta/C_2$（此关系式称为斯涅尔定律或折射定律），式中，$\alpha$ 为入射角，C_1 为第一介质中入射超声波的传播速度，β 为反射或折射角，C_2 为在第一介质中反射或者在第二介质中折射超声波的传播速度。如图 2-2 所示。

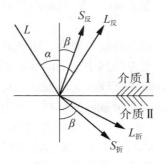 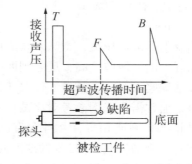

图 2-2　超声波反射与折射及波型转换　　图 2-3　超声脉冲反射法检测原理

在工业超声波检测中，超声波的反射特性主要被用于探测材料中的缺陷，最常应用的是超声脉冲波反射法。

下面以最常用的 A 型显示（波形显示）的超声脉冲反射法探测为例。

如图 2-3 所示，超声波探伤仪中高频脉冲电路产生的高频脉冲振荡电流施加到超声换能器（超声探头）中的压电元件上，基于逆压电效应（或电致伸缩效应）使压电元件激发出脉冲超声波并传入被检工件，超声波在被检工件中传播时，若在声路（超声波的传播路径）上遇到缺陷（异质）时，将会在界面上产生反射，反射回波被超声探头接收，基于压电效应（或逆电致伸缩效应）由压电元件转换成高频脉冲电信号输入超声波探伤仪的接收放大电路，经过处理后在超声波探伤仪的显示屏上显示出与回波声压大小成正比的回波波形（A 型显示图形），根据显示的回波幅度大小可以评估缺陷大小，显示屏上的水平扫描线（时基线）可以设置为与超声波在该介质中的传播时间（距离）成正比（俗称"定标"或"时间轴校正"），然后就可以根据回波在显示屏水平扫描线上的位置来判定缺陷在工件中的位置。利用工件底面回波在水平扫描线上的位置，还可测定工件的厚度。

超声波在传声介质中所占的空间称为超声场，如图 2-4 所示，它包括近场区（N 为近场长度）和远场区两个部分。

超声波在近场区中的声压分布是不均匀的，而在远场区中的声压则随着距离的增大呈单调下降变化。近场区的长度与换能器的晶片直径和超声波的波长有关，在近场区的超声波束呈收敛状态，在近场区末端，亦即从近场区进入远场区的过渡点上声束直径最小而声压最大（故将此点称作"自然焦点"），进入远场区后声束将以一定角度发散，声束边缘的斜度以半扩散角 θ 表示（也称为"指向性"），声束的半扩散角同样与换能器的晶片直径和超声波的波长有关。

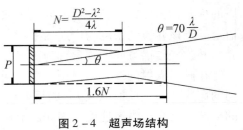

图 2-4 超声场结构

在图 2-4 中，近场长度 $N = (D^2 - \lambda^2)/4\lambda$，式中：$D$ 为圆形晶片直径（mm），λ 为超声波在传声介质中的波长（mm），这是根据连续波推导出来的，在应用脉冲波时，实际的近场长度约等于连续波推导的近场长度的 0.7 倍。同样根据连续波推导出来的半扩散角近似值有 $\theta = 70\lambda/D$，式中：D 为圆形晶片直径（mm），λ 为超声波在传声介质中的波长（mm）。

缺陷反射回波声压大，意味着缺陷反射面积大，超声波反射率高，表现在超声波探伤仪显示屏上的回波幅度高，反之则回波幅度低。在超声检测中为了能够根据回波幅度大小来评估缺陷大小，当被检工件尺寸较小或缺陷埋藏深度较浅，落在超声探头的近场区范围时，通常需要采用参考对比试块进行比较评定，参考试块的材料、状态（声学特性）与被检物相同或相近，并且含有已知精确尺寸的特定人工反射体（例如平底孔、横孔、柱孔、刻槽等），将发现的缺陷回波幅度与相同声程（超声波传播路程）的人工反射体回波幅度比较，得到以人工反射体尺寸表示的缺陷当量大小（即相当于同声程的某尺寸人工反射体回波幅度）。

在远场检测时，由于工件尺寸较大，要预先制作相应尺寸的试块有困难，而且搬运、使用均很不方便。鉴于超声波在远场中的声压随着距离的增大呈单调下降变化，各种人工反射体的回波声压变化是有规律可循的，因此可以采用计算方法或事先测绘制作的距离-波幅曲线（称作"AVG 法"或"DGS 法"）来确定检测灵敏度及评定缺陷的当量大小。

必须指出，超声波在检测中评定的缺陷当量大小，是指缺陷的回波幅度与一定尺寸的标准人工反射体的回波幅度相同,但是缺陷的实际尺寸与标准人工反射体的尺寸并不相同,这是因为缺陷的回波幅度大小受被检工件的材料特性及缺陷本身的性质、大小、形状、取向、表面状态等多种因素的影响,能够反射超声波到超声探头的仅仅是缺陷上的有效反射面积起作用,此外还与超声波的自身特性有关,因此引入了"当量"(相当的量)这个概念作为定量衡量缺陷大小的标准。例如,我们说经过超声波检测,发现被检工件内的某个位置处存在Φ2 mm直径平底孔当量的缺陷,就是指该缺陷的回波幅度与工件内相同位置处Φ2 mm直径平底孔(平底孔的孔底面与超声束轴线垂直,并且平底孔中心与声束中心轴线同轴)的孔底面回波幅度相同,亦即超声波的反射量相同,但是该缺陷的实际面积尺寸往往大于Φ2 mm直径平底孔的底面面积,大多少则与缺陷种类、形状等有关。

此外,根据超声波检测的结果判断缺陷的性质(定性)问题尚未很好解决,目前还主要是依靠检测人员的实践经验、技术水平,以及对被检工件的材料特性、加工工艺特点、使用状况等的了解来进行综合的主观判断。下面介绍超声脉冲反射法检测工件的一般步骤。

(1)超声检测面的选择。

当超声束与工件中缺陷延伸方向垂直,或者说与缺陷面垂直时,能获得最佳反射,即有效反射面积最大,此时缺陷检出率最高。因此,在被检工件上应选择使超声束尽量与可能存在的缺陷的延伸方向垂直的工件表面作为检测面,图2-5为常见工件的超声检测面示意。

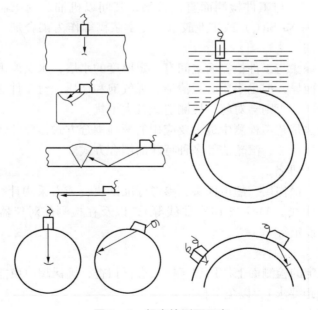

图2-5 超声检测面示意

(2)检测面的制备。

超声波是通过被检工件表面进入工件内部的,检测面的表面粗糙度优劣影响声能的透射效果，并可能产生干扰，因而对超声检测结果的准确性与可靠性有很大影响。根据超声探头与被检测面的耦合方式不同而有不同的超声检测方法，对检测面的表面粗糙度要求也有不同，一般要求见表 2-1。

表 2-1 不同超声检测方法对检测面表面粗糙度的一般要求

超声检测方法	检测面的表面粗糙度要求
接触法纵波检测	≤3.2 μm
水浸法纵波检测	≤6.3 μm
接触法横波检测	≤3.2 μm
接触法瑞利波（表面波）检测	≤0.8 μm
接触法兰姆波（板波）检测	≤1.6 μm

如果被检件表面粗糙度不能满足检测要求时，应进行专门的表面加工制备，或采取特殊的补救措施（例如采用特殊的耦合方法或灵敏度补偿）。

（3）耦合方法的确定。

超声探头与被检工件之间存在空气时，超声波将被反射而无法进入被检工件，因此在它们之间需要使用耦合介质来去除空气以填满间隙，视耦合方式的不同，可以分为：

接触法：超声探头与工件检测面直接接触，其间以机油、变压器油、润滑脂、甘油、水玻璃（硅酸钠 Na_2SiO_3）或工业胶水、化学浆糊等作为耦合剂，或者是商品化的超声检测专用耦合剂。

水浸法：超声探头与工件检测面之间有一定厚度的水层，水层厚度视工件厚度、材料声速及检测要求而异，但是水质必须清洁、无气泡和杂质，对工件有润湿能力，其温度应与被检工件相同，否则会对超声检测造成较大干扰。

接触法和水浸法是超声检测中最主要应用的两种耦合方式，此外还有水间隙法、喷水柱法、溢水法、地毯法、滚轮法等多种特殊的耦合方式。

（4）检测条件的准备。

选择适当的超声探伤仪、超声探头、参考标准试块（或者采用计算法时应用的计算程序或距离-波幅曲线、AVG 或 DGS 曲线等），以及在检测前对仪器的校准（时基线校正、起始灵敏度设定等）。

（5）检测扫查。

在被检工件规定的检测面上使用超声探头进行扫查，确保超声束能覆盖所有被检查的区域（有扫查间距要求），以免漏检。

（6）缺陷评定。

对发现的缺陷进行定位（缺陷在工件中的埋藏深度与在检测面上的投影位置）、定量（缺陷大小、面积、长度或者体积）的评定并在被检工件检测面上做出不易擦除又不妨碍复验的标记，必要时还需要判定缺陷的性质或种类，亦即定性评定。

（7）记录与判断。

记录检测结果，对照技术条件和验收标准做出合格与否的判断，得出检测结论，签发检测报告。

（8）处理。

将检测发现问题的工件做出标记后隔离待处理，对合格工件给予合格标记、转入下道生产工序或周转程序。

以上是超声脉冲反射法检测的最基本程序，在实际产品的检测中还应该根据具体的检测规范或检测工艺规程等的要求实施具体的检测方案。

随着超声波检测仪器与计算机技术结合的不断深入发展，目前数字化的超声波检测仪器已经得到越来越普及的应用，许多过去依靠检测人员手工操作、计算的内容已经可以被计算机技术所代替，例如缺陷回波幅度、缺陷埋藏深度位置和在检测面上的投影位置已经可以在显示屏上自动显示、自动绘制距离-波幅曲线及探头参数预先存储等，超声检测结果不仅有常规的 A 显示（波形显示，如图 2-3，又称"A 扫描""A-scan"），而且可以实现 B 显示（又称 B 扫描，B-scan，是沿声路的截面图形显示，可直观地显示出被检测工件探测面下的缺陷在纵截面上的分布位置及相对形状大小、水平延伸长度等的二维图像，如图 2-6）、C 显示（又称"C 扫描""C-scan"，是缺陷在探测面上平面投影形状的二维图像，如图 2-7）等多种显示方法，有助于检测人员更直观地对检测结果进行判断和评价。

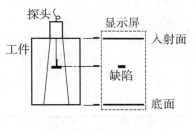

图 2-6 B 型显示

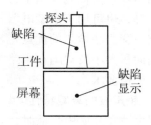

图 2-7 C 型显示

超声脉冲反射检测法是超声检测中应用最广泛的方法，不仅在工业超声检测的探伤、测厚等应用中被采用，就是在其他领域，例如鱼群探测、水下声呐、海洋测深、海底形貌及地质构造探测、医用超声诊断等，也都广泛利用着超声波的反射特性。

2. 超声波的透射、衍射与散射特性

超声波在传声介质中投射到一个异质界面边缘（例如裂纹的尖端）时，根据惠更斯原理，由于超声波振动作用在该边缘上，将使该边缘成为新的子波源而产生新激发的衍射波，导致有衍射现象发生，这种衍射波是球面波，向四周传播。用适当的方式接收这种新生的衍射波并按照超声波的传播时间与几何声学的原理，可以计算得到工件表面缺陷的深度或内部缺陷的垂直高度。参见本节的"8. 超声波 TOFD 检测技术"。

当缺陷垂直于超声波束轴线的尺寸（面线度）远小于超声波的波束直径时，由于缺陷边缘的衍射现象，从表观上看，原来的超声波会绕过缺陷继续前进，但在缺陷后面会形成声影（没有超声波的空间）。图2-8显示出声场中的声影形成与超声波穿过小孔的衍射。

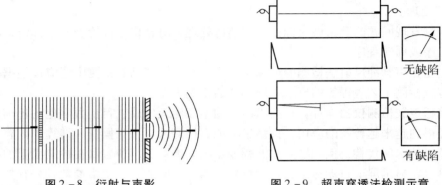

图2-8 衍射与声影　　　图2-9 超声穿透法检测示意

利用声影形成的现象，可用于超声穿透法检测，如图2-9所示。当超声波在其声路上遇到缺陷时，由于有反射、衍射、散射等现象发生，以及因为被检工件材料显微组织异常，将造成超声波传播能量的衰减，使得在声路的另一端接收到的声能低于正常情况下接收到的声能，利用超声探伤仪显示屏或直接利用电表指示反映这种变化差异，即可用作检测评定的依据。

超声穿透法检测可用于板材、复合材料或胶接结构等的缺陷检测，如分层、脱粘、未粘合等，也可用于小型电器开关的镀银触点质量检测等。

超声穿透法检测的优点是容易实现自动化检测，但是缺点是无法确知小于声束直径的缺陷面积大小及缺陷在声路中所处的位置（埋藏深度），并且发-收两个探头的相对位置有严格要求。

3．超声波的衰减特性

超声波在介质中传播时，其自身的波前扩散会造成随着传播距离的增大而垂直于声束传播方向的单位面积通过的声能减小，即称为扩散衰减，这是超声波自身的特性所决定的，它与声束扩散角2θ（θ为超声束的半扩散角）有关。

此外，超声波在材料中的晶界、相质点，或者媒介物中的悬浮粒子、杂质、气泡等声阻抗有差异（哪怕是微小差异）的区域会有散射现象发生。其散射状态与超声波的波长及散射质点（例如平均晶粒直径）的大小有关，这是由超声波的反射与衍射机理的综合作用产生的。在金属材料中，以波长λ和晶粒平均直径$\bar{D}$之比可以划分为三种散射状况。

（1）瑞利散射。$\bar{D} \leqslant \lambda$时，其散射程度与频率的四次方成正比，这是金属中大多数的情况。

（2）随机散射。$\bar{D} \approx \lambda$时，其散射程度与频率的平方成正比，通常在粗晶铸件中容易出现这种情况。

（3）漫散射。$\bar{D} \geqslant \lambda$时，其散射程度与$\bar{D}$成反比，这往往在被检工件检测面表面粗糙的情况下发生，导致入射声能在界面上有漫散射损失。这种情况就像在大雾天气中汽车灯光被散射而无法透过雾气照射到前面一样。

由于散射现象的存在，使得垂直于声路上的单位面积通过的声能减少，亦即造成散射衰减。尽管在超声脉冲反射法检测中这种散射现象的存在不但使得超声波的穿透能力降低，而且还对回波判别带来干扰，但是也可以利用在金属材料中散射超声波的叠加混响返回到超声探头并被接收后，在超声探伤仪显示屏上以杂草状回波形式（杂波）显示，通过对杂波水平的评定，可以判断和评价金属材料的显微组织状态。特别是在航空工业中，杂波水平的评定已经成为例如钛合金锻件超声检测验收标准中的一项重要指标。

除了上面所述的由各种质点造成的散射衰减外，超声波在材料中传递时，能量衰减的另一个重要原因是内吸收造成的衰减，它与材料的粘滞性、热传导、边界摩擦、弛豫现象有关，使得超声能量以热和溶质原子迁移等形式被消耗掉。此外，还有位错运动（如位错密度、长度的变化，空穴与杂质的存在）及磁畴壁运动、残余应力造成声场紊乱等，这些都能导致超声能量的衰减，我们把这些原因所导致的超声能量衰减统称为吸收衰减。

由此可见，超声波在材料中的衰减机理很复杂，很难给予逐一分析，因此在超声波检测技术中，我们以综合衰减来考虑：

假定距离振源 $X=0$ 处的声压振幅为 P_0，经过距离 X 后的声压振幅为 P_X，则 $P_X = P_0 \cdot e^{-\alpha X}$，式中的 α 称为衰减系数，它可以被分为两部分，即 $\alpha = \alpha_s + \alpha_a$，式中的 α_s 为散射衰减系数，α_a 为吸收衰减系数。因此，以 α 表示的衰减系数（这里称为视在衰减系数）是一个材料的综合性参数，它一般会随超声频率的提高和被检材料温度的升高而增大。

在超声波检测中，可以测定超声波通过材料后声能减小的程度（例如超声脉冲反射法中工件底面反射回波波幅降低程度的评定，称为底波损失评定或简称底反射损失，或者如超声波穿透法检测时对接收声能大小的评定），可用以评定材料显微组织的性质、形态及分布。例如检测金属材料的粗晶、过热与过烧、魏氏组织（金属锻件中的一种过热组织）、碳化物不均匀度、球墨铸铁的石墨球化率、碳钢的室温拉伸强度及应力测定等。已有资料介绍利用由散射造成的杂波显示及回波波幅的衰减评定来判断机车车轮（含碳量 0.53%～0.61% 的珠光体钢）的珠光体组织中渗碳体片层间距，从而辅助判断车轮的屈服极限与耐磨性。还有资料报道把超声波衰减特性用于材料的疲劳试验（在疲劳试验中，试件内部的自身摩擦和晶格畸变能导致超声波散射，破断面的局部塑性变形能导致超声能量的被吸收）及用于钢的断裂韧性评价。把超声衰减特性与声速特性相结合，已经可以用于测定例如钛合金中的含氢量（钛合金含氢量大将有发生氢脆断裂的危险性）及评定铝合金的时效质量等。

4. 超声波的速度特性

同一波型的超声波在不同材料中有不同的传播速度，而在同一材料中，不同波型的超声波也有不同的传播速度。当材料的成分、显微组织、密度、内含物比例、浓度、聚合物转化率、强度、温度、湿度、压强（应力）、流速等存在差异或发生变化时，其声速也将出现差异。

利用专门的声速测定仪或利用普通的超声脉冲反射型探伤仪或超声测厚仪，将未知声速的材料与已知声速的标准试样比较，可以测出材料的声速或者声速变化，可以应用于：

（1）材料物理常数的测定。

根据物理学中的关系式，一般有：声速 $C = (E/\rho)^{1/2}$，式中：ρ 为材料密度，E 为材料的弹性模量。由于声速受材料的各向异性、形状及界面的影响，并且根据超声波的振动模式不同而要分别采用各自的弹性模量（杨氏弹性模量、切变弹性模量）。

在气体和液体中的纵波速度（纵波速度与杨氏弹性模量相关，气体和液体中只有杨氏弹性模量，因此只能存在纵波）有：$C_L = (K/\rho_0)^{1/2}$。

在固体中：

直径小于超声波波长的细棒中轴向传播的超声纵波速度有：$C_l = (E/\rho)^{1/2}$

直径大于超声波波长的粗棒中轴向传播的超声纵波速度有：

$$C_L = \{[K+(4/3)G]/\rho\}^{1/2} = \{[E(1-\sigma)]/\rho(1+\sigma)(1-2\sigma)\}^{1/2}$$

横波声速有：$C_s = (G/\rho)^{1/2} = \{E/[\rho \cdot 2(1+\sigma)]\}^{1/2}$

瑞利波声速有：$C_R = [(0.87+1.12\sigma)/(1+\sigma)] \cdot (G/\rho)^{1/2}$

式中：

K——材料的容变弹性模量（体积弹性模量）；

ρ_0——无声波存在时介质的原静止密度；

E——材料的杨氏弹性模量；

G——材料的切变弹性模量；

σ——材料的泊松比（材料在力的方向上出现纵向应变的同时，在垂直方向上也会产生横向应变，它们之间的比率称为泊松比，这是材料的物理特性之一）；

ρ——材料密度。

它们之间的相互关系有：

$C_l/C_L = [(1+\sigma)(1-2\sigma)/(1-\sigma)]^{1/2}$；

$C_S/C_L = \{(1-2\sigma)/[2(1-\sigma)]\}^{1/2}$；

$C_R/C_S = (0.87+1.12\sigma)/(1+\sigma)$；

$E = C_l^2 \cdot \rho \cdot [(1+\sigma)(1-2\sigma)/(1-\sigma)]$；

$G = C_S^2 \cdot \rho$；$E = 2G(1+\sigma)$。

…………

利用这些关系式，在测定了声速并已知另一参数时，即可计算得到其他的参数。

（2）测量温度。介质中的声速与介质的温度相关，利用这一特性可以用于非接触测量介质温度，还可进一步用于指示介质的熔点、沸点及相变，测量介质的比热、熔解热、反应热和燃烧热，测量介质的纯度和分子量等。

（3）测量流量。超声波在流动介质中传播时（例如气体、液体或含有一定比例固体颗粒的流体传送管道或者水渠等），相对于固定坐标系统，其传播速度与静态条件下的速度不同而与介质的流速有关（因存在多普勒效应所致），因而可以根据声速的变化确定流速并进一步确定流量（流通着的流体横截面积×流速）。

(4) 测量液体的粘度 η。根据切变声阻抗 Z 与 $(\eta \cdot \rho)^{1/2}$（η 为液体的粘度，ρ 为液体的密度）存在正比关系，而声阻抗 $Z = \rho \cdot C$，因此通过测量声速 C 并确定了液体的密度 ρ 后，即可确定液体的粘度。

(5) 应力测量。超声波在材料中的传播速度随材料内存在的应力有近似线性的变化（称为超声应力效应），因此可以用来测量混凝土预应力构件的强度、金属的强度和残余应力、紧固件（例如紧固螺栓）上的拉伸应力等。

(6) 硬度测量。利用瑞利波在金属表面淬硬层中的速度变化特性，可以确定金属表面的硬度或者硬化层的深度。

(7) 测定金属表面裂纹的深度。利用瑞利波沿金属表面直接传递和存在表面裂纹时瑞利波绕过裂纹传递的时间差，根据瑞利波的传播速度，可以计算得出裂纹的深度。这种方法称作时间延迟法或渡越时间法、Δt 法，如图 2-10 所示。

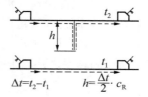

图 2-10　超声时间延迟法测定表面裂纹深度

(8) 测量厚度。根据超声波传播距离 X 与声速 C、传递时间 t 的关系：$X = C \cdot t$，在采用超声脉冲反射法测厚时，就有：工件厚度 $d = C \cdot t/2$，这里使用分母 2 的原因是超声探头发射超声脉冲至工件底面并反射返回探头被接收，因此其声路经过了两倍的工件厚度。

利用超声波的速度特性，还可应用于例如混凝土强度检测、球墨铸铁的强度及石墨球化率的测量、确定陶瓷土坯的湿度以确定进窑焙烧的时机、气体介质的特性分析（例如工业用氧气及氮气的纯度、动物呼吸的新陈代谢速率、气体中某一组分的含量变化等），以及测量石油馏分的密度、氯丁橡胶乳液的密度等。总之，超声速度特性的应用，特别是在工业测量技术中的应用是很多的。

例如混凝土的超声波检测，由于混凝土的强度与其弹性性质密切相关，而超声波在混凝土中的传播速度又与混凝土的弹性性质相关，从而可以在混凝土超声波传播速度与混凝土强度之间建立起一种相关关系，实现混凝土强度的超声波检测。对于钢筋混凝土而言，其本身属于复合材料，超声波在其内部的传播速度将受到许多因素影响，如钢筋的直径与分布结构、以及配置方向、骨料种类与其粒径的大小、混凝土组分的配比比例、养护龄期、养护条件和混凝土的强度等级等，在进行混凝土强度的超声波检测时，必须考虑这些因素的影响。超声波在混凝土中传播时，如果遇到混凝土内部的缺陷［如蜂窝状或松散状的不密实区、空洞、杂物或受意外损伤（如火烧）而形成的疏松区等］，其传播速度、超声波的振幅、相位及主频等会发生一定程度的异常变化，分析这种异常变化可以判断混凝土内部的缺陷状况。

5. 超声波的谐振特性

超声波是一种机械振动波，我们可以利用超声谐振仪把频率可调的超声波（主要利用纵波）垂直入射到被检工件中，当超声波与工件的固有频率发生频率共振时，相向传播的入射波与反射波互相叠加形成驻波，此即纵波垂直入射的厚度共振，如图 2-11 所示。

这种谐振特性可以用于：

（1）测厚。

试样厚度为 d，在其中传播的超声波波长为 λ，则在发生谐振时得到：$d = \lambda_1/2 = 2\lambda_2/2 = 3\lambda_3/2 = \ldots = n \cdot \lambda_n/2$，式中：$n$ 为任意正整数，亦即此时被检工件的厚度等于谐振超声波半波长的整数倍。

当试件材料的超声波速 C 为已知时，根据声速、波长和频率的关系式 $C = \lambda \cdot f$，可以得到在厚度共振时的超声波频率 $f_n = C/\lambda_n = n \cdot C/2d$，当 $n=1$ 时，$f_1 = C/2d$，这 f_1 就是厚度共振的基频，由于任何两个相邻谐波的频率之差等于基频，则有

$$f_n - f_{n-1} = nf_1 - (n-1)f_1 = f_1$$

因此可以利用谐振仪确定厚度共振时两个相邻谐波的频率，则工件厚度为

$$d = C/[2(f_n - f_{n-1})]$$

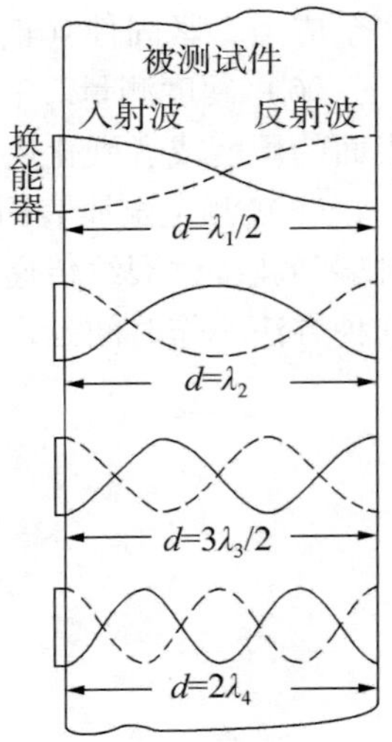

图 2-11 试件中的驻波

或者在两个不相邻谐波的频率分别为 f_m 和 f_n 时，由于

$$f_m - f_n = (m-n)f_1，因此 d = (m-n) \cdot C/[2(f_m - f_n)]$$

（2）检测缺陷。

当被检工件中存在缺陷时，与无缺陷的相同工件相比，其固有频率将会发生改变，因而谐振状态也会发生变化（谐振频率改变），从而可以据此检测出缺陷的存在。例如用于测定金属的硬度、检查薄板点焊的质量，特别是用于复合材料、胶接结构的胶接缺陷（如未粘合、脱粘、贫胶等）及胶接强度的检测，成为专门用于检查胶接质量的"声振检测法"（见后面 2.1.3 节"声振检测技术"中的"共振法"）。

（3）测量硬度。

超声波谐振特性的一个典型应用是超声硬度计，它是借助超声传感器杆谐振频率的变化来测量硬度，主要用于测定金属的洛氏硬度，采用比较法也可用于其他测量。

超声硬度测量的优点是对试件表面的破坏极小、测量速度很快、操作程序简单，特别适合于成品工件百分之百检验，并且可以手握测头直接对工件进行检测，特别适合对不易移动的大型工件、不易拆卸的部件进行测量。下面以营口仪器厂生产的"HC-IB 型超声硬度计"为例做简介：

在均匀的接触压力下，传感器杆顶尖的压头与试件表面接触，则传感器杆的谐振频率会随试件的硬度而改变，通过测量传感器杆的这种谐振频率变化，即可确定试件的硬度。

测头中的传感器杆一端和一个大质量刚体固定在一起，另一端镶有金刚石压头，当压头与试件不接触时［图2-12（a）］，压头处于自由状态。在形成纵向振动后，传感器杆的固定端是振动的波节点，压头端由于振幅最大而成为振动的波腹点，因此，杆的长度等于振动波长的1/4，此时的频率是传感器处于自由状态下的谐振频率。

当传感器的压头端完全被试件与大质量刚体紧固地夹住时［图2-12（c）］，这是理想情况下，传感器杆的两端都将成为振动的波节点，则杆的长度等于振动波长的1/2，这时的谐振频率等于压头端处于自由状态时起始频率的两倍。

当压头被压到试件上时，一般是介于上述两者之间［图2-12（b）］，在固定负荷作用下，对于弹性模量相同的试件来说，若试件的硬度越低，则压头与其表面的接触面积越大，使传感器杆的压头端被夹紧的程度也越大，于是此端振动幅度也越小，相应的振动波腹点越向杆的固定端方向移动，因此振动波长就越小，即杆的谐振频率也就越高。通过测量传感器杆谐振频率的变化，就可确定试件的硬度。

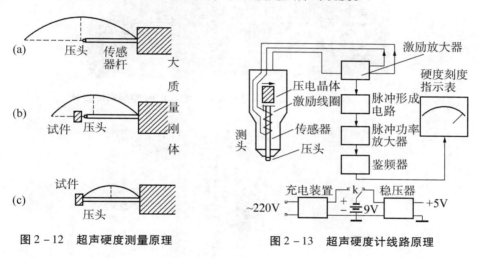

图2-12　超声硬度测量原理　　　　图2-13　超声硬度计线路原理

试件的弹性模量不同，也会影响接触面积的大小，即影响传感器杆谐振频率的变化。因此，超声硬度试验法是一种比较测量的方法，需要以弹性模量和被测试件相同的试块作为校准试块来消除这种影响。

超声硬度计线路原理见图2-13，在测头中有一个具有磁致伸缩效应的传感器杆，一端焊到一个钢圆柱体上，此圆柱体质量要比传感器大得多，另一端镶有136°金刚石角锥压头，激励线圈绕在传感器杆上，在靠近传感器杆与圆柱体的连接处固定一个压电晶片。传感器杆作为一个机械谐振子，插入到激励放大器的反馈电路中，在激励线圈的作用下，使传感器杆产生纵向超声振动，由压电晶片检出这个信号，正反馈到激励放大器的输入端，构成一个自激振荡器，其振荡频率就是传感器杆的谐振频率，反映了试件的硬度。从激励放大器输出一个信号，馈送到脉冲电路中，形成一个重复频率，是上述振荡频率1/2的方波脉冲，经脉冲功率放大器放大，启动鉴频器。在鉴频器中，把反映不同硬度的频率变化转换成直流电流的变化，然后用一个直接以硬度单位标度的直流微安表指示出来。硬度刻度事先用标准试块校准，就可从指示表上直接读出试件的硬度值。

图 2 – 14、图 2 – 15 为德国 Krautkramer GmbH & Co. 的 MIC10 型超声硬度计现场应用的情况和超声硬度计测头结构示意。

图 2 – 14　德国 Krautkramer GmbH & Co. 的 MIC10 型超声硬度计

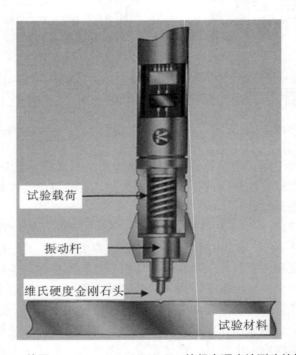

图 2 – 15　德国 Krautkramer GmbH & Co. 的超声硬度计测头结构示意

6. 超声波相控阵检测技术

工业超声波相控阵检测技术（phased array ultrasonic testing，PAUT）来源于 20 世纪 70 年代医学诊断设备首先采用的超声波相控阵诊断技术（医用 B 超）。这是一种新型的特殊超声波检测技术，类似相控阵雷达、声纳和其他波动物理学应用的原理，由于超声波具有波长较短，模式可变化，以及具有更多复杂成分的特性，因而在材料无损评价（NDE）领域得到了越来越多的应用。

超声波相控阵检测技术依据惠更斯（Huyghens-Fresnel）原理：波动场的任何一个波阵面等同于一个次级波源，次级波场可以通过该波阵面上各点产生的球面子波叠加干涉计算得到。如图 2 – 16 所示。

图 2 – 16　两个点声源的干涉图像

常规的超声波检测技术通常采用一个压电晶片来产生超声波，一个压电晶片只能产生一个固定的声束，其波束的传递是预先设计选定的，并且在使用中是不能变更的。

超声波相控阵检测技术的关键是采用了全新的发生与接收超声波的方法，它利用精密复杂的工艺把许多很小的压电晶片（例如 36、64、128 甚至多达 256 个晶片）组成阵列安装在一个探头壳体内，构成多晶片阵列探头来产生和接收超声波束，通过电子方法和功能强大的软件控制压电晶片阵列各个晶片激发脉冲的相位，多个压电晶片各自在检测对象中产生的超声场相互干涉叠加，从而得到预先希望的波束入射角度和焦点位置，亦即可以控制超声波辐射波场的形状，压电晶片阵列所构成组合辐射的总能量形成用于检测的超声波束。因此，超声波相控阵检测技术实质上是利用相位可控的换能器阵列来实现的。

超声波相控阵探头的每个压电晶片都可以独立接受信号控制（脉冲和时间变化），通过软件控制，在不同的时间内相继激发一个阵列式探头的各个单元，可以将超声波束的波前聚焦并控制到一个特定的方向，亦即可以以不同角度产生聚焦超声波束，可以通过电子焦距长度调整改变在超声波传递方向上的聚焦位置，从而实现同一个探头在声束轴线上的不同深度，实现波束聚焦（称为"电子动态聚焦"），能明显地改善信噪比和分辨率，以及检测灵敏度。如图 2 – 17 所示。

如果为一个阵列式探头的各个单元确定相位顺序（时序）和相继激发的速度，可以使固定在一个位置上的探头发出的超声波束在被检工件中动态地"扫描"通过一个

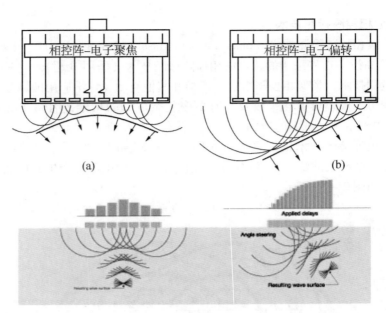

图 2-17　超声波相控阵换能器实现电子聚焦和波束偏转的原理示意

选定的波束角范围（称为"扇形扫描"，也称为"S-扫描"，扇形扫描对于探头可接触面积很小以致仅有很小扫查位置的情况特别适用，比常规探头检验更能适应扫查接触面积受限的区域，有利于使超声波束取向最佳化地垂直于预期的缺陷，例如焊缝中的未熔合或裂纹，通过不同的斜楔可以改变角度控制的范围），或者线阵列相控阵探头没有机械运动而激发的超声波束能沿着探头的长轴方向平移扫描一个检测区域（称为"电子线性扫描"，又称为"E-扫描""线性扫描"），在此过程中不需要对探头进行人工移位的操作，能适应常规超声波检测无法扫查的接触面积受限的区域。下面列出了超声波相控阵换能器实现各种扫描方式的原理示意，实质上就是由于激发顺序（时序）不同，各个晶片激发的波有先后，这些波的叠加形成新的波前。超声波相控阵的扫描方式如图 2-18～图 2-20 所示。

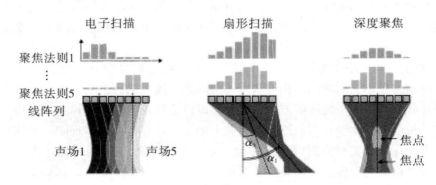

图 2-18　超声波相控阵的扫描方式

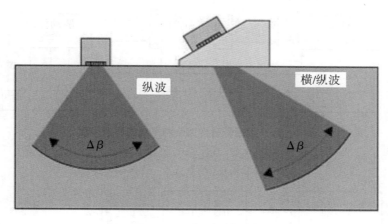

图 2-19 扇形扫描示意
(源自奥林巴斯相控阵教材)

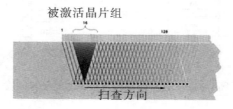

图 2-20 动态聚焦线性扫描示意
(可实现无机械运动的高速扫查)
(源自奥林巴斯相控阵教材)

  超声波相控阵检测系统通常由数据采集单元、脉冲发生单元、电机驱动单元、相控阵探头、工业计算机、显示器等组成。系统在 Windows 平台上运行专用的操作软件，完成对被检工件的扫查、实时显示和结果评判。见图 2-21、图 2-22。

  超声波相控阵检测系统的性能参数除了具有普通超声波检测系统通常的性能参数以外，还包括脉冲发射器数量（例如 8、16、64 或 128 个独立脉冲发射器）、脉冲发射器延迟（例如以 1 ns 增量从 0～25 μs 可调）、脉冲接收器数量（例如 8、16、32 或 128 甚至更多个独立脉冲接收器，通常要与脉冲发射器数量对应）、脉冲接收器延迟（以 1 ns 增量从 0～25 μs 可调）、脉冲重复频率（PRF）及聚焦法则数量。脉冲发射器的数量决定着系统可应用探头晶片总数的上限，脉冲接收器的数量则决定系统在一个聚焦法则中可以调用工作的晶片总数上限。所谓聚焦法则的定义是：为了控制或聚焦产生的声束和回波响应，设定用于来自阵列探头独立元件的脉冲激励与接收的时间延迟的预调图形，亦即时间延迟与晶片位置的关系。例如，"FOCUS 32∶128" 是指系统最大可以支持 128 个晶片，一个聚焦法则中最大可以调用 32 个晶片形成所需要的声场。超声波相控阵检测系统的聚焦法则数量越多，则控制力和功能性越强，目前国外的超声波相控阵检测系统的聚焦法则可以达到 2 000 条。

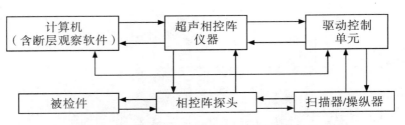

图 2-21　相控阵超声波检测系统的基本构成

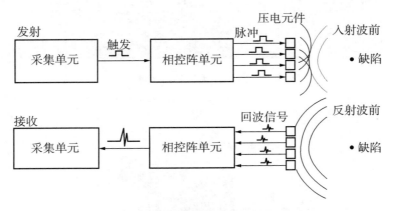

图 2-22　超声波相控阵检测的发射与接收

超声波相控阵探头将相互独立的压电晶片以阵列形式组合包裹在一个标准探头盒内，其引线卷缆通常由良好屏蔽的微细的同轴电缆捆扎组成，通过多通道连接器与超声波相控阵仪器连接。相控阵探头晶片的不同组合构成不同的相控阵列，目前主要有三种阵列类型：线形（线阵列）、面形（二维矩阵列）和环形（圆形阵列），如图 2-23 ~ 图 2-25 所示。

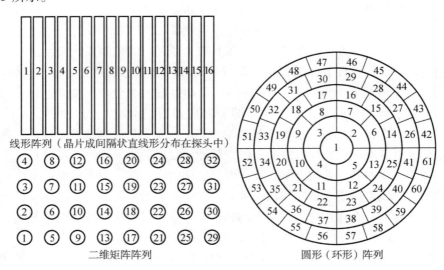

图 2-23　相控阵探头的三种形式

曲面相控阵探头

环状（左）与线性（右）相控阵探头

图 2-24 GE 检测科技公司的超声波相控阵探头

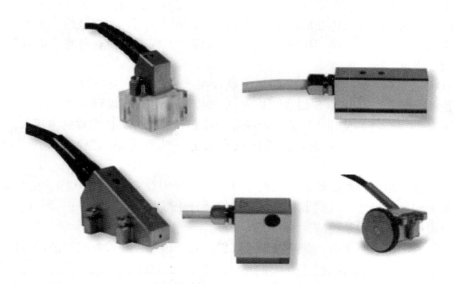

图 2-25 奥林巴斯 R/D tech 的标准超声波相控阵探头

超声波相控阵探头特性参数包括频率、波长、阵列的晶片总数、声场控制方向的总孔径、每个晶片的长度与宽度，非控制方向孔径、两个有效晶片之间的间距及晶片分割间隙。探头上的斜楔或靴块的参数包括声速、角度、第一晶片高度、第一晶片偏移量等。

应当注意的是：超声波的辐射功率与压电晶体的激发面积成正比，如果一组同时激发的压电晶片数量少（总激发面积小），则超声波束的能量也小，就不能穿透较大的厚度或声程，这时就需要采用一组同时激发的压电晶片数量大的模式。

超声波相控阵探头的关键特性包括：电子焦距长度调整、电子线性扫描和电子波束控制/偏角。

超声波相控阵检测系统中，除了相控阵探头以外，非常重要的关键之处就是软件。超声波相控阵之所以能够提供相当可观的应用适应性，这主要取决于所应用软件的多功能性。应用软件要能够强有力地管理超声检测信号的采集，除了处理计算聚焦法则以外，还要求软件具有强大的编码能力和全数据储存、显示结果（如实时 A、B、C、扇形、线形扫描及三维显示），具备良好的数据处理能力等。

超声波相控阵检测系统可以是手动、半自动，或者全自动工作，这取决于应用对象、检测效率及费用预算等要求。与数字式超声波探伤仪的使用程序相同的道理，仪器中的应用软件初次设置准备时是需要耗费一定时间的，但是一旦设置完成并以文件保存后就可以在以后的应用中提取调用，而且易于快速修改，从而能够大大节约用户的时间和精力。

相对于常规的单探头超声波检测方法，超声波相控阵检测方法的特点在于：

简化手工操作，提高检测速度和效率：相控阵探头在一个位置上就能够一次检测所有指定的被检查部分，探头发出的声束可实现多角度扫查，可调节聚焦距离和焦点位置，一个探头便可代替多个不同角度和不同焦距和焦点的探头，减少转换不同折射角或不同焦距的探头进行多次检测的需要，大大缩短了检测时间，相对节约了成本；检测时减小了探头移动所需的扫描面接触区（最佳接触面），减少了扫查时间，也减轻了检测人员的劳动强度。

多种扫描方式：相控阵探头中的压电晶片按选定的时序交替激发，能够实现高精度、快速的断面扫描（扇形 S 扫描）以及 A 扫描、滚动 B 扫描和 L（线性）扫描，甚至能实现 C 扫描，能够使超声波束非常快速地覆盖被检工件，比常规的单探头机械系统快得多，从而在相同时间里能对检测区域提供更好的覆盖率，提高了检验精度和可靠性。

适应性强：超声波相控阵的检测设置可在几分钟内改变（通过软件设定），因此能够适应很多构件的尺寸与几何形状变化，能够适合于形状复杂的构件检验，而且分辨力和检测灵敏度比传统的超声波检测方法高。

从实际应用的观点来看，超声波相控阵仅仅是一种发生和接收超声波的方法。无论是压电、电磁、激光或者相控阵方法，一旦超声波进入材料中，它就与发生方法无关，高频声束遵循超声波在材料中的传播规律通过被检测材料并能在显示器屏幕上显示材料内部结构保真的（或几何校正的）回波图像，所生成材料内部结构的回波图像类似于医用 B 超的超声波图像，超声波检测技术本身的许多规律是不变的。例如，对于常规超声波检测应用的频率、聚焦的焦点尺寸、聚焦长度、入射角、回波幅度与定位等，超声波相控阵也是同样适用的。

超声波相控阵检测和常规超声波检测一样，也需要通过超声波束在被检工件中扫查来采集数据，只是其激发电脉冲和超声波的接收对于扫查图形的变化能比常规超声波检测获得更多的重要信息。

超声波相控阵检测技术适用于能源工业，石油化工工业，航空与航天工业，船舶、铁轨、汽车等工业。如核电站和能源工厂重要零部件的检验、涡轮盘、涡轮叶片根部、核反应堆的管路、容器和转子、法兰盘等的缺陷检验,压力容器和管路的腐蚀检测和绘制腐蚀图,大型曲面金属或复合材料板材、铝合金焊缝、金属的搭接焊缝、环形件和喷嘴的检验、各种制件的结构完整评价等。

超声波相控阵检测技术的主要局限性:

(1) 超声波相控阵的检测对象、检测范围及检测能力除了受其应用软件的限制外,还受相控阵阵列的频率、压电元件的尺寸和间距及加工精度等的限制。

(2) 在超声波相控阵检测的过程中,与常规超声波检测一样,同样受到诸如工件表面粗糙度、耦合质量、被检材料冶金状态、探测面选择等工艺因素的影响,仍然需要有对比试块来校准。

(3) 超声波相控阵仪器的调节过程较复杂,调节准确性对检测结果影响大。

(4) 相比常规超声检测,超声波相控阵仪器、探头的价格要高昂得多。

图 2-26 左边为常规手工超声波横波检测钢板对接焊缝,使用一个单晶斜探头(一种折射角度),操作者进行前后"扫描"以覆盖焊缝横截面区域,左右移动探头扫查焊缝全长。这种方法耗时耗力,当要求进行不同角度的检验时,操作人员必须频繁更换不同探头并要重新调整仪器灵敏度。不同的分辨力和灵敏度的要求差异给检验带来了很大的困难而且很浪费时间。

图 2-26 右边为利用超声波相控阵的线性扫描方式。通常使用两个阵列探头分布于焊缝两侧。它能产生上千种不同的超声波束,可配置 40°到 70°范围的扫查角度(β角),以满足分区扫查所需要的各种角度。探头线性地在焊缝周围或者沿焊缝扫查,每个探头扫过焊缝的整个规定区域。利用相控阵可以实现更多的波束(相当于多个单独的常规探头)同时扫描。

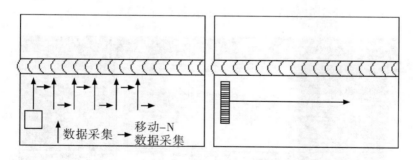

图 2-26 钢板对接焊缝检测

图 2-27 所示为管子环焊缝的超声相控阵成像检测。

图 2-28 所示为利用超声波相控阵的扇形扫查检测涡轮转子叶片。扇形扫描的角度可以从 ±20°到 ±80°变化,并能绘出叶片的形貌与缺陷位置。

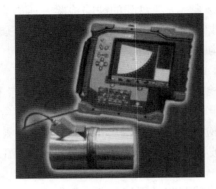

图 2-27 管子环焊缝检测

(加拿大 Harfang 公司 X-32 超声相控阵成像检测系统)

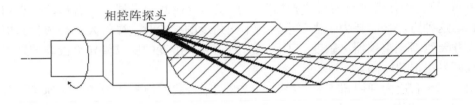

图 2-28 涡轮转子叶片的扇形扫描

图 2-29 为汕头超声电子股份有限公司超声仪器分公司 CTS-2108PA 便携式相控阵超声检测仪应用滚筒式相控阵超声探头扫查厚度 2 mm 的碳纤维层压复合材料发现未粘合（分层）的屏幕显示（包括 A 显示、B 显示和 C 显示）。

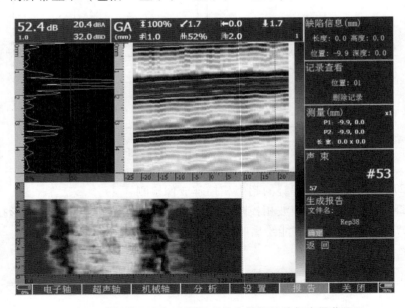

图 2-29 碳纤维层压复合材料未粘合的相控阵超声屏幕显示

图 2-30 为汽轮机叶片榫部超声相控阵检测。

左为普通单晶探头检测，
需要多次扫描且探头移动

右为线阵列相控阵探头聚焦
波束扫描，探头无需移动

图 2-30　汽轮机叶片榫部检测
（取自奥林巴斯相控阵教材）

7. 超声波导波检测技术

超声导波（ultrasonic guided wave，也称为"超声制导波"）检测技术是一种特殊的在线管道检测技术，又称"长距离超声遥探法"，能够一次性检测在役管道的内外壁腐蚀（包括冲蚀、腐蚀坑和均匀腐蚀）及焊缝的危险性缺陷，也能检出管子断面的平面状缺陷（环向裂纹、疲劳裂纹等），特别是对于地下埋管不开挖状态下的长距离检测更具有独特的优势。

超声导波的产生机理与薄板中的兰姆波激励机理相类似，也是由于在空间有限的介质内多次往复反射并进一步产生复杂的叠加干涉及几何弥散形成的。

超声导波应用的主要波型包括扭曲波（torsinal wave，也简称为"扭波"）和纵波（longitudinal wave）。如图 2-31 所示。

扭曲波的特点是质点沿管子周向振动，波动沿管子轴向传播，特点是其声能受管道内部液体填充物的影响较小（因管内液体介质而产生的扩散效应较小，允许液体在管道中流动的情况下进行超声导波检测），可以在较宽频率范围内使用，回波信

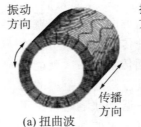
(a) 扭曲波

(b) 纵波

图 2-31　超声导波主要应用的波型

号能包含管轴方向的缺陷信息，通常能得到清晰的回波信号，信号识别较容易，在应用中需要换能器数量少，重量轻、费用省、波型转换较少，检测距离较长，对纵向较深的裂缝和管壁横截面积损失及轴向缺陷的检测灵敏度高，但是难以发现小口径管道上纵向焊接的支撑物上的焊缝缺陷。

纵波的特点是质点沿管子轴向振动，波动沿管子轴向传播，回波幅度与缺陷形状关系不大，在应用中需要换能器数量较多，回波信号不如扭曲波清晰，仅能在较窄的频率范围内使用，受被测管内液体介质流动的影响很大（在装满液体的管道上难以使用），也受探头接触面的表面状态（油漆、凹凸等）影响较大，但是对管道上横截面积的损失灵敏度很高，易于发现小口径管道上纵向焊接的支撑物上的焊缝缺陷。

两种模式的检测波形各有特点，在实际应用中可以互为补充。

对于管道检测，在一般管壁厚度下要产生适当的超声导波波型（模式），需要使用比常规超声检测低得多的频率（通常使用的超声导波激励频率范围为 5～100 kHz），因此超声导波对单个缺陷的检出灵敏度与通常使用频率在 MHz 级别的传统超声脉冲反射法检测相比是比较低的。但是超声导波检测的优点也正是因为频率低，能传播长距离而衰减很小，在一个位置固定一个或多个脉冲阵列就可做长距离大范围的回波法快速检测，因此，这种低频超声导波长距离检测法特别适合于一次性对在役管道的管壁进行 100% 覆盖管道壁厚的检测，当管道横截面发生改变时，导波会向传感器发射一个反射信号，通过分析该反射信号即可探知管道的内外壁腐蚀状况（包括冲蚀、腐蚀坑和均匀腐蚀）及管道对接环焊缝中的危险性缺陷，也能检出管子断面的平面状缺陷（例如环向裂纹、疲劳裂纹等），特别是对于地下埋管不开挖状态下的长距离检测更具有独特的优势。

超声导波检测过程简单，不需要耦合剂，可适应的工作环境温度范围在 −40～+180 ℃，对于有保护层的管道，只需要剥离一小块防腐保护层以便在金属管道表面放置探头环即可进行检测，是一种经济、高效的管道扫查方法。图 2−32 示出管道长距离超声导波检测的方法原理示意。

图 2−32 上为传统超声波检测，需要在经过表面清理的管道外表面逐点扫查或抽检进行超声测厚，根据壁厚变化情况来判断有无腐蚀减薄。图 2−32 下为超声导波检测。

超声导波检测时，把超声导波探头套环上的探头矩阵架设在一个探测位置（测试点），超声导波检测探头阵列向测试点两侧发射低频超声导波能量脉冲，此脉冲充斥整个圆周方向和整个管壁厚度，沿着管线向远处传播，甚至可以在保护层或保温层下面传播，一次就能在一定范围内 100% 覆盖检测长距离的管壁，导波传输过程中遇到缺陷时，由于缺陷在径向截面上有一定的面积，导波会在缺陷处返回一定比例的反射波，管

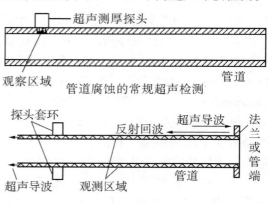

图 2−32　管道长距离超声导波检测的方法原理示意

壁厚度中的任何变化,无论内壁或外壁,也都会产生反射信号,反射的回波由探头阵列接收并转换为电信号传送到超声导波检测仪器,生成检测图像供专业人员分析和判断。因此,可由同一探头阵列检出反射回波的幅度、距离等来发现和判断管子内外壁由腐蚀或侵蚀引起的金属管壁横截面缺损(缺陷)及其位置和近似尺寸,如评价管壁减薄程度、确定管道腐蚀的周向和轴向位置,以及根据缺陷产生的附加波型转换信号,可以把金属缺损与管子外形特征(如焊缝轮廓等)识别开来。如图2-33所示。

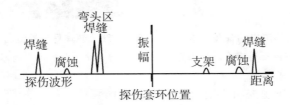

图2-33 超声导波检测的回波信号显示示意

超声导波检测技术可以应用于常规超声检测难以接近的区域,如安装有管夹、支座、套环的管段,套管、穿越公路、过河等埋地管线、水下管线,以及大坝、交叉路面下或桥梁下的管道等,除了探头套环的安装区域外,可不必全长开挖、不必全长拆除保温层或保护层,从而大大减少了为接近管道进行常规超声检测所需要的各项费用,降低了检测成本。超声导波检测技术在管道检测上的应用如图2-34～图2-36所示。

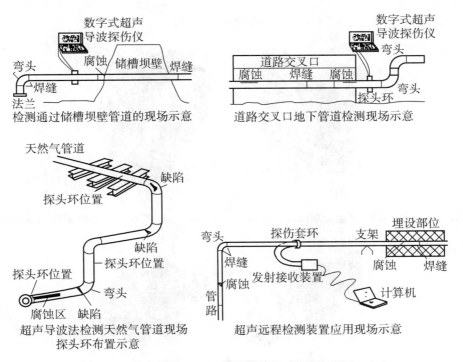

图2-34 超声导波检测技术的部分应用示意

图2-35 超声导波检测出的管线腐蚀
（台湾金属材料品管有限公司李秉鸿提供）

图2-36 超声导波检测出深达7 mm的管线腐蚀
（台湾金属材料品管有限公司李秉鸿提供）

超声导波检测装置主要由固定在管子上的探伤套环（探头矩阵）、检测装置（低频超声探伤仪）和用于控制及数据采样的计算机三部分组成。

探头套环由一组并列的等间隔的换能器阵列组成，组成阵列的换能器数量取决于管径大小和使用的波型，换能器阵列绕管子周向布置。探头套环的结构按管道尺寸配置，可以是一分为二，用螺丝固定以便于装拆（多用于直径较小的管道）；也可以是柔性探头套环（充气式探头套环），采用内置气泵靠空气压力保证探头与管体充分接触（多用于直径较大的管道）。接触探头套环的管子表面需要进行清理但无须耦合剂，除安放探头套环的位置外，无须在清除和复原大面积包覆层或涂层上花费功夫，这也是超声导波检测的优点之一。

探头套环装置如图2-37～图2-40所示。

固定式探头套环　　　　可充气式探头套环

图2-37 英国超声导波应用公司（Guided Ultrasonics Ltd. 简称"GUL公司"）导波探头

图2-38 英国TWI集团（英国焊接研究所）使用碳纤维材料制造的柔性探头套环
其使用快速插销，能够快速固定在管道上

图 2-39　英国 TWI 集团现场安装柔性探头套环的情景

图 2-40　架空管道上安装的探头套环

（图片来自网络）

和传统的超声脉冲反射法检测不同，超声导波的检测灵敏度与检测结果用管道环状截面上金属缺损面积的百分比来评价（测得的量值为管子横截面积的百分比），即超声导波检测不能提供管道壁厚的直接量值，也不是沿管道壁厚方向的腐蚀深度，而是腐蚀或裂纹造成的缺损所占管道横截面积的百分比。超声导波检测对任何管壁深度和环向宽度范围内的金属缺损都较敏感，在一定程度上也能测知缺陷的轴向长度，这是因为沿管壁传播的圆周导波会在每一点与环状截面相互作用，对管道横截面的减小比较灵敏。

超声导波检测得到的回波信号基本上是脉冲回波型，有轴对称和非轴对称信号两种，检测中一般以管道上的法兰回波或焊缝回波做基准，根据回波幅度、距离，识别是法兰回波或者焊缝回波还是管壁横截面的缺损回波，利用管壁横截面缺损率的缺陷评价门限（阈值）等，以及轴对称和非轴对称信号幅度之比可以评价管壁的减薄程度，能获得有关反射体位置和近似尺寸的信息，可以确定管道腐蚀的周向和轴向位置。

缺陷的检出和定位借助计算机软件程序显示和记录，减少了人工操作判断的依赖性（避免操作者技能对检测结果的影响），能提供重复性高、可靠的检测结果。

目前的超声导波检测技术已经能够应用于直径 50～1 800 mm 的管道现场检测，超声导波检测仪器已经能够自动识别超声导波的模式（纵波和扭转波），可区分管道的腐蚀情况和管道的特征（焊缝、支撑、弯头、三通等），已能达到的最高检测精度为管子横截面积的 1%，可靠的检测精度能达到管子横截面积的 9%（即一般能检出占管壁截面 3%～9% 以上的缺陷区及内外壁缺陷），缺陷轴向定位精度可达到 ±6 cm，缺陷在管道周向分布的环向定位精度最高可达到 22°，理想状态下，超声导波可以沿管壁单方向传播最长达 200 m，由于在同一测试点可以双向检测，达到更长的检测距离，从而成为管道和管网评估的有效工具，对安全、经济具有重大价值。最新的超声导波检测技术采用了聚焦增强功能，更能够选择性地对重点区域作进一步检测，提高检测精度。

超声导波检测技术的局限性在于：

（1）除了与应用导波的频率、模式有关外，被检管道状态造成的超声导波衰减直接影响沿管线传播的有效检测距离（可检范围）与最小可检测缺陷（检测灵敏度），如管道本身的腐蚀情况与程度（管道内的特大面积腐蚀也会造成信号有较大衰减），埋地管的埋地深度、周围土壤的压紧程度、湿度及土壤特性，管道防腐绝缘层及保温层的材料等相关，如环氧树脂涂料、岩棉（如珍珠岩）绝热材料和油漆等对超声导波信号的影响很小，但外壁带有涂了防锈油的防腐包覆带或浇有沥青层等的管道却对超声导波信号的影响很大，能引起超声导波有较大的衰减，对于有严重腐蚀的管道，超声导波检测的长度范围也是有限的。

（2）管道内的气体或液体填充物对扭曲波模式的影响很小，可以忽略，但是对纵波模式的影响却很大。

（3）超声导波检测技术采用的是低频超声波，所以无法发现总的管道横截面缺损量没有超过检测灵敏度的细小裂纹、纵向缺陷、小而孤立的腐蚀坑或腐蚀穿孔。

（4）需要通过实验选择最佳检测频率和模式，需要采用模拟管壁减薄的对比试样管。

（5）在检测中通常以管道上的法兰回波或焊缝回波做参考基准，因此受焊缝余高（焊缝横截面）不均匀而影响评价的准确程度。

（6）如果管道内存在多重缺陷时会产生叠加效应而影响评价的准确性。

（7）超声导波能够通过带有弯头的管道，但是通过弯头后，信号会发生扭曲或失真，将使回波信号的检出灵敏度和分辨力受到影响，使缺陷的辨别分析困难，因为导波在圆周方向的声程发生变化或者由于壁厚有变化而发生散射、波型转换和衰减，因此在一次检测距离段不宜有过多弯头（一般不宜超过 2～3 个弯头，且只适合曲率半径大于管道直径 3 倍的弯头）。

（8）对于有多种形貌特征的管段，例如在较短的区段有多个 T 字头（三通接头），就不可能进行可靠的检验。

（9）超声导波检测数据的解释要由训练有素、特别是对复杂几何形状的管道系统有丰富经验的技术人员来进行。

在超声导波检测时，要注意选择合适的导波模式、频率与壁厚的乘积（简称"频厚积"）及相关的参数，超声导波有频散现象，存在相速度和群速度，不同导波模式的应力、位移和轴向功率流等参量在管道横截面上（沿管道径向厚度方向上）的分布是不同的，即便是同一导波模式在管中传播时，其应力、位移和轴向功率流等参量在横截面的内外壁面上的分布也有不同，当管道内有液体存在时，管壁内传播的导波能量还会向管内液体扩散而导致导波的衰减，影响传播距离，导波衰减系数的大小与管内液体种类有关，与导波的模式有关，与频厚积有关等。

因此，超声导波检测技术虽然在高效、快速地进行管道腐蚀状态的扫查方面具有独到的优势，但是最好把超声导波检测用作识别怀疑区的快速检测手段，对检出缺陷的定量只是近似的，如果需要更准确具体地确定缺陷类型、大小及位置等，在有可能的条件下还需要借助其他更精确但或许速度较慢的无损检测手段进行补充评价确认。例如采用两步法：先用超声导波快速检测埋地管道，发现腐蚀减薄区，然后在发现缺陷的位置局部开挖，用传统的超声波检测方法进行定量测定，这取决于所要求的检测精度及壁厚减薄的局部性或普遍性，已经有资料提出可以直接用导波遥控法来定量测定壁厚。

超声导波检测技术可检测的管道类型包括无缝管、纵焊管、螺旋焊管、管道材料、C&CMn 钢、奥氏体不锈钢、二重不锈钢等。

超声导波检测技术的应用领域包括：油、气管网（例如天然气管道、炼油厂火焰加热器中的垂直管路、带岩棉保温介质和漆层的架空液化气管道）及石油化工厂的管网（例如无保温层的输送 CO 与 H 合成烃类的淤浆管道、石油化工厂的交叉管路）检测，码头管线、管区的连接管网，海上石油管网/导管（例如海洋平台竖管、球管柱腿）检测，水下管道、电厂管网检测，结构管系检测，穿路/过堤管道（例如埋地水管、储槽坝壁的管道、道路交叉口地下管道）检测，复杂或抬高管网（例如高架管道、垂直或水平或弯曲管道）检测，保温层下的管道（例如带有保温层的氨水管道）、带有套管的管道，以及带有保护层（例如涂层、聚氨基甲酸酯泡沫保温层、岩棉保温层、环氧树脂涂层、沥青环氧树脂涂层、PVC 涂层、油漆、沥青卷绕）的管道等的检测。最新的应用已可以应用于锅炉热交换器的管道腐蚀检测，如图 2-41 所示。

图 2-41 利用超声导波检测热交换器管

超声导波检测技术中，除了利用压电换能器来激发超声导波外，还有磁致伸缩换能器（MsS）方式，也有利用电磁-超声换能器（EMAT）方式。

磁致伸缩传感器（MsS）技术是利用磁致伸缩效应（铁磁性材料受到变化的外加磁场的作用时，其物理长度和体积都要发生微小的变化，从而能够在被检物体中激发出 MsS 导波，而其逆效应则是磁弹性效应，即由机械压力或张力能引起铁磁性材料的磁畴按一定方向运动,从而引起材料本身的磁化状态发生变化,检测这种变化即可达到检测目的)。

磁致伸缩换能器与相应仪器在铁磁性钢管中产生探测用的低频制导波(4~250 kHz),能沿着结构件的有限边界形状传播,并被构件边界形状所约束、导向,MsS 技术可激发纵波、扭转波、弯曲波、兰姆波、水平剪切波和表面波等多种模态形式的导波,已能应用于 1.5~80 英寸(380~2 000 mm)甚至更大直径,壁厚可达 1.5 英寸(38 mm)的钢管,能实现管道的长距离检测,能在高温下工作(在管道系统检验中应用带式线圈时最高可达 938 ℃)。

图 2-42 为杭州浙大精益机电技术工程有限公司的 MSGW 管道缺陷扫查仪(简称"MSGW",曾用名:磁致伸缩导波检测仪)。

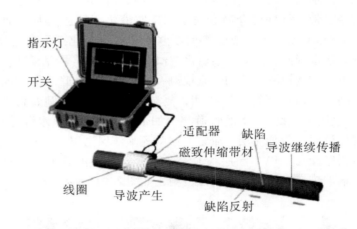

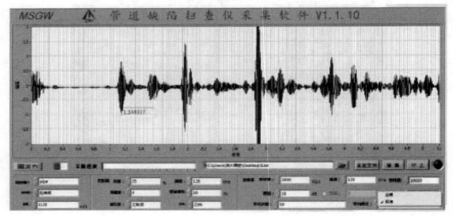

图 2-42　MSGW 管道缺陷扫查仪
(杭州浙大精益机电技术工程有限公司)

最新的 MsS 技术采用薄带状 MsS 已能应用于非铁磁性材料和非金属材料管道检测(图 2-43)。

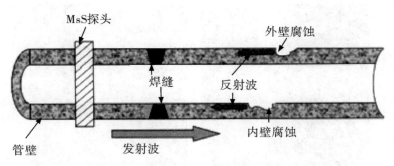

图 2-43　MsS 技术的超声导波检测原理

（图片源自网络）

MsS 探头为薄片状铁钴条带（例如 25 mm 宽、0.15 mm 厚）、线圈匹配器和软带状线圈组成，可以通过改变频率和模式来对各种形状的几何结构进行检测。最高检测灵敏度可达到管道横截面积缺损量的 0.6%，可靠检测灵敏度能达到管道横截面积缺损量的 5%。对于带油漆层的地面上的直管道，单向检测可长达 150 m，检测精度一般可达到管道横截面积缺损量的 2%～3%。轴向定位精度与主机系统的信噪比和所采用的工作频率有关，一般可达到稍大于 1 倍波长。检测盲区的大小与所采用的检测频率有关，一般稍大于 3 倍波长。探头与管道之间的耦合可以是机械干耦合（适用于管道外表面状态较好的情况）或者环氧树脂胶粘接（适用于管道外表面状态较差的情况，且检测灵敏度高于机械干耦合方式）。

目前，超声导波检测技术还推广应用到如棒材、铁路钢轨、钢索（典型如桥梁斜拉索，图 2-44）、钢缆、高速公路路桩埋深确定及板盘件等的检测。

8. 超声波 TOFD 检测技术

TOFD 检测方法的由来："TOFD" 是英文 "time of flight diffraction" 的缩写，在 20 世纪 70 年代中期依据这种原理的检测方法引入中国时，也曾翻译为"棱边再生波法""时间渡越衍射法""尖端衍射波法""衍射声时法""裂纹端点衍射法"或"尖端反射法"等，现在把结合计算机技术最新发展起来的这种检测方法基本上统一称为"衍射时差法超声波检测"，以方便与传统的"脉冲反射法超声波检测"相对应。

根据惠更斯原理，超声波在传声介质中投射到一个异质界面边缘（例如裂纹尖端）时，由于超声波振动作用在裂纹尖端上，将使裂纹尖端成为新的子波源而产生新激发的衍射球面波向四周传播，即在裂纹边缘将有衍射现象发生。利用适当的方式可以接收这种衍射波并按照超声波的传播时间与几何声学的原理计算评定工件表面裂纹的深度或内部裂纹垂直于探测表面的高度。

焊缝缺陷的定量评定中，有一个特殊的参数对焊缝质量影响很大，即"缺陷高度"（缺陷垂直于探测面取向的延长度），它直接减小了焊缝截面，对焊接接头强度影响很大，是危险性缺陷。现代超声波 TOFD 检测方法就是依据惠更斯原理，依靠从待检试件内部结构（主要是指缺陷）的"端点"（缺陷尖端）处得到的衍射能量，通过计算机技术处理检出缺陷端点的衍射波信号，从而能够进行材料探伤、缺陷定位和定量，能够有

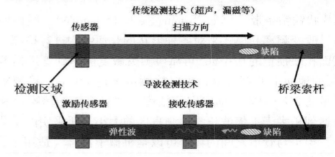

图 2-44 磁致伸缩导波技术运用于桥梁索杆无损检测的现场照片
(深圳市索杆桥梁工程检测有限公司)

效地评定缺陷高度。

　　如图 2-45 所示，TOFD 方法通常使用一对晶片尺寸和频率等参数相同或相近的探头配成发射探头和接收探头，在同一直线上分别置于焊缝两侧，同时垂直于焊缝或者平行于焊缝移动扫查，发射探头发出纵波（使用纵波斜探头）或横波（使用横波斜探头）入射到被检工件内，在缺陷端部产生衍射波信号被接收探头所接收，根据衍射波信号的传播时间与两个探头之间直接传播的横向波（也称为侧向波、直通波）和直达内壁的反射信号（底波）的时间差来进行缺陷埋藏深度和缺陷自身高度的测定，通过计算机技术处理对缺陷进行定位和定量成像。两个探头之间的距离及折射角度的选择要根据被检测的板厚考虑，目前的 TOFD 方法已能在深度方向上具有较高的准确性。

　　目前的数字式 TOFD 超声波探伤仪已能实现同时具备 A 显示（检波或射频显示，有利于观察缺陷波和侧向波的相位）、D 显示（声束垂直于焊缝或缺陷延伸长度方向地移动探头，屏幕上显示焊缝或缺陷纵断面图形）、B 显示（沿声束方向横切焊缝或缺陷横断面移动探头，屏幕上显示焊缝或缺陷横断面图形）三种显示方式（如图 2-46 所示为双探头平行于焊缝方向和垂直于焊缝方向的 D 扫描和 B 扫描结果），检测结果较直观和客观，通过对缺陷波的相位、显示轮廓、缺陷所处的深度位置及缺陷波幅的观察，结合所检测的焊接结构，可以作为对缺陷定性的重要依据。

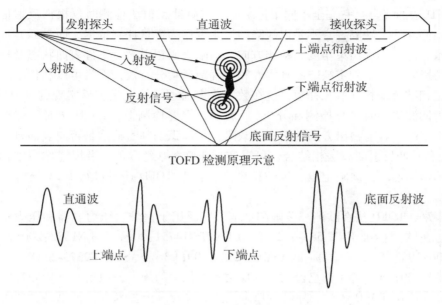

图 2-45 TOFD 方法原理示意

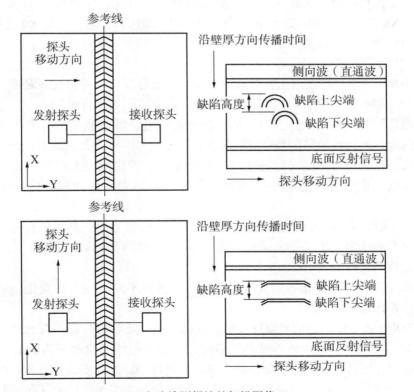

图 2-46 TOFD 方法检测焊缝的扫查方式与屏幕显示形式

TOFD 法的优点是它完全不同于传统超声波脉冲反射法检测时仅根据反射信号及其幅度来检测和评定缺陷，它不是以缺陷回波幅度作为定量评判依据，而是靠脉冲传播时间来定量，能够不受声束角度、检测方向、缺陷表面粗糙度、工件表面状态及探头压力等因素的影响，对于判定缺陷的真实性和准确定量十分有效，而且可以和传统的脉冲反射回波法相结合来相互取长补短，这在数字化多通道系统上是容易实现的（TOFD 法和脉冲反射回波法同时进行检测和分析）。例如在焊缝检测上，TOFD 法对于焊缝中部缺陷检出率很高，容易检出方向性不好的缺陷，可以识别判断缺陷是否向表面延伸，采用 TOFD 法和脉冲反射回波法相结合，可以实现 100% 焊缝覆盖，沿焊缝作一维扫查，具有较高的检测速度，缺陷定量、定位精度高，根据 TOFD 还可进行 ECA 分析（缺陷寿命评估）。

近年来，TOFD 法在欧洲、美国和日本已广泛用于锅炉、压力容器和压力管道焊缝的检测，在欧洲标准 ENV 583-6:2000、CEN/TS-14751:2004、NEN1882:2005，英国标准 BS7706:1993[2]，美国标准 ASME 2235:2001[3]、ASTM E2373-2004，日本标准 NDIS 2423:2001[4] 等中都已经对 TOFD 法有了相关的规定，包括要求检测焊缝的无损检测人员在应用 TOFD 法时，除需有超声检测 2 级及以上技术资格证书外，还需通过根据被检产品等级和书面实施细则进行 TOFD 法检测的附加培训和考试，对于从事焊缝超声波无损检测的机构也要求具备 TOFD 法检测的资质。我国也已发布了有关 TOFD 法检测的标准：NB/T 47013.10—2010（JB/T 4730.10—2010）《承压设备无损检测 第 10 部分：衍射时差法超声检测》。

TOFD 检测技术的局限性：

（1）TOFD 法检测存在可达数毫米的近表面检测盲区（工件扫查面附近，亦称"上表面盲区"）和底面检测盲区（工件底面附近，亦称"下表面盲区"）。

近表面检测盲区主要就是直通波信号的脉冲宽度，即直通波信号所覆盖的深度范围，扫查面附近的内部缺陷信号可能隐藏在直通波信号下导致无法识别。

底面检测盲区相当于底面回波信号的脉冲宽度，即底面回波信号所覆盖的深度范围，底面或底面附近（贴近内壁）的缺陷信号可能隐藏在底面回波信号中导致无法识别。

TOFD 法实际盲区的大小与多种因素有关，在实际检测中，具体的盲区大小需要通过对比试块实测确定，为了避免漏检，通常需要采用常规的脉冲回波法（横波单斜探头）做补充检测。

（2）如果被检材料存在各向异性，则由于声速在不同方向上有变化，从而将影响缺陷高度计算评定的准确性。

（3）TOFD 法所得到的信号幅度较低，仪器增益要比传统的超声波脉冲反射法仪器要高出约 10～20 dB，因此对"噪声"敏感，通常只适用于检测超声波衰减较小的材料，如低碳钢和低合金钢，以及细晶奥氏体钢和铝材等。对于粗晶材料和有严重各向异性的材料，如铸铁、奥氏体焊缝和高镍合金等则有困难，需做附加验证和数据处理。

（4）由于衍射信号很弱，被检表面状态不良会引起信号质量（幅度和形状等）下降，从而严重影响检测的可靠性，因此，对于需要进行缺陷定量的被检表面越光滑平整,定量结果越精确。一般要求机加工表面达到 Ra = 6.3 μm,喷砂表面为 Ra = 12.5 μm,探头与接触面的间隙≥0.5 mm。此外,在焊缝检测中有可能会夸大一些良性的缺陷如气孔、冷夹层、内部未熔合等,而且检测显示的结果解释起来也比较困难。

(5)需要使用适当的对比试块(含人工模拟衍射体或自然缺陷)验证 TOFD 法的可检性和校正系统灵敏度,但要注意人工模拟衍射体的衍射特性与实际缺陷往往存在明显的差异,因此对 TOFD 检测设备、探头、机械扫查器及检测设置的要求较高,TOFD 必须在设置正确时才能成为一种很好的缺陷定量和定位方法。

还应当提及的是:无论哪种无损检测方法都有其不同的物理基础,各有其优点和局限性,现在有些人提出用 TOFD 方法就可以替代射线检测,这种观点较为偏激。

图 2-47 为 TOFD 方法在焊缝以外工件上应用的部分实例示意。

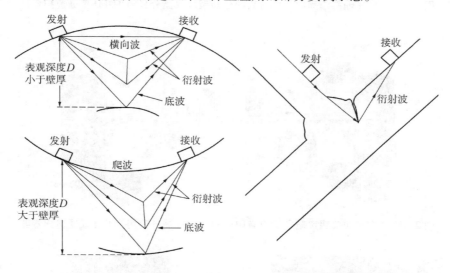

图 2-47　TOFD 方法在焊缝以外工件上应用的部分实例示意

图 2-48～图 2-51 为广东汕头超声电子股份有限公司超声仪器分公司的 CTS-2009 型多通道 TOFD 超声波检测仪和配套应用的扫查器及应用,图 2-52 为以色列 Sonotron NDT 公司 TOFD 超声波成像检测系统的现场应用。

图 2-48　广东汕头超声电子股份有限公司超声仪器分公司 CTS-2009 型多通道 TOFD 超声波检测仪

图 2-49　广东汕头超声电子股份有限公司超声仪器分公司 TOFD 单通道扫查器

图 2-50　广东汕头超声电子股份有限公司超声仪器分公司 TOFD 双通道扫查器

图 2-51　广东汕头超声电子股份有限公司超声仪器分公司 TOFD 扫查器应用

图 2-52　以色列 Sonotron NDT 公司 TOFD 超声波成像检测系统现场应用
（北京邹展麓城科技有限公司提供）

9. 空气耦合超声检测技术

空气耦合超声检测技术是利用自然环境中的空气作为耦合剂的一种非接触超声检测方法。

优点：简单，便携，易于使用，相对便宜，无须与被检工件接触并且因不会被传统超声检测所必须使用的如机油、浆糊、水等耦合剂污染被检测的物体，而无须在检测后干燥试件，无须水耦合控制系统及装置（例如水浸法专用水槽或喷水柱装置），能够实现快速在线扫查，可进行高温探伤。

适用范围：航空航天器复合材料蜂窝结构，例如蜂窝芯材（铝或复合材料面层）、发泡芯材（铝或复合材料面层）、碳/碳材料、铝层压板、石墨/环氧材料及其他工程材料。此外还可应用于复合材料检测、纺织品检测、食品及药品检测、表面特性分析和成像领域。

已经实际应用的对象如空客 320 副翼、波音 737 尾翼、MD-80 尾翼、黑鹰直升机旋翼及其他复合夹芯材料的各种缺陷检测，潜艇用玻璃纤维增强型复合材料损伤和退化的检测和评价等。美国波音飞机公司已将这种空气耦合超声检测工艺列入了波音飞机维修手册。

空气耦合式超声波检测的过程中，超声波的传播主要受到三个因素的影响：超声波在空气中的衰减，气-固表面超声波的大量反射，超声换能器的转换效率较低。前两个因素是无法改变的自然条件，因此，空气耦合式超声波检测的核心技术在于高转换效率、高灵敏度的空气耦合式换能器，还需要有高功率的发生器（产生高能激励信号）和高性能的接收器（进行高质量的信号处理和成像）。空气耦合式超声波换能器主要有：

（1）在传统压电陶瓷超声换能器的压电晶体外表面增加 1/4 波长厚度的阻抗匹配层（如聚醚砜——Polyether sulfone，尼龙——Nylon，频率在 2 MHz 以上时可采用混合纤维素脂——mixed cellulose esters，聚二氟乙烯——PVDF），以及改进其结构（例如利用压电陶瓷与高分子聚合物组成的复合体材料形成厚度模式谐振器）。

图 2-53 所示为"1-3 复合压电换能器"结构示意：压电陶瓷柱组成阵列，由聚合体材料填充，压电陶瓷柱两表面为薄金属膜电极。这种结构能减小换能器的材料阻抗，且具有更高的转换效率和更好的耦合性能。

目前商品化压电类空气耦合式超声波换能器的工作频率范围可达到 50 kHz ~ 5 MHz，并能制成聚焦探头。

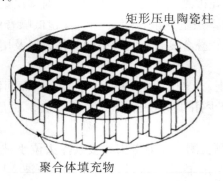

图 2-53　1-3 复合压电换能器结构

（2）采用显微加工技术制作静电换能器（CMUT）。

静电换能器的工作原理是：在导体基板上附着有金属化处理后的薄膜（微米级厚度），当基板和薄膜之间施加直流偏压时，由于静电力的作用使薄膜发生形变，因此施加激励电压即会激发出超声波。反之，当薄膜接收到超声波振动信号时，由于电容变化而转换成电信号。见图2-54。

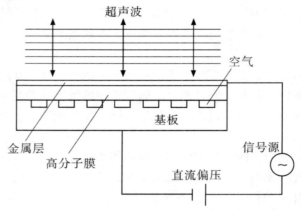

图2-54 静电换能器原理示意

静电换能器的特点是频率响应宽，阻尼性能好，特性声阻抗低。缺点是对环境依赖性较强。

目前应用最广泛的仍然是压电陶瓷类换能器，因为其能够具有更大的声功率输出，在商品化产品中占大多数。

空气耦合式超声波检测系统的结构与传统超声波检测系统类似，可以通过对已有检测系统进行适当改造来实现，重点是需要与高阻抗压电换能器相匹配的功率放大器和超低噪声的前置信号放大器。

空气耦合式超声检测技术常见有三种检测方法：

（1）穿透式检测。即透射法，是空气耦合式超声检测中应用最普遍的一种。发射探头和接收探头同轴分置在被测试件两侧。例如可以对多层聚合体复合材料的冲击损伤实现C扫描检测，采用点聚焦空气耦合探头（内置超低噪音的前置放大）分析薄钢片中点状焊点空间，检测层状叠合复合材料板中的脱粘，以及用于监测纺织品涂层的不规则性等。

（2）脉冲回波式检测。由于试件厚度通常很薄，底面回波信号往往容易被试件表面反射信号所淹没，故较少用于对试件内特性的检测，而是多用于表面特性分析和成像。

（3）斜入射同侧/异侧检测。发射探头和接收探头位于被测试件同侧或异侧，通过调整探头倾斜角度，可在试件内产生纵波、横波、表面波、Lamb波等。例如，利用航空用复合材料垂直结构蜂窝板中 A_0 模式Lamb波的板边回波特性检测脱粘和结构损伤等缺陷，研究 A_0、S_0 模式Lamb波的相速度及弹性模量与碳环氧材料多层板的热氧化老化特性之间的关系等。

空气耦合超声检测技术中，应根据被检材料选择相应合适的超声频率，应用的超声频率通常小于 1 MHz（如 50 kHz、120 kHz、225 kHz、400 kHz 等）。此外，目前的空气耦合超声检测技术已能实现超声 C 扫描显示。空气耦合式超声波无损检测的局限性：

（1）一般来说，声阻抗超高的材料（如重金属、高密度氧化物、碳化物、氮化物、金属和非金属硼化物等）很难实现在线检测，对这些材料的检测必须采用特殊机制来改进。

（2）厚的实心试件内部缺陷脉冲回波检测目前难度尚较大。

（3）采用匹配层的方法提高换能器转换效率的同时也带来了匹配层材料不易获得、带宽较窄和高频换能器需要超薄匹配层而不易加工等缺点。此外，结构上的复杂性和工艺的高精度要求都使换能器可靠性降低、成本较高，所以其应用领域目前还仅限于特殊应用领域和传统超声检测无法解决的领域。

产品实例：

（1）美国 QMI 公司 Airscan 空气耦合超声 C 扫描系统：如图 2 – 55 所示。

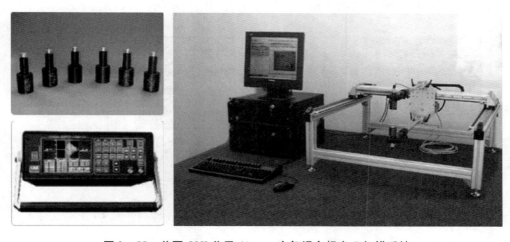

图 2 – 55　美国 QMI 公司 Airscan 空气耦合超声 C 扫描系统

图 2 – 56 是采用不同频率探头的 Airscan 空气耦合超声 C 扫描系统对航空蜂窝板进行检测的结果（厚度 1 英寸的铝蜂窝板，0.040 英寸厚的碳纤维面层），三次扫描的速度均为 6 英寸/秒。从左至右分别采用了 120 kHz、225 kHz 和 400 kHz 的 Airscan 发射和接收探头。由图可见，对于这种材料，225 kHz 的探头能够得到最佳的成像效果，此时的能量穿透与精度达到了一个最佳的平衡。

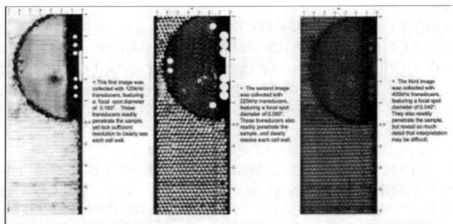

图2-56 不同频率探头Airscan空气耦合超声C扫描系统检测航空蜂窝板的结果

图2-57为Airscan空气耦合超声C扫描系统的应用示例。

  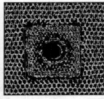 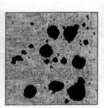

Airscan　　　飞机碳制动盘　　铝芯蜂窝材　　碳酚醛层压板
检测直升机旋翼　　成像图　　　料成像图　　　成像图

图2-57 Airscan空气耦合超声C扫描系统的应用

（2）Japan Probe株式会社（日本探头株式会社）：见图2-58、图2-59。

平面式　　　　焦点式

图2-58 日本探头株式会社的空气耦合式超声探头

频率：200 kHz、400 kHz、800 kHz、3 MHz 晶片尺寸：14×20、20×20、Φ12.7
种类：平板型/聚焦型

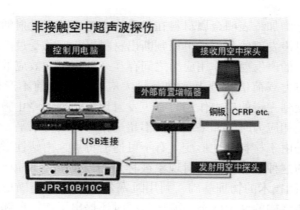

图 2-59　日本探头株式会社的空气耦合式超声检测系统

2.1.2　声发射检测技术

声发射检测技术（acoustic emission testing，简称"AT"或"AE"）已成为无损检测人员技术资格认证的单独项目，它的基本原理是依据固体物质在应力作用下发生范性形变（如金属的塑性变形、位错运动、相变等），或者在材料中裂纹产生与扩展时，其内部因为从不稳定的高能量应力集中状态快速过渡到稳定的低能量状态，在此平衡过程中释放出来的多余能量会以弹性应力波形式出现，亦即固体物质材料中局域源快速释放能量而产生瞬态弹性波，这种现象称为声发射，也称作应力波发射。

声发射是一种常见的物理现象，各种材料的声发射信号其频谱一般都很宽，从数赫兹（Hz）的次声频、20 Hz～20 kHz 的声频，直到数兆赫兹（MHz）的超声频都有。声发射信号幅度的变化范围很大，其波形与发射规律比较复杂，它与材料本身的性能及受应力的情况有关。用简单的日常生活中的事例来说，例如挑选西瓜时，把耳朵贴近西瓜，双手展开捧住西瓜，以适当的掌力挤压西瓜，如果是薄皮沙瓤的成熟西瓜，会听到西瓜内部有轻微的沙沙声。又例如折断筷子、折断树枝、岩石破碎和折断骨头的断裂过程中有脆断声，如果手握金属锡条弯曲，会听到锡鸣声，等等。这都是声发射现象。

材料在应力作用下的变形与裂纹扩展，是结构失效的重要机制。材料中这种直接与变形和断裂机制有关的弹性波发射源就被称为声发射源，引起声发射的局部材料变化则称为声发射事件。大多数材料变形和断裂时都有声发射产生，但是许多材料的声发射信号强度很弱，人耳不能直接听见，需要借助灵敏的电子仪器才能检测出来。利用电子仪器探测接收、记录、分析材料中的声发射信号并据此对声发射源做出评价与判断、评定材料性能或结构完整性的检测技术就称为声发射检测技术，它是一种动态的无损检测方法，相对于前面所述的超声波检测技术而言，超声检测技术是主动发射超声波来进行检测的，因此属于主动式声学检测，而声发射检测则属于被动式的声学检测。

1950—1953 年期间，联邦德国的学者 J. 凯塞尔（Joseph Kaiser）对多种金属材料的声发射特性进行了系统研究，他在实验中发现：金属材料在受到拉伸时，当应力不超过以前受过的最大应力时，没有声发射产生，一旦应力超过材料以前承受过的最大应力，声发射活动性就显著增加，表明金属材料在承受应力时，其声发射活动具有应力记忆的特性，也就是说通过声发射的测定，可以判断出材料以往所承受过的应力。他得出了金属材料在塑性变形时的声发射与作用应力之间存在一种不可逆效应的结论，即：材料被重新加载期间，在应力载荷值达到上次加载最大应力载荷之前不产生明显的声发射信号。就是说，材料受到一定的应力作用时有声发射现象产生，停止施加应力则声发射也停止，但是在重新施加应力时，如果应力值不超过原来的应力水平，那么材料就不会再有声发射产生。这是由于材料塑性形变具有不可逆的特点，由塑性形变引起的声发射也是不可逆的。材料的这种不可逆声发射现象被称为声发射的"Kaiser 效应"（凯塞尔效应），成为声发射检测技术的物理基础，利用凯塞尔效应可以准确地测定声发射的应力等级，从而鉴定物体结构的受力状态。凯塞尔同时还提出了连续型和突发型声发射信号的概念，由此成为现代声发射技术的开始。

要注意的是，多数金属材料和岩石中可观察到明显的凯塞尔效应，但是在重复加载前如材料产生了新的裂纹或其他的可逆声发射机制，则凯塞尔效应会消失。这也就是"费利西蒂效应"（Felicity effect），即材料重复加载时，如果重复载荷到达原先所加最大载荷前发生明显声发射的现象，也有人称之为反凯塞尔效应。根据费利西蒂效应，提出了费利西蒂比：重复加载时的声发射起始载荷对原先所加最大载荷之比，P_{AE}/P_{max}，作为一种定量参数，能较好地反映材料中原先所受损伤或结构缺陷的严重程度，现已成为缺陷严重性的重要评定依据，例如树脂基复合材料等粘弹性材料，由于具有应变对应力的滞后效应而使其应用更为有效。费利西蒂比大于 1 时表示凯塞尔效应成立，小于 1 则表示不成立，在一些复合材料构件中，一般以 P_{AE}/P_{max} 小于 0.95 作为声发射源超标的重要判据。

20 世纪 50 年代末，美国的 Schofield 和 Tatro 经大量研究发现金属塑性形变的声发射主要是由大量的位错运动所引起，而且还得到一个重要的结论，即声发射主要是体积效应而不是表面效应。Tatro 进行了导致声发射现象的物理机制方面的研究工作，首次提出声发射可以作为研究工程材料疑难问题的工具，并预言声发射检测技术在无损检测方面具有独特的潜在优势。

1964 年，美国首先将声发射检测技术应用于火箭发动机壳体的质量检验并取得成功。此后，声发射检测方法获得迅速发展。

声发射检测的原理：从声发射源发射的弹性波最终会传播到达材料的表面，引起可以用声发射传感器探测到的表面位移，这些探测器将材料的机械振动转换为电信号，然后输送给仪器进行放大、处理和记录。在固体材料加工、处理和使用过程中，有很多因素能引起内应力的变化而产生声发射信号，如材料的范性形变、位错运动、孪生、裂纹萌生与扩展、断裂、无扩散型相变、马氏体相变、磁畴壁运动、热胀冷缩、外加负荷变化等。根据观察到的声发射信号进行分析与推断，可以了解材料产生声发射的机制，还可以连续检测声发射信号，这样就可以连续监视材料内部变化的整个过程。因此，声发射检测是一种动态的无损检测方法，如图 2-60 所示。

声发射检测仪器分单通道和多通道两种。单通道声发射仪比较简单，主要用于实验室材料试验。多通道声发射仪是大型声发射检测仪器，有很多个检测通道，可以确定声

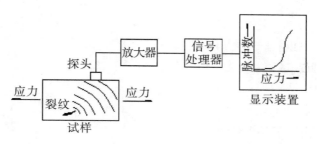

图 2-60　声发射检测基本原理

发射源位置，根据来自各个声源的声发射信号强度，判断声源的活动性，实时评价大型构件的安全性。

声发射检测技术是整体性检测，主要用于大型构件的现场试验。在实际的声发射检测过程中，通常是把一个或若干个声传感器（主要是以压电效应为原理的共振型高灵敏度电声换能器，简称"AE 探头"）耦合固定安装在被检材料或工件表面（例如石膏、工业凡士林等为耦合剂，再加上适当的夹持装置），接收到的来自被检物内部的声发射信号经换能器转换成电信号后，其输出幅度很低，甚至低到十几微伏，因此通常在探头内安置有宽频带的前置放大器以增大信噪比，增加微弱信号的抗干扰能力。经放大的信号输入检测仪器，经过处理后，分析其波形幅度或能量、频谱特征，确定声发射发生率（声发射率，单位时间内发出的声脉冲数，即振铃计数）、声发射累积计数（在一定检测时间和一定频率范围内发出的声脉冲总数，即事件总数）等。通过确定声发射信号由声发射源到探头固定点的时间差（通常采用多通道法，即同时布置多个探头分别固定在被检物上的不同部位，不需要使传感器在被检物体表面扫描，目前国产的声发射检测系统已能达到 200 通道），利用几何定位原理，通过软件计算即可确定声发射源的位置，从而可以监视整个被检物体，能够整体探测和评价整个结构中缺陷的状态。

声发射检测中，接收到的一个突发信号波形（射频波）称为振铃波形，设置一个阈值电压 V_1，经包络检波后，振铃波幅超过这个阈值电压 V_1 的部分就形成一个矩形脉冲。一个矩形脉冲就叫作一个事件。对这些矩形脉冲计数就是振铃计数，单位时间的振铃计数称为声发射率（事件计数率），累加起来就称为振铃总数（事件总数）。

声发射检测中应用的事件计数与振铃计数如图 2-61、图 2-62 所示。声发射检测技术探测的是机械波，具有如下的特点：

（1）声发射特性对材料甚为敏感，也容易受到环境及机电噪声的干扰，因而对数据的正确解释需要有极为丰富的数据库和现场检测经验。

（2）声发射检测技术是一种动态检验方法，声发射检测技术探测接收到的能量来自被测试物体本身，而不是像超声或射线探伤方法一样由检测仪器提供，因此声发射检测一般需要适当的加载程序。多数情况下可利用现成的加载条件，例如在压力容器的水压试验过程中同步进行声发射检测，但有时还需要专门实施的加载。

（3）声发射检测技术对线性缺陷较为敏感，它能探测到在外加结构应力下这些缺陷的活动情况，而稳定的缺陷则不会产生声发射信号，因此声发射检测技术目前只能给

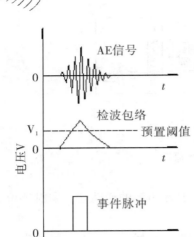
图 2-61　声发射检测事件计数

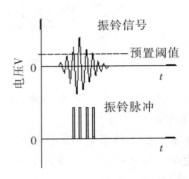
图 2-62　声发射检测振铃计数

出声发射源的部位、活性和强度，不能给出声发射源内缺陷的性质和大小，仍需依赖于其他无损检测技术进行复验确认。声发射检测技术的优点：

(1) 能对受力构件（特别是大型构件）实时遥控连续动态监控与检测，能确定声发射源的位置，能实现永久性记录，并且只显示和记录扩展的缺陷，这意味着与缺陷尺寸无关，而是显示正在扩展的最危险缺陷和评价其危险程度。这样，应用声发射检验方法时可以对缺陷不按尺寸分类，而按其危险程度分类。按照这样的分类，构件在承载时可能出现工件中应力较小的部位虽然缺陷尺寸较大却不会被评定为危险缺陷，而应力集中的部位按规范和标准要求允许存在的较小尺寸的缺陷会因在承受载荷过程中扩展而被评定为危险缺陷。声发射检测技术可以提供缺陷随载荷、时间、温度等外变量而变化的实时或连续信息，因而适用于工业过程的在线监控及提供早期或临近破坏的预报。在压力管道、压力容器、起重机械等产品的荷载试验过程中，使用声发射检测仪器进行实时监控检测，既可弥补传统无损检测技术的不足，又可提高试验的安全性和可靠性，利用分析软件可对以后的运行安全做出评估。

(2) 对扩展的缺陷具有很高的灵敏度，大大高于其他无损检测技术可达到的灵敏度，例如能在工作条件下检测出零点几毫米数量级的裂纹增量，而传统的无损检测技术则往往无法实现。

(3) 声发射检测技术的特点是整体性检测，在一次试验过程中，用一个或若干个固定安装在被检物体表面上的声发射传感器就可以监控检验整个被检物体，能够整体探测和评价整个结构中缺陷的状态。缺陷定位时，不需要使传感器在被检物体表面扫描，而是利用软件分析获得，因此，检验过程及检验结果与表面状态和加工质量无关。假如难以接触被检物体表面或不可能完全接触时，这种整体性检测就特别有用了，由于对被检物体的接近度要求不高，因而适用于其他无损检测方法难于或不能接近的环境下的检测，如高低温、核辐射、易燃、易爆及极毒等环境。例如，绝热管道、容器、蜗壳、埋入地下的物体和形状复杂的构件，检验大型的和较长物体的焊缝（如桥梁、高架门式吊机等）。

（4）声发射检测技术的一个重要特性是能进行不同工艺过程和材料性能及状态变化过程的检测，还能提供有关物体材料应力–应变状态变化的讨论。例如，探测焊接接头焊后的延迟裂纹产生，又如引水压力钢管的凑合节环焊缝，由于结构的拘束度很大，在焊后冷却过程中，焊接造成的拉应力和冷缩产生的拉应力，可能会使应力集中系数较大的缺陷（如未熔合、不规则的夹渣、咬边等）萌生裂纹而导致危险，为了找出和避免这类隐患，用声发射检测技术进行监测是比较理想的手段。

（5）对于大多数无损检测技术而言，缺陷的形状和大小、所处位置和方向都是很重要的，因为这些缺陷特性参数直接关系到缺陷漏检率。然而对于声发射检测技术来说，缺陷所处的位置和方向并不重要，并不影响声发射检测的效果。

（6）声发射检测技术受材料性能和显微组织的影响要小些。例如，材料的不均匀性对射线照相检测和超声波检测影响很大，而对声发射检测则无关紧要。因此，声发射检测的应用范围较宽（按材料），例如可以成功地用于检测复合材料，而采用其他无损检测技术则往往很困难甚至不可能。

（7）声发射检测技术使用比较简单、轻便，现场声发射检测监控与被检对象的加载试验（如水压试验）可以同步进行，不会因采用声发射检测而延长试验工期，检测费用也较低（特别是对于大型构件的整体检测，其检测费用远低于射线照相检测或超声检测的费用），并且可以实时地进行检测和结果评定。对于在役压力容器的定期检验，应用声发射检测技术可以缩短因检验造成的停产时间甚至不需要停产检验。

（8）对于压力容器的耐压试验（如水压试验、气密性试验），声发射检测技术可以预防由于未知的不连续缺陷引起系统的灾难性失效和限定系统的最高工作压力。

（9）声发射检测技术对结构件的几何形状不敏感，因而适用于检测其他无损检测技术受到限制的形状复杂的结构件。

声发射检测技术的局限性：声发射检测探头必须良好地耦合在被检物表面并有适当位置的要求，检测结果不直观，被检物必须处于应力状态作用下（即需要施加应力来进行测试，或者在工作运行状态下测试，例如目前常在球罐或储罐进行水压试验的同时进行声发射监测），因此受试验系统及环境的噪声干扰影响很大，如流体泄漏、摩擦、撞击、燃烧等（这种与变形和断裂机制无直接关系的另类弹性波源称为二次声发射源），对于高塑性材料还会因其声发射信号幅度低而影响检测灵敏度等。

声发射检测技术的应用领域很广，已经有资料介绍的应用范围包括：

（1）石油化工工业。高压容器、低温容器、球形容器、柱型容器、高温反应器、塔器、换热器和管线的检测与结构完整性评价；常压贮罐的底部泄漏检测、阀门的泄漏检测，埋地管道的泄漏检测；容器或管道腐蚀状态的实时探测；海洋平台和海底采油装置等构件的结构完整性监测和海岸管道内部是否存在砂子（会造成管道内壁磨损）的探测；连续监视压力容器、锅炉、管道等大型构件的水压检验，评定缺陷的危险性等级，做出实时报警；等等。

（2）电力工业。变压器局部放电的检测、蒸汽管道的检测和连续监测、阀门蒸汽损失的定量测试、高压容器和汽包的检测、蒸汽管线的连续泄漏监测、锅炉泄漏的监测、汽轮机叶片的检测、汽轮机轴承运行状况的监测、连续监视核反应堆容器的完整性等。

(3) 材料试验。复合材料、增强塑料、陶瓷材料和金属材料等的性能测试,断裂力学研究,材料的断裂试验,研究断裂过程并区分断裂方式,金属和合金材料的疲劳试验及腐蚀监测,连续监控材料或工件、构件中裂纹的产生与发展(已能检测出小于0.01 mm长的裂纹扩展),研究应力腐蚀断裂和例如高强钢的氢脆断裂监测,材料的摩擦测试,铁磁性材料的磁声发射测试,鉴定不同范性变形的类型,研究固体材料的塑性形变,金属的显微组织变化(例如评价表面化学热处理渗层的脆性,热处理过程中的马氏体相变),研究材料的内部变化、破坏机理、破损情况及发展动向,等等。

(4) 民用工程。楼房、桥梁、起重机、隧道、大坝的检测,水泥结构裂纹开裂和扩展的连续监视,等等。

(5) 航天和航空工业。航空器的时效试验,航空器新型材料的进货检验,航空器完整结构试验或疲劳试验,机翼蒙皮下腐蚀的探测,飞机起落架的原位监测,发动机叶片和直升机旋翼的检测,航空器的在线连续监测,火箭发动机壳体和飞机壳体的断裂探测,测量固体火箭发动机火药的燃烧速度和研究燃烧过程,航空器的验证性试验,直升机齿轮箱变速的过程监测,航天飞机燃料箱和爆炸螺栓的检测,航天火箭发射架结构的验证性试验,涡轮发动机的运行状态连续动态监控,等等。

(6) 金属加工。机械工具磨损和断裂的探测,打磨轮或整形装置与工件接触的探测,修理整形的验证,金属加工过程的质量控制,铸造过程监测,焊接过程监测,监视焊后裂纹产生和扩展,振动探测,锻压测试,加工过程的碰撞探测和预防,等等。

(7) 交通运输业。长管拖车、公路和铁路槽车的检测和缺陷定位,铁路材料和结构的裂纹探测,桥梁和隧道的结构完整性检测,卡车和火车滚珠轴承和轴颈轴承的状态监测,火车车轮和轴承的断裂探测,对船舶噪声的探测和确定船只方位,等等。

(8) 其他。检测渗漏,监视矿井的崩塌,矿井顶板结构完整性评价,预报矿井的安全性,电脑硬盘的干扰探测,带压气瓶的完整性检测,庄稼和树木的干旱应力监测,物体的磨损与摩擦监测,研究岩石的断裂,汽车发动机的状态监测,转动机械的在线过程监测,钢轧辊的裂纹探测,汽车轴承热处理强化过程的监测,Li/MnO_2电池的充放电监测,人体骨头的摩擦、受力和破坏特性试验,人体骨关节状况的监测,观察液体的沸腾与空化现象,声特征分析,海洋科学中的海洋噪声分析(如研究波浪浪涌、海啸、潮流及海洋生物研究),探测水下的火山爆发及地震科学研究,等等。

声发射检测的主要目的是:①确定声发射源的部位;②分析声发射源的性质;③确定声发射发生的时间或载荷;④评定声发射源的严重性。一般而言,对超出验收标准的声发射源,要用其他无损检测技术进行局部复检,以精确确定缺陷的性质与大小。

图2-63为北京声华兴业科技有限公司的SAEU2S多通道声发射检测仪。

图2-64为液化气球形储罐在进行水压试验的同时进行声发射检测的现场。

另一种产生声发射现象的效应是磁效应声发射,即铁磁性材料在磁场作用下(即被磁化时),磁畴壁的运动能导致声发射,称为巴克豪森噪声。由于磁畴壁的运动受外载

图2-63 北京声华兴业科技有限公司的SAEU2S多通道声发射检测仪

液化气球形储罐

图2-64 液化气球罐声发射检测现场

荷和内应力的影响,因此它的声发射也受应力控制。对这种声发射信号进行分析的方法就是巴克豪森噪声分析(Barkhausen noise analysis,BNA),可用于残余应力分析,见本书2.2.3节"巴克豪森噪声分析"。

2.1.3 声振检测技术

声振检测技术的基本原理是通过外加声频振动使被检物发生振动,测量被检物的振动特性,分析其振动状态,例如振幅(振动的强弱)、频率(振动的快慢)、损耗(振动持续时间)、振动形式(单频或多频振动、谐振)及与物体振动方式有关的力阻抗等。由于它们都与被检物的结构、性能直接相关,因而可以据此判断被检物的内在质量。

声振检测技术主要用于检测金属或非金属的复合材料及胶接结构的胶接质量,以及胶接强度的评定(如检测蜂窝材料内部的脱粘缺陷、内芯材料的位置和形状,检测复合材料的分层脱粘和复合结构粘接部分的粘接质量、确定结构内部框架的位置,检测金属与金属之间的粘接质量等),层压制品中的未粘合或分层区域的检测,还可用于检查铆钉或螺栓紧固件是否松动，检测涡轮发动机的涡轮盘或涡轮叶片、车轴、弹簧等有无裂纹、测定金属的硬度、检查薄板点焊的质量等。

声振检测技术的优点是轻便、操作简单、不需要耦合剂、可实现自动化和永久记录或者采用可靠的表指读数。缺点是试验结果受试件几何形状和重量（质量）的影响，需要有参考标准，探头必须移动扫查并且要与试件表面几何形状吻合，对所施加的声脉冲有严格要求等。

声振检测技术主要包括敲击法（声冲击法）、振动阻尼法（机械阻尼法）、声阻法、共振法（谐振法）。

1. 敲击法（声冲击法）

使用硬币、木棒、尼龙棒或专用的带弹性手柄的木槌，轻轻叩击待测工件，在工件上有缺陷与无缺陷区域的回声将因自然频率不同而有差异，从而可以辨别缺陷的存在。这种方法有点类似我们日常生活中用拍击法挑选西瓜、用敲击法挑选瓷器、用敲击法寻找墙壁空鼓部位或地板下空隙部位等。

这种方法虽然简便易行，但在很大程度上依赖检测人员的经验，另外在检测表面光洁度要求严格的零部件（例如薄面板的大型构件）时，掌握不好就容易在工件表面产生小凹坑而影响工件的美观甚至影响构件的性能，因此这种方法多用作其他无损检测方法的补充手段或粗略检查（例如铁路车辆的车轴、弹簧等在行车途中停站时的手锤敲击检查）。

目前已能制成自动轻击锤，将协调的冲击（可根据检测对象预置冲击力大小）传送到被检物表面（如图 2-65），从锤头上的力传感器记录冲击本身产生的力。由于冲击力－时间特性依赖于被检物垂直于其表面的局部刚性（主要指层压结构、胶接结构与复合材料等），在有缺陷（如未粘合或脱粘）处的局部刚性减弱，则冲击持续时间增加，力的最高峰值减小，分析这些冲击参数即可大范围地探查被检物中的缺陷。

 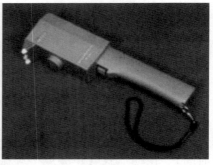

图 2-65　日本三井（MES）公司的 WP632 型手持式敲击检测仪

对于蜂窝结构或者板－板粘接结构，当轻轻敲击其表面时，粘接质量好的部分与脱粘部分所发出的声音是有区别的，虽然这种区别非常细微，但是根据此原理的手持式敲击检测仪可实现自动敲击检测，同时可定量显示脱粘的程度，甚至可以对内芯材料的位置和形状进行检测。手持式敲击检测仪可以在任何噪声环境中使用，同时始终保持检测信号的连续显示。

手持式敲击检测仪应用范围：检测蜂窝材料内部的脱粘缺陷，检测内芯材料的位置和形状，检测复合材料的分层脱粘（如碳－碳层压板），检查复合结构粘接部分的粘接质量，确定结构内部框架的位置，检测金属与金属之间的粘接质量。

在混凝土构件的质量检查中常用的超声回弹仪实质上利用的就是声冲击法，现代技术的混凝土超声回弹仪已经能够通过数字化处理和计算机软件分析来判断混凝土构件的强度。

早期的回弹法使用的仪器只是一种直射锤击式仪器，是简单的回弹仪，用一个弹击锤垂直冲击与混凝土表面接触的弹击杆后，弹击锤向后弹回而在回弹仪的刻度标尺上指示出回弹数值。回弹值的大小取决于与冲击能量有关的回弹能量，在一定的冲击能量下，回弹数值的大小可以反映混凝土表层硬度，从而用于评价混凝土抗压强度，即可以在混凝土的抗压强度与回弹值之间建立起一种函数关系，以回弹值来表示混凝土的抗压强度。但是这种回弹法只能测得混凝土表层的强度，不能得知混凝土的内部情况，特别是混凝土的强度较低时，在冲击时其塑性变形较大，往往不能正确反映混凝土的表层强度。现代技术采用的是超声回弹综合法，结合了超声波波速－回弹值－混凝土强度之间的相关关系，从而还可以反映混凝土内部的强度变化。

在混凝土超声冲击回波法检测中，利用一个一定尺寸的钢珠以一定的冲击能量撞击结构混凝土表面，钢珠回弹，同时产生一个应力波在混凝土内传播，该应力波在混凝土中的传播速度可以反映混凝土内部的强度变化，但对强度较高的混凝土，波速随强度的变化不太明显。此外，该应力波在混凝土内遇到存在声阻抗差异的界面（如混凝土内部缺陷或混凝土底面）时将产生反射，被回弹仪与混凝土表面接触的探头接收，对接收到的反射波进行快速傅里叶变换（FFT）可得到其频谱图，然后可根据频谱图上的反射波峰值频率计算出混凝土缺陷的位置或混凝土的厚度。

超声回弹综合法和超声冲击回波法都只需要采用单面测试，因此特别适合只有一个测试面如路面、护坡、底板、跑道等混凝土的检测。如图2-66所示。

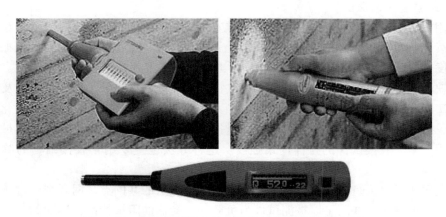

图2-66 瑞士PROSEQ公司的混凝土超声回弹测试仪

2. 振动阻尼法（机械阻尼法）

胶接结构的粘弹性变化与其胶接强度相关，通过测量与观察被检物机械振动的阻尼状况，测得它的粘弹性变化，从而可以判断其胶接强度。在不同频率下，振动特性的反应视不同性质的原因而有不同，从而还可以进一步区分是胶接强度（被胶接物与胶层之间的结合强度）还是内聚强度（胶层内的强度）的变化。该方法主要应用于检测胶接结构或复合材料的强度。

3. 声阻法

利用电声换能器（主要是依据压电效应）给被测胶接结构试件一个有效的振动激励信号，反映试件振动特性的机械阻抗又反作用于换能器，构成换能器的负载，使换能器的共振频率和幅度随不同的负载而变化。当作为负载的试件有缺陷存在（如脱粘、贫胶、裂纹等）时，其振动特性（检测阻抗）也发生变化，亦即负载有变化，使得换能器的某些特性也随之变化，产生不同的电压信号。把这些变化的电压信号经过处理并放大后在指示器上显示出来，根据接收到的电压信号的幅度大小、相位和谐振频率的变化，可以据此判断和鉴定胶接结构试件的胶接质量。

换能器特性的变化主要表现在谐振频率、Q 值（品质因数）、固定频率下的幅值及相位四个方面，测量这些变化，可以确定试件的阻抗变化从而判断试件质量。这种方法主要应用于检测胶接结构的胶接层质量状态，常用的频率在 1～10 kHz 之间。

声阻法检测的灵敏度与其阻抗的变化有关，检测灵敏度与缺陷半径的平方（缺陷的面积）成正比，与缺陷埋藏深度的立方成反比。能检出最小缺陷的灵敏度与缺陷的埋藏深度（即胶接结构的上层面板厚度）有关。

随振动激励的模式（纵向振动、弯曲振动、横向振动）不同，对换能器的测量参数不同（幅值、共振基频等）还可用于检测胶接结构的胶接内聚强度、胶接层的拉伸强度、剪切强度等。对于用同一种胶剂和同一种工艺胶接的同一种产品，在实际检测中，还可以通过大量的破坏性实验，绘出换能器某些特性与胶接强度之间的统计关系曲线，作为校准曲线来实现胶接强度的检测。

4. 共振法（谐振法）

利用电声换能器（主要是依据压电效应）将不同频率（通过扫频振荡电路可实现频率连续调整）的连续超声波入射到试件上，使试件发生谐振，由于试件的谐振频率随工件厚度而改变（超声谐振法测厚原理），当胶接试件上存在未粘合等缺陷时，将只能在试件缺陷上界面到检测面之间发生厚度共振，因而能够检出缺陷所在的位置及深度。

在实际应用中，常采取测量换能器基频共振频率来确定试件的机械阻抗变化，可用于检测胶接试件的剪切内聚强度，或者测量换能器的谐振幅度来确定试件的机械阻抗变化，可用于检测胶接试件的拉伸内聚强度。这种方法也主要用于胶接结构的胶接强度检测。

声谐振法可以说是声阻法的一个特例。它与声阻法的共同点是两者都通过压电换能器激励被测试件振动并测量以被测试件为负载的换能器的阻抗特性，不同的是谐振法只测量试件或换能器的谐振频率或其变化，而声阻法不受此限制，声阻法测量的是被测试件反映于换能器的声阻抗而不考虑换能器或试件是否处于谐振状态。

声谐振检测通常可分为两种类型，以频率随时间变化的扫频连续波入射被测试件（扫描声振检测技术）和以可调的单一频率的连续波入射被测试件。

扫描声振检测技术的基本原理是检测换能器与被测试件耦合，并用比换能器自然频率低的扫频连续波激励。当此连续波通过被检工件发生基频谐振或谐波振动时，换能器所承受的载荷要比其他频率大得多，载荷的增加会引起激励电流的增加。检测时，将压电换能器置于被测试件表面，并用耦合剂进行耦合，利用仪器内部的扫频振荡器进行扫频，将一个从低频端到高频端的快速扫描的交流电压加于换能器，形成压电晶体的机械振荡，同时测量晶体导纳。在谐振点，电阻抗突然降低，利用这一现象即可测量谐振频率。

当换能器置于被测试件（复合材料板或胶结结构）上时，谐振频率和阻抗均将发生变化，而这些变化都与作为换能器负载的试件阻抗特性相关。检测时，利用决定试件阻抗的复合材料树脂基和胶接结构胶层的弹性与他们内聚强度之间存在的近似线性的统计关系，从而可以通过由树脂和胶接弹性（或柔性）所引起的电声换能器特性（谐振频率、幅值等）影响的测量，以及借助破坏性试验的统计关系来评估胶层的内聚强度。

图 2-67 为爱德森（厦门）电子有限公司的 MART-6000 便携式复合材料与胶接质量综合检测仪，具有超声 A/B 扫描、声谐振、声脉冲、声扫频、机械阻抗等多种检测模式。

图 2-68 为日本奥林巴斯光学工业株式会社 STAVELEY INSTRUMENTS INC. 的 BondMaster™1000 粘接质量检测仪，其检测模式包括：机械阻抗、谐振、脉冲定距发射/接收、扫频定距发射/接收；收/发（扫描、脉冲、射频），谐振和 MIA（动态阻抗分析）模式。

图 2-67　爱德森（厦门）电子有限公司的 MART-6000 便携式复合材料与胶接质量综合检测仪

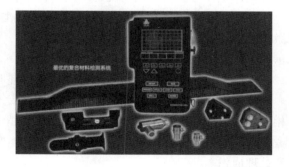

图 2-68　BondMaster™1000 粘接质量检测仪
（日本奥林巴斯光学工业株式会社 STAVELEY INSTRUMENTS INC.）

图 2-69 为应用日本奥林巴斯光学工业株式会社 Staveley NDT Technologies, Inc.（斯特维利无损检测技术公司）的 BondMaster 600 多模式粘接检测仪检测飞机蒙皮的现场，该仪器具有射频或脉冲、扫频、机械阻抗分析（MIA）和谐振模式，可用于蜂窝结构复合材料的蒙皮与蜂窝芯的一般性脱粘、锥形结构或不规则几何形状的蜂窝结构复合材料的蒙皮与蜂窝芯的脱粘、蜂窝结构复合材料的蒙皮与蜂窝芯的小面积脱粘、辨别蜂

窝结构复合材料中的修复区域、复合材料分层、金属叠层材料的粘接情况等检测。

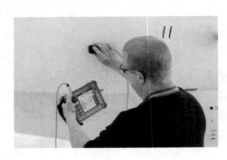

图 2-69　应用 BondMaster 600 多模式粘接检测仪检测飞机蒙皮的现场

2.1.4　声全息法

声全息法是一种采用波前重建法的声成像技术，它是把光全息原理引入声学领域而产生的一种新的声成像技术和信息处理手段，其技术上的原理与光全息基本相同，即利用声波照射被检物，使被检物中透射或反射的声波（物波）与参考波（通常为单色光即激光）相干涉形成一种全息图，记录被检物中声场振幅与相位分布的全部信息并重建被检物的像。因为多采用超声波为物波，故也称为超声全息法。

声全息检测过程包括两个步骤，即获得声全息图和把全息图重建以获得可见的物体像，若是使这两个步骤同时进行则可达到实时成像。

在声全息检测技术中，有关声成像的方法很多，根据所用声检测器的类型、记录介质、具体工作方法与应用情况的不同，可以有多种形式。

利用声光效应（声光干涉），以超声波为物波，激光作为参考波形成一种全息图的激光-超声全息，可以把超声波在透明介质（例如光学玻璃、水等）中的声束形状显示在屏幕上。

利用声电效应（超声波在液体介质中传播时因为空化现象能产生脉冲高压，使空泡表面产生电荷并引起放电，从而产生发光，或者因为半导体材料中超声波与自由载流子相互作用而产生多种物理效应，例如在压电晶体上产生压电效应），采用电信号模拟参考波，通过电子扫描方法在示波屏上显示物体像，或者把全部信号通过电子计算机控制和处理成像。

超声波在介质内传播时，使介质内的分子产生猛烈碰撞，导致分子电离或产生其他的化学变化，称为声化学效应，可以利用于照相胶片上进行记录成像，以及利用声热效应的液晶显示超声全息，不过这都需要较大的超声辐射功率。

在实际应用中，超声全息检测技术可用于检查复合材料、胶接结构（例如蜂窝结构）、层压制品及塑料、金属、陶瓷等薄层制件，可以检测诸如脱粘、孔洞、分层（未粘合），以及富胶区或贫胶区、疏松、夹杂物、密度变化等。

超声全息技术的优点是能提供实时图像而不必研究全息底片（与光全息法不同），并且响应迅速，但其缺点是通常需要采用水浸法或穿透法，多用激光作为参考波，对相干波的叠加要求较高，设备比较昂贵，试验条件要求严格。此外，其目前的检测对象还仅能用于较薄的工件，因此实际推广应用超声全息技术还存在不少的困难。

1. 激光－超声全息

激光－超声全息以声光干涉原理为基础，通常这是指透明介质中由于相干光束（激光）与相干声束的相互作用而产生光衍射的一种物理效应，称为声光效应（声光干涉）。这种效应的物理机理在于介质中传播的声波会引起介质密度的空间周期性变化，从而使介质的光折射率发生相应变化，而这种光折射率的空间周期变化形成了相应的光栅，导致光束发生一级或多级衍射。

典型的激光－超声全息应用是液面超声全息（浮雕法成像），以水为传声介质，在水下以来自同一激发源的两个换能器分别发射超声波，一束超声波作为参考波投射到液面上，另一束超声波作为物波辐照被检物后投射到液面上，或者经过声透镜后到达液面，两束超声波发生干涉，使液面产生带有全息信息的复杂振动面，再用激光投射到液面上，其反射光再经光路系统进入接收处理系统，最后在显示屏上以立体图像显示出物体的图像，如图2-70所示。

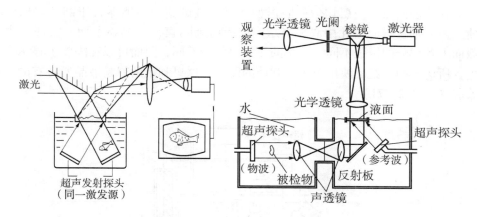

图2-70　液面超声全息检测原理

由于超声波能在相对于光为不透明的材料中传播，因此激光－超声全息还能用于固体，即超声波参考波与物波在不透明材料中传播、在表面交会并发生干涉，导致材料表面产生微小弹性形变（位移），再用激光投射到材料表面，其反射光再经光路系统进入接收处理系统，最后在显示屏上以立体图像显示出物体内部的图像。还可以把超声波在透明介质（例如光学玻璃、水等）中的声束形状显示在屏幕上。

2. 液晶显示超声全息

液晶显示超声全息检测以声热效应为原理，这是超声波在介质内传播时，由于弛豫、内摩擦等原因使声能被介质吸收而转变为热能，致使介质发热。

液晶（liquid crystal）是液体相与固体相之间具有可逆的介晶状态相的中间体，是具有规则性分子排列的高分子有机化合物，也称为具结晶性的液体，它在一定的温度范围内表现为液体，即具有液体的流动性和表面张力，但又具有一定的固体特性，即晶体的各向异性，呈现结晶体的光学与电学性质，具有特殊的物理、化学、光学特性，而且对电磁场敏感,特别是光学性质,因此而被称为液晶。

液晶种类很多,无损检测技术中应用最多的一种液晶是称为胆甾型液晶(系列胆甾烯基油烯基碳酸酯与胆甾烯基壬酸酯的混合物),它具有单轴负光性结构,极强的旋光性和圆偏振光的二向色性(环形二向色性),由于它有螺旋结构,液晶分子排列极易受外场(电、光、声等)作用而发生变化,从而引起液晶光学特性及其参数的改变,当有微小的温度梯度产生,就会使具有热效应的液晶(称为热色液晶)的螺距改变(或螺旋轴改变),在液晶膜上就会有从低到高的红—黄—绿—蓝—紫的颜色变化。利用这种独特的温度敏感性,当它的温度从一点被加热变化到另一点时,它对光的反射表现为对某一波长的光有强度最大值并表现为一定的颜色(能随温度变化而改变其颜色形成热图像),因此可用于温度显示和热图形测量,具有准确、可靠、灵敏度高、图像色彩鲜艳直观、操作简便、经济而且有效的优点。

根据液晶的这些特点,可以利用在适当材料中由于吸收声能而引起的温度变化从而利用液晶显现超声波束的横截面,在圆柱形水槽中充满可控制的热静水,水槽一端有一个圆形窗口,窗口的防水密封隔膜用100微米厚度的聚乙烯薄膜制成,隔膜背面涂成黑色,然后在外表面涂上一层均匀的胆甾型液晶。被试验的换能器置于圆柱水槽的轴线上,使超声束垂直指向窗孔中心。当超声束投射到隔膜(液晶显示面)上时,由于声束横截面上各部分的声强不同,产生的热效果将会不同,因而可以在隔膜上显示出不同的颜色,所构成的图案反映出声场横截面的图像,这里利用的就是液晶所特有的温度 - 颜色效应(见图2-71)。

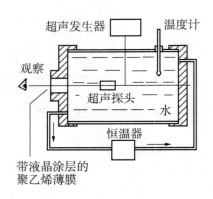

图2-71 液晶显示超声全息

将胆甾型液晶均匀涂覆在涡轮发动机叶片或者薄板材料焊接和蜂窝结构复合材料表面,利用自然环境温度或者微弱的热风吹过,在有缺陷的地方由于热传导率不同,以适当角度观察,通过液晶显示出的缺陷周围温度分布的色彩奇异性,就能发现缺陷的位置,这种方法称为液晶探伤技术。

3. ALOK 成像技术

ALOK 成像技术(德文中为 amplituen und laufzeit orts kurren)是一种超声成像技术,又称为振幅与传输时间轨迹曲线法,可用于厚壁构件的无损检测,根据检测面上不同位置的探头测得同一缺陷所得到的不同声时（回波传递时间），通过计算，可给出缺陷位置、尺寸和形状，进行实时或半实时的自动化超声成像检测（见图2-72）。

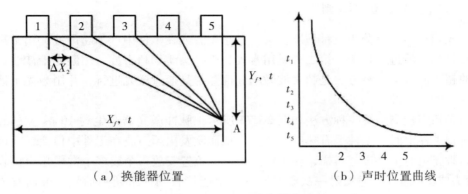

（a）换能器位置　　　　　　　　（b）声时位置曲线

图2-72　ALOK成像技术

2.1.5　超声频谱分析法（ultrasonic spectral analysis）

超声检测中应用最多的是以 f_0 为主频、具有一定频带宽度的超声脉冲，在材料中传播并反射后，接收到的是具有多重频率响应的回波信号，带有反射体的多种信息，利用超声频谱分析仪（ultrasonic spectrum analyzer）对超声反射回波进行频谱特性分析，可用以检查评估材料的显微组织形态，评估缺陷的形状、种类和性质，以及评定胶接结构的胶接质量等。

2.1.6　超声波计算机层析扫描技术（声波层析成像技术、超声波CT）

超声波计算机层析扫描技术又称为声波层析成像技术、超声波CT，这是以动力学特征为基础的波动方程层析成像，依据声波的几何原理和在不同介质中传播速度的差异，将声波从发射点到接收点的传播时间表现为探测区域介质速度参数的线积分，然后通过沿线积分路径进行反投影来重建介质速度参数的分布图像，可以提供缺陷的完整二维图像，或三维立体成像，通过图像可以直观展布缺陷的空间状态。

例如混凝土声波CT检测，首先将待检测混凝土断面剖分为诸多矩形单元，然后从不同方向对每一单元进行多次超声波穿透扫描并获取声波（在被检测混凝土块体的一端发射，在另一端接收），由来自不同方向的多条穿透波穿过一个单元，用所测超声波接收时间（走时数据）进行计算机重建呈现被检测体各微小单元范围内的混凝土声波速度参数的分布图像，可精确、直观地表示出整个测试断面上混凝土的缺陷及判断被检测体的质量（如混凝土密实情况）。

现场实际应用的超声波CT系统常为一发多收模式，即在一侧单点发射，另一侧作扇形排列接收，然后逐点同步沿剖面线移动进行扫描观测。探头的布置一般遵循以下原则：发射或接收必须分别在同一高程上，以便形成扫描剖面；各发射点和接收点必须精确测量坐标；发射探头间距和接收探头间距应构成较密的网络以提高声线密度。全部声波 CT 资料需要通过计算机现场记录并存盘保存。然后采用适当的层析算法，如 ART、SIRT 直线算法，再利用如 AutoCAD、MAPCAD 等软件生成 CT 层析成像。

2.1.7 激光超声检测

激光超声检测可分为三种情况：第一种是用激光在工件中产生超声波，用常规超声探头接收超声波进行检测；第二种是用常规超声探头激励超声波，用激光干涉法检测工件中的超声波；第三种方法是超声波激励和探测都是通过激光进行，并用激光干涉法检测工件中的超声波。

激光超声检测的第一种方法如图 2-73 所示，脉冲激光器产生约 10 ns 宽的脉冲激光投射到工件上时，工件上有热应变产生，从而激发出超声波在工件中传播，通过计算机控制激光束对工件进行扫描，在工件上合适的位置安放一个或多个常规超声接收探头（直探头或斜探头），每发射一次激光脉冲，就能接收到一个超声信号，根据波传播可逆性原理，即探头 A 激发超声波由探头 B 接收与探头 B 激发超声波由探头 A 接收，两者所得到的波形一致，将同一时刻各扫描点的信号幅值及该点的位置在计算机上绘制成一幅图像（幅度-时间曲线），将各时刻的图像连续播放，即可显示出超声波在工件中的动态传播过程，通过观察超声波的动态传播图像，可以快速发现缺陷而不必如以前超声 A 扫描探伤那样仔细分析波形，也不需要复杂精密的扫描机构对工件进行扫描成像，这种方法称为激光超声可视化技术（LUV）。

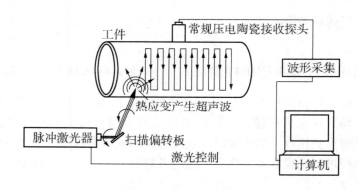

图 2-73 激光超声检测原理

图 2-74 为西安金波检测仪器有限责任公司的激光超声波可视化检测仪及其检测原理示意图。

激光超声可视化技术的特点：

(1) 现场超声波可视化与缺陷检查。利用激光对物体照射并扫描，能实时再现超声波在物体中的真实传播过程并能直观地检查缺陷或损伤。

(2) 对任何复杂形状物体均能可视化检查。采用非接触扫描方式，对曲面、非连续及狭小等复杂形状部位均能实现可视化及缺陷检查。

(3) 高速、大范围可视化检查。采用激光与电动小镜组合的非接触扫描方式，可

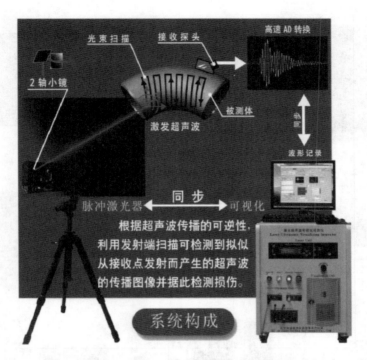

图2-74 西安金波检测仪器有限责任公司的激光超声波可视化检测仪

实现高速、大范围可视化检查。

(4) 无须光学调整，无须设定激光器的照射角及焦点距离，操作简便。

(5) 主要用途：石油、天然气及发电设备等的管道损伤检查，疲劳损伤、零部件内部缺陷、焊接部缺陷、复合材料的层间脱离、裂纹等损伤检查；波动传播的机理研究、超声波探头的性能评价、建筑物安全性评价、材料评价、声场可视、声速测量等。

(6) 应用范围：飞机、火车、汽车、造船、核电、石油化工、天然气、钢铁、建筑、电子零部件、半导体等工业。

图2-75～图2-81是激光超声波可视化检测仪的部分应用实例（源自西安金波检测仪器有限责任公司）：

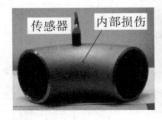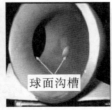

图2-75 不锈钢弯管内部模拟腐蚀检测

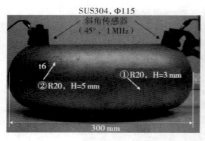

图 2-76　凸形不锈钢弯管内部损伤

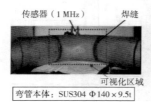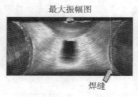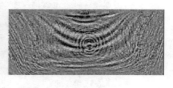

图 2-77　SUS304 弯管内侧模拟腐蚀检测

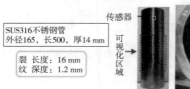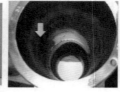

图 2-78　核电配管 SCC 焊接部（应力腐蚀裂纹）可视化检测

图 2-79　不锈钢核电站配管 SCC 应力腐蚀裂痕检测

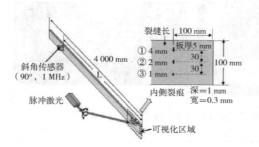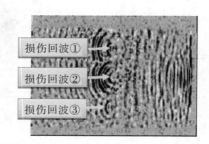

图 2-80　长形铝板距离传感器 2 米的检测

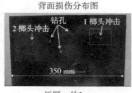 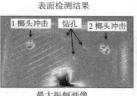 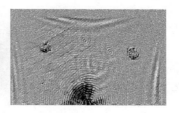

图 2-81　近似等方性 CFRP（碳纤维复合材料）薄板冲击损伤检测

激光超声检测的第二种方法：用常规超声探头激励超声波，用激光干涉法检测工件中的超声波，称为超声激光干涉技术（ULI）。

当材料中的微缺陷远小于波长，达到微米级或更小的弥散分布时，常规超声探伤无能为力，但是微缺陷与弹性波的相互作用（特别是散射）可以利用空间分辨力很高的激光干涉仪得到声场分布图来检测各个微小单元的超声波动响应，通过计算分析并产生可视化成像，从而可以定量表征出材料中微缺陷的密度、大小和分布，对于评估部件剩余寿命意义很大。

激光超声检测的第三种方法：超声波激励和探测都是通过激光进行，并用激光干涉法检测工件中的超声波。不需要耦合剂，可以远距离非接触检测，检测距离可为几十厘米到数米，通过光纤和玻璃窗口等措施，可检测难以接近和处于核辐射等恶劣环境的工件，探测激光可聚焦到非常小的点，可实现高达数微米的空间分辨率。

2.1.8　利用振动波的残余应力测试

机械振动波在金属材料内部传播时，在有应力存在的区域会因内应力不同而发生传播速度的改变，随应力大小的不同而不同，根据能量守恒原理，如果能确定一定能量的振动波在金属材料内传播速度的改变与内应力大小之间的规律，就能通过测量机械振动波的传播速度得到内应力值。

这种残余应力测试方法主要用于测量金属材料加工过程（如铸、锻、焊、机加工等）残留在工件内部的应力及因结构改变而产生的应力集中区域。内应力、残余应力是导致工件变形或产生内部缺陷的主要原因，带有残余应力的工件在疲劳载荷作用下容易使工件表面出现裂纹，严重的甚至发生断裂，因此，通过测定工件内应力分布的状况及残余应力值，可早期预测工件有可能出现缺陷的部位，早期预防，在发生缺陷之前做出材料安全的评估判断，避免发生重大损失甚至事故。

目前，已能利用表面下纵波（即在第一介质中入射角达到第一临界角附近时，在第二介质中激发的折射纵波，靠近表面，也称为爬波）、双探头法（一发一收）检测钢轨、钢结构、管道等的内应力与声速的关系，从而对被检工件的内应力大小（特别是对被检工件安全性影响最大的拉应力）做出评估。这种超声检测方法的影响因素主要包括环境温度、材料成分（材料牌号与冶炼炉批号）与热处理状态、显微组织状态等密切相关，需要制作与被检工件材料相同的零应力校准试样等。

2.2 利用电、磁和电磁特性的无损检测技术

2.2.1 磁粉检测

磁粉检测（magnetic powder tesing，MT），亦称磁粉检验（magnetic particle inspection）。

铁磁性材料受到外加磁场作用时，会产生磁化，如果材料存在表面或近表面的缺陷，或者显微组织状态变化，将会使局部导磁率发生变化，亦即磁阻增大，从而使磁路中的磁力线相应发生畸变，于是一部分磁力线在材料内部绕过缺陷，还有一部分磁力线会离开材料表面，通过空气绕过缺陷再重新进入材料，因此在材料表面形成了漏磁场（见图2-82所示）。

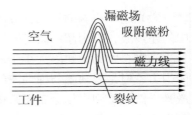

图2-82 漏磁场的形成

一般来说，表面裂纹越深（深宽比越大），漏磁场越出材料表面的幅度越高，它们之间基本上呈线性关系。在漏磁场处，由于磁力线出入材料表面而在缺陷两侧形成两个磁极（S、N极），若在此表面上喷洒细小的铁磁性粉末时，表面漏磁场处能吸附磁粉形成肉眼可见的磁痕，显示出缺陷所在的位置及其形状，达到检测缺陷的目的，此即磁粉检测的基本原理。

用于磁化铁磁性材料的电源多采用交流电源，或者经整流的交流电（单相半波整流、单相全波整流、三相全波整流等），在交流电磁化的情况下，由于有趋肤效应存在，铁磁性材料中的磁通基本上集中在材料表面和近表面，一旦有表面或近表面缺陷存在，在工件表面产生的漏磁场较强，因此具有较高的检测灵敏度，而在应用直流电磁化的情况下，由于没有趋肤效应，大部分磁通深入工件内部，在表面区域的单位面积通过的磁通大大减少，因此对表面缺陷的检测灵敏度不如交流电磁化，但是可检测深度则大于交流电磁化的情况。就一般情况而言，用交流电磁化产生交变磁场的磁通有效透入深度（即检验深度）为1～2 mm，而直流磁化产生的磁通有效透入深度则为3～4 mm。因此磁粉检测技术只适用于检查铁磁性材料的表面和近表面缺陷。

磁粉检测的基本工艺程序如下：

（1）被检工件的表面制备。当被检工件表面粗糙或不清洁时，容易对喷洒的磁粉产生机械挂附或黏附，造成伪显示，干扰检验的正常进行，因此对进行磁粉检测的工件要求预先进行清洗，并且要求工件表面粗糙度一般应 $Ra \leqslant 1.6\ \mu m$。

（2）被检工件的磁化（充磁）。被检工件的磁化方式有许多种，按磁场产生方式分类有（如图2-83～图2-86所示）：

1）直接通电法：使电流直接通过被检工件（全部或局部）以形成磁场，所形成磁场的方向以右手定则确定，磁场方向与电流方向垂直，称为周向磁化。直接通电法包括对工件整体通电（夹头法）和局部通电（支杆法或称作磁锥法）。

2）线圈法：将被检工件放入通电线圈中，由线圈产生的磁场（按右手定则判定）

来磁化被检工件，工件内的磁场方向与通电线圈的轴向相同，称为纵向磁化。线圈法包括固定线圈法和缠绕电缆法。

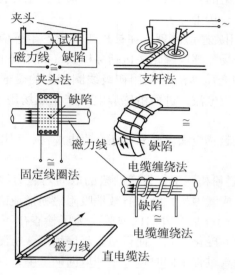

图 2-83　磁化方式示意

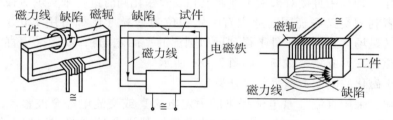

图 2-84　磁轭法磁化示意

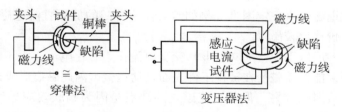

图 2-85　感应磁化法示意

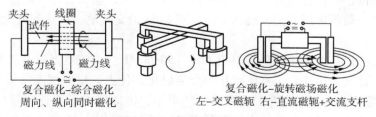

图 2-86　复合磁化法示意

3）磁轭法（磁铁法）：将电磁铁或永久磁铁（磁钢）放置在被检工件表面，利用其磁场对被检工件进行整体或局部磁化，被检工件表面的磁场方向在两磁极的连线方向，也属于纵向磁化。新型的永久磁铁已经采用了稀土类永磁材料-钕铁硼，它的磁力能达到普通永久磁铁的7～10倍。

4）感应磁化法：利用磁感应原理，在被检工件上产生感应磁场，或者产生感应电流后再由感应电流产生磁场。感应磁化法包括穿棒法（利用通电铜棒产生的磁场磁化套在铜棒上的环形工件）和变压器法（利用初级线圈产生的磁通经过作为次级线圈套在磁路上的环形工件产生感应电流，进而由感应电流产生磁场用于检测）。磁场方向仍然以右手定则确定。

实际上线圈法也属于磁感应法。此外，还有直电缆法，利用直电缆产生的磁场磁化紧邻的工件。

5）复合磁化法：在磁粉检测中，只有缺陷的取向与磁力线方向垂直或者存在较大的夹角时，才能有利地形成漏磁场，能够有效地吸附磁粉形成磁痕而被发现，上面所述的单一的磁化方法只适合检查某个方向的缺陷，为了检查出可能存在的各种方向的缺陷，往往要采取多次不同的磁化方式，使得检查程序烦琐，检测效率不高。新发展起来的复合磁化法则可以在检查过程中同时检查不同取向的缺陷，保障检测的可靠性并大大提高检测效率。

复合磁化法是利用直接对被检工件通电和线圈磁化同时进行来实现对被检工件的综合磁化，或者利用交叉磁轭同时通入有一定相位角差异（例如常用120°）的交流电，产生的是旋转磁场（在被检工件上得到近似圆形的平面磁场），或者采用直流磁轭+交流直接通电磁化，形成复合磁场，如图2-86所示。

根据用于磁化的电流类型，可以分类为：

直流磁化：采用直流（蓄电池提供的恒定电流）或交流电经全波整流的脉动直流（单相全波整流、三相全波整流）作为磁化电源，其优点是能够获得较大的检验深度（通常为3～4 mm，也有资料介绍甚至可以达到6～8 mm的检查深度），但是直流磁化给检验后的工件退磁带来一定困难（例如需要使用专门的低频直流退磁装置），而且磁化设备较复杂、价格比较昂贵。

交流磁化：一般以工频（50/60 Hz）交变电流作为磁化电流，由于电流的波动特性带来的振动作用，能促使磁粉在被检工件表面跳动集聚，因此磁痕形成速度较直流磁化的情况要快，并且退磁容易，但是交流磁化的缺点是因为趋肤效应导致检验深度较小（一般的有效检验深度在1～2 mm范围）。特别是用交流电作剩磁法检验时，还必须注意控制断电相位，防止在电流正负换向经过零位时断电，这将会导致被检工件未能充上磁而造成漏检。最新应用的交流磁轭采用低至8 Hz的交流电，可达到最大约8 mm的检验深度。

半波整流磁化：最常用的是将单相工频（50/60 Hz）交流电经过半波整流后作为磁化电流，半波整流磁化综合了直流磁化与交流磁化的优点，检验深度一般可达到约2～4 mm，同样能促使磁粉在被检工件表面跳动集聚，因此磁痕形成速度较快，而且退磁也比较容易，又避免了各自的缺点，但是由于同样存在电流从零到峰值的波动变化，因此仍必须注意控制断电相位,此外对磁化设备要求较高,价格也是比较昂贵的。

根据磁粉检验的方法不同(即喷洒磁粉和观察评定的时机不同),可以分类为:

外加法(连续法):在对被检工件充磁(磁化电流不断开)的同时喷洒磁粉(磁悬液)并进行观察评定。这种方法的优点是能以较低的磁化电流达到较高的检测灵敏度,特别是适用于矫顽力低、剩磁小的材料(例如低碳钢),缺点是操作不便、检验效率低。

剩磁法:利用被检工件充磁后的剩磁进行检验,即可以对工件充磁后,断开磁化电流,然后再喷洒磁粉(磁悬液)和进行观察评定。这种方法的优点是操作简便、检验效率高,缺点是需要较大的充磁电流(约为外加法所用磁化电流的三倍),要求被检工件材料具有较高的矫顽力和剩磁(以保证充磁后的剩磁能满足检验灵敏度的需要),并且在使用交流电或半波整流作为磁化电流时,必须注意控制断电相位。

磁粉检验的灵敏度除了与被检工件的自身条件(铁磁特性、几何形状、表面光洁度等)有关外,最重要的就是磁化规范的参数选择,即直接通电法时的磁化电流(种类、大小),或者线圈法时的磁势(以磁化安匝数表示,即磁化电流与线圈匝数的乘积),或者磁轭的提升力等,这些参数将直接影响被检工件上磁化强度的大小,亦即直接影响漏磁场的大小。因此,为了正确确定工件的磁化规范,往往需要采用特斯拉计(高斯计)或磁场指示器,或者简易试片(灵敏度试片),或者灵敏度试块等来检查、验证工件上的磁化强度是否适合。

(3)施加磁性介质。工件被磁化后需要施加磁性介质(磁粉)作为显示介质,以检测漏磁场是否存在,根据被施加的磁性介质的状态,可以把磁粉检测方法分类为:

干粉法:直接将干燥的磁粉喷撒在被磁化工件的表面,这种方法多用于工程现场或大型工件(例如铁路机车的连杆、车轴等)的磁粉检验,但其检验灵敏度相对于湿法是较低的。

湿法:以水为载体,加入适量的磁粉和适当的添加剂(消泡剂、防腐蚀剂、润湿剂等),搅拌均匀后即成为水基磁悬液。或者用变压器油+煤油或者无味煤油等作为载体,加入适量的磁粉并搅拌均匀,即成为油基磁悬液。在磁粉检验中,可以把磁悬液利用喷洒工具(喷嘴、喷壶等)喷洒或浇洒在被磁化的工件上,或者将被磁化的工件浸没在磁悬液中再取出观察(多用于剩磁法),磁悬液中的磁粉随载体在工件上流动,遇到存在漏磁场处将被吸附形成磁痕而被观察到。在湿法检验中,水磁悬液相比油磁悬液有较高的灵敏度,但是容易导致工件发生锈蚀。

此外,还可以采用静电喷涂法施加干的或湿的磁介质(磁粉)。

磁粉的种类包括以下几种:

黑磁粉:成分为四氧化三铁(Fe_3O_4),呈黑色粉末状,适用于背景为浅色或光亮的工件。

红磁粉:成分为三氧化二铁(Fe_2O_3),呈铁红色粉末状,适用于背景较暗的工件。

荧光磁粉:在四氧化三铁或纯铁粉末颗粒外裹有荧光物质,在紫外线辐照下能发出黄绿色荧光,适用于背景较深暗(例如经过发蓝处理)的工件,特别是由于人眼色敏特性的原因,使得使用荧光磁粉的磁粉检验较之其他非荧光磁粉的磁粉检验具有更高的检测灵敏度。

白磁粉：在四氧化三铁或纯铁粉末颗粒外裹有白色物质，适用于背景较深暗的工件。

为了便于现场检验的使用，目前商品化的磁粉种类很多，除了有黑、红、白磁粉、荧光磁粉外，还有球形磁粉（空心、彩色，用于干粉法），还有事先配置好的磁膏、浓缩磁悬液，还有磁悬液喷罐等，以及为了提高背景深暗或表面粗糙工件的可检验性而提供的表面增白剂（反差增强剂）等。

为了保证磁粉检验结果的可靠性，对磁粉（包括磁性、粒度、形状）以及磁悬液的浓度、均匀性、悬浮性等均需要经过校验合格后才能使用，并且在使用过程中也需要定期校验，此外对于观察评定时的环境白光照度，或者荧光磁粉检验使用紫外线灯（俗称黑光灯）的紫外线强度等，也都是属于必须校验的项目，以保证检验质量。

（4）观察评定。不同类型的表面、近表面缺陷会显示出不同形态的磁痕，结合对被检工件的材料特性、加工工艺、使用情况等方面的了解，是比较容易根据磁痕的显示判断出缺陷的性质的，但是对于缺陷深度的评定则还是比较困难的。

（5）退磁。如果在经过磁粉检验后还要进行温度超过居里点的热处理或者热加工，这样的工件可以不必进行退磁处理。一般的工件在经过磁粉检验后均应进行退磁处理，以防止残留磁性在工件的后续加工或使用中产生不利的影响。退磁的方法主要是采用交流线圈通电远离法，或者采用不断变换线圈中直流电正负方向并逐步减弱电流大小至零的退磁方法等，退磁程度的检验则通常使用如磁强计等袖珍型测磁仪器来检查。

图2-87、图2-88为磁粉检测得到的典型的缺陷磁痕显示照片。

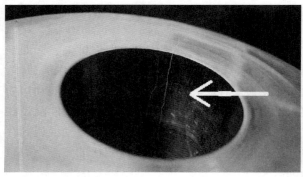

图2-87 冲模内孔疲劳裂纹

（荧光磁粉检测的磁痕显示，香港安捷材料试验公司黄建明提供）

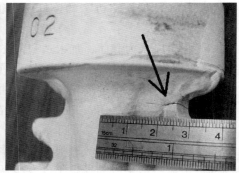

图2-88 风扇叶片疲劳裂纹

（磁粉检测黑色磁痕显示，香港安捷材料试验公司黄建明提供）

磁粉检验是一项发展历史较长、比较成熟的无损检测方法，已经有着广泛的应用，其优点是检测结果直观、操作简便、检测成本低、检测效率高。其缺点是无法确知缺陷的深度和只能适用于检查铁磁性材料的表面和近表面缺陷。另外，其观察评定必须由检测人员的眼睛观察，难以实现真正的自动化检测，检测结果目前主要是通过照相方式保存。

2.2.2 漏磁检测

漏磁检测（leakage magnaflux testing）的基本原理与磁粉检验相同，都是利用铁磁性材料被磁化时，在表面或近表面的缺陷处能产生漏磁场的现象，但是漏磁检测不使用磁粉而是直接使用特殊的测磁装置（磁带、检测线圈、磁敏元件、磁通量闸门等）探查并记录漏磁通的存在来达到检测目的。

根据探查漏磁通的方法和记录方式的不同，主要有以下几种类型：

（1）录磁探伤（磁带记录法）。利用磁带覆盖在被磁化的工件上，直接记录漏磁通，然后将磁带通过磁带检测装置转换成电信号输出，指示缺陷的存在。

（2）检测线圈法。用检测线圈在被磁化的工件上移动扫查，工件表面的漏磁场能在检测线圈中产生感应电势而直接以电信号输出指示缺陷的存在。

（3）磁敏元件法。利用如霍尔元件（利用具有霍尔效应的元件，这是一块通电的半导体薄片上被施加与薄片表面垂直的磁场时，薄片横向两侧会出现一个电压，称为霍尔电压）、磁敏二极管、磁敏电阻等磁敏元件在被磁化的工件上移动扫查，探测到的漏磁通将转换成电信号输出指示缺陷的存在。

（4）磁通量闸门法。主要用于探测直流磁化工件的直流漏磁通并转换成电信号输出，指示缺陷的存在。

图 2-89 示出了漏磁检测的基本原理。

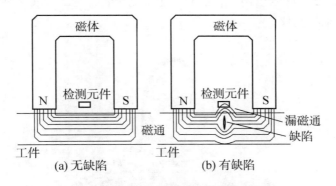

图 2-89　漏磁检测的基本原理

漏磁检测技术主要以自动化检测为目的，不仅能检出缺陷的存在，而且能根据检测到的漏磁通的特征量来确定缺陷的某些特征尺寸，例如缺陷深度、长度等。由于实现了自动化检测，可由计算机根据检测到的信号判断是否存在缺陷，并且可以实现检测结果的永久性保存，因此其检测结果可以不受检测人员技术水平、视力等主观因素的影响，提高了检测可靠性，并且大大减轻了劳动强度，提高了检测效率，改善了工作环境（如避免了磁粉、磁悬液等造成的环境污染）。

漏磁检测技术的缺点是检测灵敏度较低，对于开隙度很小或闭合型裂纹（例如初始疲劳裂纹）的检出能力较低，只能对缺陷做粗略定量，检测结果的显示不直观，受被检测工件的形状限制,不适合形状复杂的工件,并且检测结果容易受周围环境的电磁干扰(例如电焊机、电磁起重机等产生强电磁场的装置)影响。

漏磁检测多应用于钢结构件、钢坯、圆钢、钢棒、钢管、焊接管焊缝、钢缆、输油气管道、储油罐底板等,并且已经能实现如抽油杆、油管接箍、输油管、大口径钢管、钢棒的自动化漏磁检测。

利用漏磁检测还可用于铁磁性材料的磁特性测量,例如矫顽力、磁各向异性、残余应力,以及金属材料的过烧、材料分选、铁磁性材料表面非磁性涂镀层厚度的测量、退磁测量等。但是这些测量受材料的导磁率、工件形状(边缘效应)及检测时探头(检测线圈)的提离效应等影响,需要有参考评定标准。

磁粉检验和漏磁检测仅适用于铁磁性材料制成的棒材、管材、锻件、铸件、焊缝、挤压或轧制件,以及机械加工零件等的表面与近表面缺陷的检测,例如裂纹、折叠、缝隙、发纹、疏松、夹杂物、局部冷作硬化等,特别是对细小紧密(深宽比大)的裂纹类缺陷有很好的检测灵敏度。它们的缺点都是对形状复杂的工件磁化时,磁场分布不均匀,以及存在尖端或端部退磁因子影响等,从而影响检测灵敏度的均匀性,甚至存在检测盲区。此外,被检测工件在检测后大多情况下都需要作退磁处理,被检工件表面的非磁性涂层或镀层(如油漆、喷塑、镀铬、镀锌、镀铜、镀镍等)及表面污染均会妨碍缺陷的检出。在检测工艺方面,要求选择适当的磁化方式与磁化方向,使磁场方向尽可能与可能存在的缺陷延伸方向垂直(一般要求磁场方向与缺陷延伸方向的夹角不小于45°),才能有利于漏磁场的形成。

图2-90~图2-93示出用于管道的漏磁检测装置,图2-94为检测大型储罐底板腐蚀的手推式漏磁检测仪。

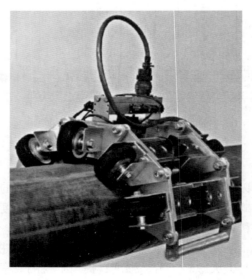

图2-90　美国 MFE Enterprises 公司管道漏磁扫描器 MFE PipeScan

图 2-91　天津绿清管道科技发展有限公司管道腐蚀检测装置
（从管道内检测）

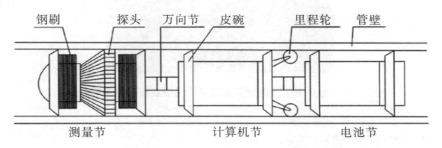

图 2-92　从管道内进行漏磁检测的装置结构示意

图 2-93　从管道内进行漏磁检测的现场
（源自网络）

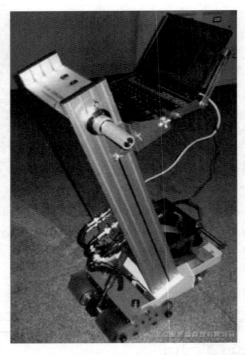

图 2-94　北京聚世鑫商贸有限公司的储罐底板腐蚀漏磁检测仪

2.2.3　巴克豪森噪声分析

根据磁畴理论，铁磁材料中包含有许多个极微小的以磁壁分隔和体心立方结构的磁区，即磁畴，在没有外磁场作用时，这些磁畴为无序排列，整个铁磁材料对外并不显示磁性。当有外加磁场作用到铁磁材料上时，会发生磁畴壁移动和磁畴内磁矩的整体转动，亦即磁畴发生重新取向的变化，变为沿外磁场方向作定向排列，材料整体的总磁化效果就是所有磁畴磁化效果的平均值。

铁磁材料被磁化时，由于材料结构中某些因素（残余应力或外加应力及显微组织变异）的阻碍和限制，会使磁畴壁的运动受阻滞而发生变化，表现在磁滞回线上的不可逆磁化区中因磁畴壁位移不可逆而会从一个稳定方向突变到另一稳定方向，因此，在这一区域的磁化是由许多不规则的不连续跳跃台阶所构成（如图 2-95 所示），称为巴克豪森跃迁。这是铁磁性物质在急骤磁化过程中发生的快速突发的局部变化，同时有衍生的脉冲波产生，能导致声发射，当使用探测线圈感受这种不连续变化并用耳机监听

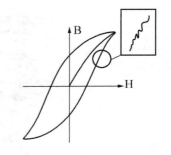

图 2-95　巴克豪森噪声示意

时，可以听到呈噪音形式，故称为巴克豪森噪声（Barkhausen noise，BN）效应或巴克豪森磁噪，对这种声发射信号进行分析的方法就是巴克豪森噪声分析。

外加磁场作用于铁磁性零件上可导致磁畴壁的移动，如果外加的是交变磁场，则磁

畴壁将会来回移动，同时材料的磁感应沿着磁滞回线而变化，当磁感应的变化最大时（磁滞回线斜率最陡处），巴克豪森噪声脉冲的波幅也会达到最高点。

这种磁化跃变的大小和方向分布、跃变的瞬间过程和按磁化曲线在跃变中的相互关系，以及表现为巴克豪森噪声的强度等与被检物的机械应力状态（外载荷、内应力或残余应力）、材料的显微组织与晶格的密度、分布和织构（如结晶的不完整性或组织不均匀性）等有密切关系，因此在可控制的状况下监测巴克豪森噪声，就可以对材料的应力状态加以评估。

利用电子学方法处理并放大以供观测的巴克豪森噪声信号通常显示为具有振幅、宽度和时间间隔无规则的噪声脉冲。在实际应用中，巴克豪森噪声大小的定量描述包括噪声的最大波幅值或平方根值或其包络线值等。在一个外加交变磁场作用下，磁畴壁的移动及其衍生的噪声大小受该试件的应力状态及显微组织影响很大。

利用巴克豪森噪声分析难以直接获得残余应力的绝对值，但是可以用于测量应力的相对值，特别是评定达到危害性程度的应力。

巴克豪森噪声信号分析技术主要用于测量铁磁材料的残余应力、材料缺陷、材料硬度及硬度和硬化层的深度、材料热处理及磨削烧伤缺陷（如轴承、齿轮、曲轴、凸轮轴、喷油嘴、活塞杆、飞机起落架等），预测材料受到反复载荷时的应力行为、预测材料的疲劳寿命等。

巴克豪森噪声信号分析技术的优点是能进行无损的应力分析，可实现全自动化，可实现永久性记录，但是其设备昂贵而且没有商品化的通用设备（一般为专机特制或定制），需要有参考标准，对于操作者有较高的训练要求。

2.2.4 涡流检测（eddy-current testing，ET）

向一个线圈通入交变电流时，基于电磁感应原理，该线圈将产生垂直于电流方向（即平行于线圈轴线方向）的交变磁场，此即涡流检测中应用的激励线圈（激磁线圈），把这个线圈靠近导电体时，线圈产生的交变磁场会在导电体中感应出涡电流（简称涡流），其方向垂直于磁场并与线圈电流方向相反。涡流的分布及大小与激磁条件（如激励线圈的形状、尺寸、交变电流的频率等）、导电体自身的电导率、磁导率、导电体的形状与尺寸，以及导电体与激励线圈间的距离、导电体表面或近表面缺陷的存在等都有着密切的关系，都将引起涡流的变化，导电体中的涡流本身也要产生交变磁场，对激励线圈的磁场起到反磁场的作用，使通过线圈的磁通发生变化，这将使线圈的阻抗发生变化，通过监测线圈阻抗的变化，可以确定导电体对磁场的影响，或者利用涡流的反磁场作用于激励线圈时，在线圈中产生方向与涡流方向相反而与激励电流方向相同的感应电流，感应电流与激励电流发生叠加，当导电体中的涡流发生变化时，则感应电流也会发生变化，导致叠加电流变化。通过监测线圈中电流的变化（激励电流为恒定值），即可探知涡流的变化，还可以采用另一个附加的专用检测线圈来直接感受涡流磁场产生感应电流，通过监测感应电流的变化达到监测涡流磁场变化亦即涡流的变化，从而达到检测工件中表面或近表面不连续性、获得有关试件材质、几何尺寸、形状等变化信息的目的。

例如：将涡流检测探头（检测线圈）接近被检导电试件时，线圈阻抗（电阻与电感分量）将发生变化，在其他条件相同时，此变化基本上是一个恒定值，但是若探头在试件表面经越过一个缺陷时，试件中的涡流因为缺陷的存在而使其流动途径发生畸变，使得涡流磁场也发生变化，于是检测线圈中的阻抗也随之发生变化（破坏了原来的平衡状态），根据这种变化的出现，即可检出缺陷。

涡流是一种交变电流，其频率与激励电流的频率相同。由于趋肤效应而只能集聚在试件表面，随深度方向透入的涡电流按指数幂函数的规律减小。在实际应用中，涡流在试件上的透入深度是指在该深度处的涡流密度为试件表面涡流密度的 $1/e$（即37%左右）时的深度。

涡流透入深度与频率、电导率和磁导率之间的关系可表达为

$$\delta = 1/(\pi \cdot f \cdot \mu \cdot \sigma)^{1/2}$$

式中：δ 为试件上的涡流透入深度，f 为激励电流的频率，μ 为试件的磁导率，σ 为试件的电导率。

此外，激励电流与反作用电流（涡流在线圈中的感生电流）之间存在的相位差与试件有关，因此也是检测试件状态的一个重要信息。

涡流检测的方式基本上分为三种类型：参见图2-96。

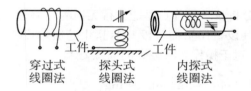

穿过式线圈法　　探头式线圈法　　内探式线圈法

图2-96　涡流检测的方式示意

（1）穿过式线圈法。检测线圈套在试件上，其内径与试件外径接近，用于检测如棒材、管材、丝材等。

（2）探头式线圈法。平面检测线圈直接置于试件平表面上进行局部检测扫查，为了提高检测的灵敏度，通常在线圈中加有磁芯以提高线圈的品质因数。

（3）插入式（内探头）线圈法。将螺管式线圈插入管材或试件的孔内作内壁检测，线圈中也多装有磁芯以提高检测灵敏度。

涡流检测的一般工艺程序：

（1）试件的表面清理。试件表面应平整清洁，各种对检测有影响的附着物均应清除干净。

（2）检测仪器的稳定。检测仪器通电后应经过一定时间的预热稳定，同时注意检测仪器、探头、标样所处的环境及在此环境中的试件应有一致的温度，否则会产生较大的检测误差。

（3）检测规范的选择。涡流检测中的干扰因素很多，为了保证正确的检测性能，需要在检测前对检测仪器和探头正确设定和校准，主要包括：

1) 工作频率的选定。在被检材料已经确定时，工作频率的高低将影响涡流的透入深度，因此必须选择适当的工作频率（即激励电流的频率）。

2) 探头选择。探头的几何形状与尺寸应适合被检工件和要求检测的目标，如穿过式线圈的内径大小、探头式或内探头式线圈的直径与长度等。

3) 检测灵敏度的设定。首先应对检测仪器的电表指示或显示屏基线进行"调零"（平衡调整），然后采用规定的参考标样或标准试块、试样，把检测仪器的灵敏度调整到设定值，还包括相位角选定、杂乱干扰信号的抑制调整等。

（4）检测操作。在涡流检测的操作中，应经常校核检测灵敏度有无变化，试件与探头的间距是否稳定，自动化检测中的试件传送速度是否稳定等，一旦发现有变化即应及时修正，并对在有变化情况下检测的试件进行复检，以免影响检测结果的可靠性。

涡流检测适用于钢铁、有色金属、石墨等导电材料的制品，如管材、丝材、棒材、轴承、锻件等，它能用于检测这些材料的表面和近表面的缺陷，根据电导率与合金成分相关的特点，可以通过测定材料的导电率（相对电导率或以国际退火铜标准电导率为基本单位的绝对电导率）来对金属材料进行分选（见2.2.5）；根据电导率与合金的显微组织相关，可以利用涡流检测对金属材料的热处理质量进行监控（例如时效质量、硬度、过热或过烧等），涡流检测还可用于测量工件厚度和导电金属表面涂镀层厚度（见2.2.10），以及用于一些其他无损检测方法难以进行的特殊场合下的检测，例如深内孔表面与近表面缺陷的检测。

涡流检测的优点是检测速度高，检测成本低，操作简便（不需要特别熟练的操作者），探头与被检工件可以不接触，不需要耦合介质，能在高温状态下进行检测，检测时可以同时得到电信号直接输出指示的结果，也可以实现屏幕显示，对于对称性工件能实现高速自动化检测（目前自动化涡流检测的速度已经能达到每分钟350 m甚至更高）并可实现永久性记录等。

涡流检测的缺点是只适用于导电材料，难以用于形状复杂的试件。由于透入深度的限制，只能检测薄壁试件或工件的表面、近表面缺陷（对于钢而言，目前涡流检测的一般透入深度能达到3～5 mm），检测结果不直观，需要参考标准，根据检测结果还难以判别缺陷的种类、性质以及形状、尺寸等。涡流检测时受干扰影响的因素较多，例如工件的电导率或磁导率不均匀、试件的温度变化、试件的几何形状，以及提离效应、边缘效应等都能对检测结果产生影响，以致产生误显示或伪显示等。

最新的涡流检测技术已经发展了，称为远场涡流检测技术（英文缩写RFEC，见2.2.7）、涡流阵列（eddy current arrays）检测技术（见2.2.8）、脉冲涡流检测技术（见2.2.9）。

2.2.5 金属材料涡流分选技术

金属材料涡流分选技术是涡流检测技术应用中的一种，它是根据电导率与合金成分相关，不同材质具有不同的导电率的原理，通过测量材料导电率的变化来进行材质分选，一般多用于非铁磁性材料。

2.2.6 金属材料电磁分选技术

金属材料电磁分选技术是涡流检测技术应用中的一种，它是根据不同材质具有不同导磁率的原理，通过测量材料导磁率的变化来进行材质分选，一般应用于铁磁性材料。

2.2.7 远场涡流检测技术

远场涡流检测技术（remote field eddy current，RFEC）是最新发展的涡流检测技术应用中的一种，它利用电磁场在管道内部传输中产生的一种涡流现象，属于能穿透金属管壁的低频涡流检测技术，探头通常为内通过式，由激励线圈和检测线圈构成，检测线圈与激励线圈相距约 2～3 倍管内径的长度，激励线圈中通以低频交流电，检测线圈能拾取由激励线圈激励产生、穿过管壁后又返回管内的涡流信号，从而能有效地判断出金属管道内外壁缺陷和管壁的厚薄情况（见图 2-97）。

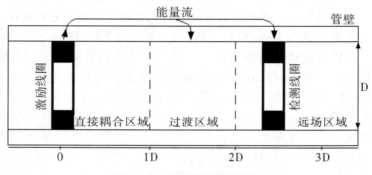

图 2-97 远场涡流检测原理

远场涡流检测技术的最大特点是能够从一端远距离检测到另一端的整个长度范围，特别适用于管材与管道的检测，适用于高温、高压状态的管道检测，不仅适用于非铁磁性钢管，也适用于铁磁性钢管。

远场涡流检测技术的优点是检测信号不受磁导率和电导率不均匀、趋肤效应、探头提离和偏心等常规涡流检测法中诸多干扰因素的影响，能以同样的灵敏度实时有效地检测金属管道管壁内外表面缺陷和管壁测厚。

远场涡流检测技术的缺点是由于采用的频率很低，检测速度较慢，不宜用于短管检测，并且只适用于内穿过式探头。

远场涡流检测技术已应用于石油化工厂、水煤气厂、炼油厂和电厂等行业中的多种铁磁性或非铁磁性管道的探伤、分析和评价，如锅炉管、热交换管、地下管线和铸铁管道等的役前和在役检测。即热电厂高压加热器在役钢管的腐蚀缺陷、石化炼油厂热交换器管道腐蚀检测、化肥厂尿素高压设备双相钢列管探伤、石油输油管腐蚀检测，各种金属材料管路内部与外部缺陷，如疲劳裂痕、支撑架凹痕及沉积物腐蚀等的检测。

图 2-98、图 2-99 为爱德森（厦门）电子有限公司的远场涡流检测仪及探头。

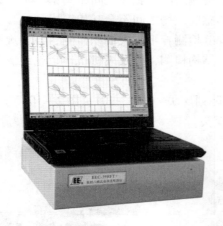 

图 2-98　爱德森（厦门）电子有限公司 EEC-39RFT+型八频远场涡流检测仪

图 2-99　爱德森（厦门）电子有限公司远场涡流探头

2.2.8　涡流阵列检测技术

涡流阵列检测技术（eddy current arrays）是最新发展的涡流检测技术应用中的一种，通过特殊设计，由多个独立工作线圈按特定的结构型式密布在平面或曲面上构成涡流检测阵列探头（32 甚至 64 个感应线圈，频率范围达到 20 Hz～6 MHz），借助于计算机化的涡流仪的分析、计算及处理功能，可提供检测区域实时图像便于数据判读。

涡流阵列检测技术的主要优点：

检测线圈尺寸较大，单次扫查能覆盖比常规涡流检测更大的检测面，减少了机械和自动扫查系统的复杂性，大大缩减检测时间，从而实现快速有效的检测，检测效率可达到常规涡流检测方法的 10～100 倍。

由多个按特殊方式排布的、独立工作的线圈排列构成一个完整的检测线圈，激励线圈与检测线圈之间形成两种方向相互垂直的电磁场传递方式，对于不同方向的线性缺陷具有一致的检测灵敏度，可同时检测多个方向的缺陷（包括短小缺陷和纵向长裂缝、腐蚀、疲劳老化等）。

涡流传感器阵列的结构形式灵活多样，根据被检零件的尺寸和型面进行探头外形设计，能很好地适应复杂部件的几何形状，满足复杂表面形状的零件或大面积金属表面的检测，可直接与被检零件形成良好的电磁耦合，实现复杂形状的一维扫查检测，易于克服提离效应影响，低复杂性和低成本的探头动作系统，不需要设计制作复杂的机械扫查装置。

使用几个小线圈替代一个旋转头，旋转探头，或者以单轴扫查代替双轴面积扫查，便携，不易受到机械损伤。

同时，其具有多频功能。

涡流阵列检测技术的关键：为了提高检测效率和克服众多扫查限制，涡流阵列探头中包含几个或几十个线圈,不论是激励线圈还是检测线圈,相互之间距离都非常近,要保证各个激励线圈的激励磁场之间、检测线圈的感应磁场之间不会互相干扰。

涡流阵列检测技术的应用范围:可应用于焊缝检测,平板大面积检测,各种规则或异型管、棒、条型和线材检测,腐蚀检测,多层结构检测,以及飞机机体、轮毂、发动机涡轮盘榫齿、外环、涡轮叶片等。

图 2-100 为加拿大 R/D TECH 公司的涡流阵列探头,图 2-101、图 2-102 为爱德森(厦门)电子有限公司的阵列涡流检测仪及探头。

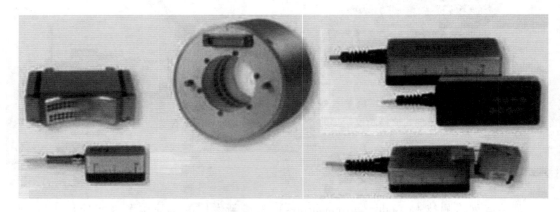

图 2-100　加拿大 R/D TECH 公司涡流阵列探头

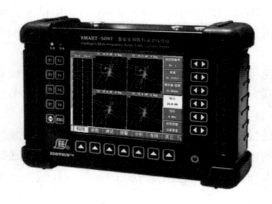

图 2-101　爱德森(厦门)电子有限 　　　图 2-102　爱德森(厦门)
公司 SMART-5097 型多频阵列涡流检测仪　　电子有限公司 U 型和阵列内穿探头

2.2.9　脉冲涡流检测技术

脉冲涡流检测技术是最新发展的涡流检测技术应用中的一种,以脉冲电流通入激励线圈,激发一个脉冲磁场,在处于该磁场中的导电试件中感生出瞬变涡流(脉冲涡流),脉冲涡流所产生的磁场在检测线圈上感应出随时间变化的电压信号,从而达到检测目的。脉冲涡流具有一定频带宽度,可同时检测不同深度处的缺陷。

图 2-103 为脉冲涡流阵列探头实物照片及波形图。

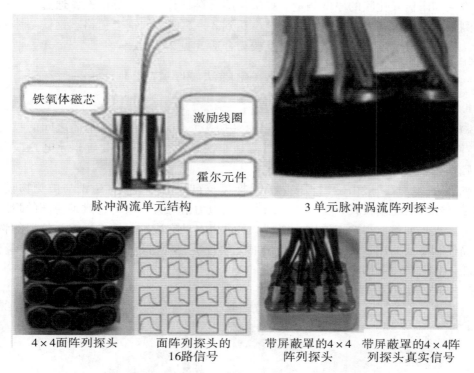

图 2-103 脉冲涡流阵列探头实物照片及波形
(源自网络)

2.2.10 涡流法覆层厚度测量

对材料表面保护、装饰形成的覆盖层,如涂层、镀层、敷层、贴层、化学生成膜等,统称覆层(coating)。

涡流法覆层厚度测量(简称涡流测厚)原理是基于涡流的提离效应:利用高频交电流在探头线圈中产生一个电磁场,当探头靠近导电基体时,在导电基体中形成涡流,探头与导电基体之间有非导电覆盖层阻隔,覆盖层越薄,导电基体中形成的涡流越大,对探头线圈产生反馈作用越大(反射阻抗越大),这个反馈作用量表征了探头与导电基体之间距离的大小,通过测量反馈作用的大小可测量出导电基体上非导电覆盖层的厚度大小。

涡流测厚适用于非铁磁性导电材料基体上非导电材料涂层厚度的测量及薄工件壁厚的测量,所用的是非磁性探头,采用高频材料作线圈铁芯,例如铂镍合金或其他新材料,与 2.2.11 的磁感应测厚原理相比较,主要区别是探头不同,信号的频率不同,信号的大小、标度关系不同,涡流测厚的分辨率可达到 0.1 μm,允许误差达到 1%,量程达到 10 mm。

涡流测厚适用于如航天航空器、车辆、家电、铝合金门窗及其他铝制品表面的漆、塑料涂层和阳极氧化膜的厚度测量，如果覆层材料具有一定的导电性，通过校准也同样可以测量，但要求两者的导电率之比至少达到 3～5 倍，如铜上镀铬。钢铁基体亦为导电体，但其覆层厚度测量则以磁性测量较为合适（见 2.2.11）。

2.2.11 磁性法覆层厚度测量（电磁法测厚）

1. 磁吸力测厚

磁吸力测厚原理基于永久磁铁或磁轭（探头）与铁磁性材料基体之间的吸力大小与两者之间的距离成一定比例，该距离就是非铁磁性（包括导电与非导电）或者与基体导磁率相差足够大的覆层厚度。

磁吸力测厚仪一般由磁钢、接力簧、标尺及自停机构组成，磁钢与被测物吸合后，将测量簧在其后逐渐拉长，拉力逐渐加大，当拉力恰好大于吸力，磁钢脱离的瞬间记录下拉力的大小即可获得覆层厚度，新型产品可以自动完成这一记录过程。仪器的特点是操作简便、坚固耐用、不用电源、测量前无须校准、价格也较低，适合现场质量控制。见图 2-104、图 2-105。

图 2-104 德国 ElekroPhysik（E.P.K）公司的 MIKROTEST（麦考特）涂层测厚仪（磁性测厚法）

图 2-105 德国卡尔·德意志检测仪器设备有限公司的涂层测厚笔 LEPTO-Pen2091
（可用于简便测量汽车车身漆层厚度）

2. 磁感应测厚原理

磁感应测厚原理基于利用探头经过非铁磁性覆层进入铁磁性基体的磁通大小来测定覆层厚度，也可以测定与之对应的磁阻大小来表征覆层厚度，当探头与覆层接触时，探头和磁性金属基体构成一闭合磁路，由于非磁性覆盖层的存在，使磁路磁阻变化，通过测量其变化可计算覆盖层的厚度。覆层越厚，磁阻越大、磁通越小。

磁感应测厚可用于测量导磁基体上的非导磁覆层厚度，一般要求基体相对导磁率在 500 以上，如果覆层材料也有磁性，则要求与基体的导磁率相差足够大，例如钢上镀镍。

磁感应测厚仪采用软芯上绕着线圈的探头放在被测物上，仪器自动输出测试电流或测试信号，早期产品使用指针式表头，测量感应电动势的大小，仪器将该信号放大后指示覆层厚度，新型仪器引入稳频、锁相、温度补偿等新技术，利用磁阻来调制测量信号，采用集成电路、引入微处理机，使测量精度和重复性有了大幅度的提高。

现代的磁感应测厚仪分辨率已能达到 $0.1~\mu m$，允许误差达到 1%，量程达到 $10~mm$。

磁感应测厚可应用于精确测量钢铁表面的油漆层、瓷、搪瓷防护层、塑料、橡胶覆层、包括镍铬在内的各种有色金属镀层及石油化工中的各种防腐涂层等。

图2-106为基于磁感应测厚原理的镀层测厚仪，适用于铁磁性材料基体上非铁磁性涂镀层测厚。

图2-106　山东济宁科电检测仪器有限公司的 MC-2000A 型镀层测厚仪

2.2.12　电流扰动检测技术

电流扰动检测技术（electric current perturbation，ECP）通常借助于一个感应线圈在被检部件上产生一种电流流动（涡流），并利用一个独立的探测器测定电流流过缺陷时电流扰动引起的磁场。如图2-107所示。

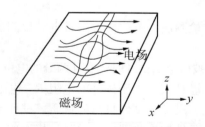

图2-107　电流扰动检测原理

电流扰动检测可用于螺栓孔内的裂纹检测，可变极等离子弧焊（PAW）和惰性气体保护焊（TIG）的铝合金构件焊缝，铝合金构件上出现的腐蚀等。

2.2.13 磁光涡流成像检测

磁光涡流成像检测（magneto-optical eddy current image，MOI）又称磁光涡流检测技术，它是利用法拉第（Faraday）磁光效应（具有一定偏振面的光沿磁场方向传播，通过放置在磁场中的物质时，偏振光的偏振面会发生旋转）和电磁感应定律。在平行于试件表面的近表面层中的层流状涡流感生磁场，能快速覆盖被检区域，实时成像、直接输出；不受提离效应影响，对大小裂纹都很敏感，被检工件表面也不必除漆；可在较宽的频率范围（1.6～100 kHz）内使用，使用高频时能成像和检测小的疲劳裂纹，使用低频时能成像和检测深层裂纹和腐蚀，采用低照度彩色摄像系统得到的图像质量很高。

2.2.14 磁测（应力）法

铁磁性材料在机械应力 σ（应变）的作用下，它的内部产生应变，导致材料磁性（导磁率 μ）随着改变的现象，在物理学上称之为压磁效应（piezomagnetic effect）或磁致弹性效应（简称"磁弹效应"，magnetoelastic effect）。磁弹效应与磁致伸缩效应相反，因此也被称为逆磁致伸缩效应（inverse magnetostriction effect），该效应是 Villari 于 1865 年发现的，因此也称为 Villari 效应。磁测（应力）法就是利用了压磁效应或磁弹性效应。

由于应力的变化会引起材料表面的导磁率张量（导磁率各向异性分布场）变化，因此可以利用检测区的磁阻作为应力的感应参数，使用磁耦合式传感器对材料上的应力进行无损测量。

磁测（应力）法适用于软磁性钢结构的应力测量，如用于运输机械、电机设备、船舶、锅炉压力容器、大型桥梁结构、万吨水压机等低碳钢和普通低合金钢构件消除应力效果的分析。其优点是不破坏检测点原有的应力状况并有一定的检测深度，缺点是检测前必须经过预先标定，其计算方程不通用，测试精度受材料金相组织不均匀、轧制状态、磁弹性滞后、测试面与传感器的耦合状态等诸多方面因素的影响。

2.2.15 电位法检测

电位检测法又称电位差检测法、电位探针法或电导检测法，其物理原理基于金属的导电性。

当一定数值的电流流经被检金属试件时，试件两端的电位差服从欧姆定律：$U = I \cdot R$，若电流 I 为一定值，则电位差 U 仅取决于试件的电阻 R。电阻 R 是受材料中许多因素影响的，例如试件的几何形状、尺寸、试件自身的材质、试件是否有缺陷存在、缺陷的尺寸、方向等。当电流从被检工件的检验部位通过时，将形成一定的电流、电位场，利用电位差与上述因素之间的对应关系，如果被检金属工件表面存在裂纹，则裂纹的形状、位置、尺寸的不同，它对电流电位场的影响也不同，通过测量电位分布可以判断金属材料中裂纹的状况，特别是可以用于测量裂纹的深度，还可以实现对试件几何尺寸的测量、缺陷检测和材质检验。

如图 2-108 所示，电位检测法一般采用 4 个电流电极（或称电流探针）菱形排列

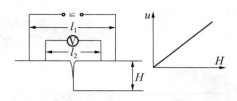

图 2-108 电位法检测示意

或直线排列安置在一绝缘体把手中，把探针放置在工件上，每支探针上方有压紧弹簧以保证探针与工件有良好稳定的电接触，用 2 根外探针（电流探针，距离 l_1）把一定数值的电流输入导电金属试件表面，在工件中产生电流场和一个与材料的组成和结构特性有关的电位分布，测定在试件表面上恒定距离（l_2）的两根内探针（测量探针）之间的电压降（电位差），并将测量探针所拾取的微弱电压信号经放大器放大处理后在电压表上显示，先进的数字化裂纹深度测定仪可将模拟电压信号经放大器放大到足够的幅度、整流后输入到 A/D 变换器转换成数字信号，通过微控制器进行数据处理后，在液晶（LCD）显示屏上直接显示和数字量构成一一对应关系的裂纹深度数值。保持试验电流、被检工件材质、厚度不变，当试件上无缺陷时，假定与材料有关的影响因素和几何尺寸均相同，则在试件上各处，两根内探针之间的电压降总是相同的，一旦在两根内探针之间有裂纹存在，则测得的电位差就有差异了，电位差的变化是裂纹深度的函数，会随裂纹深度的增加而加大，这是由于电流绕过缺陷流动形成较大的电力线行程，产生与无缺陷时的电压降差异，通过预置的标定可将检测系统得到的电位差信号转化成裂纹尺寸，从而实现裂纹深度的测量。

电位检测法采用的激励电流有直流和交流（波形失真很小的恒定正弦交流电流）两种，直流电位法检测的优点是设备简单，无交流感应干扰，缺点是受热电动势影响大，因此一般只用于逐点测量。交流电位法检测的优点是可以克服热电动势的影响，便于生产现场检验，除了用于逐点测量，还能实现连续测量、记录和自动标记等操作。

电位法检测主要应用于导电金属材料，如铁轨、核燃料元件、棒材、板材及其他型材、齿轮或某些机械零件的裂纹检测及其深度测定，因此也常把电位法检测仪器称为裂纹深度测定仪。电位法检测也可以用于测定材料的电阻率及工件壁厚（例如因为腐蚀引起的壁厚局部减薄）及板材厚度测量、焊缝熔深检测、表面淬硬层或渗层深度检测、复合板结合层质量检测等。商品化的裂纹深度测定仪包括直流电位法和交流电位法两种类型。

电位法检测的优点是仅需单面检测，操作简便，但是需要有参考标准，要求有良好的接触面，难以实现自动化。由于电压降与材料的电导率和磁导率有关，使得检测结果的精确度受材料成分、热处理状态、加工方法、表面粗糙度、清洁度，以及试件自身的材质、试件的几何形状与尺寸、试件是否有其他缺陷存在（包括缺陷的尺寸与取向）、探针的电极间距选择等多方面因素的影响。

图 2-109 为德国卡尔·德意志检测仪器设备有限公司的手持式裂纹深度测量仪 RMG 4015 和探头。

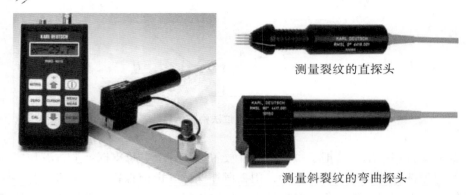

测量裂纹的直探头

测量斜裂纹的弯曲探头

图 2-109　德国卡尔·德意志检测仪器设备有限公司
手持式裂纹深度测量仪 RMG 4015 和探头

图 2-110 为郑州机械研究所现代仿真检测工程研究中心的裂纹深度测量仪。

EMG系列数字化高精度裂纹深度测量仪　　　　　EMG100系列

图 2-110　郑州机械研究所现代仿真检测工程研究中心的裂纹深度测量仪

2.2.16　交流电磁场检测

交流电磁场检测（alternating current field measurement，ACFM）技术与前面 2.2.12 的电流扰动（ECP）检测技术的基础理论相关但又有着显著的不同。

ACFM 技术是 1980 年由英国 TSC 公司从交流电位差（alternating current potential difference，ACPD）技术发展而成的一种新型的无损检测和诊断技术。它主要用于检测金属和非金属构件的裂纹缺陷，利用电磁场在不需要直接接触试样表面的情况下测量裂纹的长度和计算裂纹深度，而且能够用于水下探伤，因此在海上设施的水下无损检测中得到越来越广泛的应用。

ACFM 技术综合了 ACPD 技术及涡流检测技术，对工件非接触，根据构件裂纹对构件内交流电流的影响进行检测。ACFM 探头向构件内引入一均匀电流，并测量探头附近表面的电磁场。缺陷对相应区域磁场的影响可以用图形方式显示，给出裂纹的位置和长度信息，确定出缺陷末端所在。缺陷的危害性重要与否主要与结构整体性有关，通常由缺陷深度决定。使用算术模型，ACFM 系统可以给出缺陷的深度，从而可以评价裂纹的危害性。

在 ACFM 技术中，利用探头测量表面磁场的三维（X、Y、Z）数据（B_x、B_y、B_z）与测量理论模型（theoretical modeling of the expected probe measurements）比较而测定裂纹尺寸。B_y 分量与电流方向一致，B_x 分量与电流方向垂直而与金属表面平行，B_z 分量与金属表面垂直。见图 2-111。

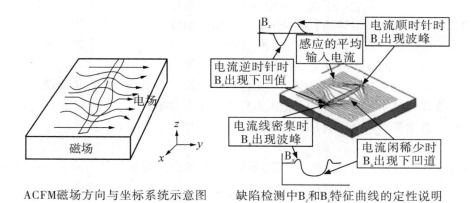

ACFM磁场方向与坐标系统示意图　　缺陷检测中B_x和B_z特征曲线的定性说明

图 2-111　ACFM 原理示意

理论模型表明，一般情况下磁场分量与金属表面电位差的改变速率有关。在正常无裂纹试样的 Y 方向通过一均匀电流时，磁场在 X 轴方向均匀分布并与电流方向垂直，电磁场分量 B_x 及 B_z 的的读数值为零。当试样上有 X 轴方向裂纹存在时，电流经过有裂纹表面，从裂纹的最深处向其边缘（或裂纹的任一面）集中，电磁数据会发生变化，B_x 及 B_y、B_z 会出现不同的信号波幅。ACFM 探头通常测量 B_x 和 B_z 分量，B_x 用来估算裂纹深度，B_z 用来估算裂纹长度。

ACFM 技术的优点：

（1）可透过绝缘涂层测出裂纹，省去清除涂层的时间及费用。在无须去除涂层的情况下检测大小型起重机吊机、桥梁、炉柱、游乐场的结构焊缝，工厂内各种管道、高压容器、设备的焊缝及表面裂纹。

（2）可测出导电金属、碳钢及合金表面裂纹的深度及其长度。

（3）可精确地检测裂纹的位置，长度达 33 mm 及最小可检测裂纹深度达 0.8 mm。

（4）对各种材质均有相同的精度，对磁性及非磁性金属均可检测。

（5）对试样表面洁净度没有严格要求，可在不需清洁表面及污秽的情况下检测容器、管道焊缝，并已经在粗糙表面检测中获得广泛应用。

（6）可使用在高温表面（一般探头可在 200 ℃，特殊探头可在 500 ℃ 高温下工作），水下（例如离岸平台及水下设备的焊缝裂纹检测，配合机器人的操作可在 500 m 水深处工作）及辐射环境（配合机器人可在辐射环境下工作）。

（7）可自动记录数据，以便分析。

（8）操作简单，不需校正，一般只需 1～2 人。

（9）没有任何耗件，不需耦合介质。

(10) 可选配不同探头对不同几何形状试样检测，例如配合特殊探头检查涡轮叶片，还可配合阵列探头作阔面检测。

ACFM 技术的局限性：

(1) ACPD 和 ACFM 技术都是沿着裂纹面进行深度测量，而不是测量穿透壁厚，因此 ACFM 只是用于检测表面裂纹，不能检测近表面裂纹。

(2) ACFM 检测所得到的裂纹缺陷长度较实际裂纹长度小，在使用 ACFM 查找到裂纹缺陷后，应根据具体的情况采用其他检测技术（如 UT）对裂纹作进一步的检测，以便对裂纹进行详尽的分析和评定，以便建立修复方案。

(3) ACFM 技术对几何形状复杂的构件适用性低，应用的仪器也较复杂。

影响 ACFM 技术检测质量的干扰因素较多，主要包括：

材质：磁导率不同会影响磁场透入深度及同一材料中不同部位或不同金属相连接部位的磁导率差异可能引起假信号。

剩磁：必须保证待测表面处于无磁场状态，检测程序必须包括消除上一次磁粉检测时遗留的表面磁场，因为残余磁场可能引起假信号。

表面打磨痕迹：可能引起假信号。

残余应力：影响磁场透入深度及可能引起假信号。

对接焊缝的熔合线：可能引起假信号。

有铁磁体或者导电体靠近焊缝时，会引起灵敏度和裂纹特性测试准确度的降低。

相邻焊缝的交接处可能引起假信号。

裂纹几何效应：裂纹的几何形状对裂纹深度尺寸测试的精确性有一定影响，如果裂纹是短且深的，则测试时需要进行校正。如果裂纹全长都没有暴露出来，则计算裂纹尺寸可能会有困难。此外，裂纹取向与扫描方向呈一定角度、与表面呈一定角度、与探头扫描方向不垂直、裂纹开隙度过小、多条裂纹并存等都会影响裂纹的检测灵敏度及可检出性。ACPD 和 ACFM 技术均是依靠理论模型来判断其检测的精确性，其基本标准是假定材料上有一个线性的均匀场，并且假定疲劳裂纹的形状为半椭圆形，但是在实际上裂纹的形状是不可能完全达到理想条件的，因此在检测中需要设法加以修正，例如尽量确保测试过程中探头能放置在合适的位置上，以求尽最大可能保持均匀磁场。

存在末端效应（边缘效应）：与组件几何形状及探头类别、尺寸有关，探头尺寸越大，对边缘效应越敏感，会使处于边缘附近的裂纹的信号变得模糊。对于复杂几何形状的构件则检测有困难，需要考虑采用特殊设计的探头来尽量降低边缘和几何形状的影响。

仪器：需选择裂纹敏感性最强的操作频率，同时保持适当的杂音水平，需控制电子元件饱和（信号振幅饱和），仪器的感应相位（ACFM 检测是在已选择和固定的相位进行的，与涡流检测不同，它无须考虑相位角，而是厂家设定好并存储于探头文件，由仪器自动设置）。

涂层厚度：一般来说，只要良好状态下的非导电涂层厚度不超过 5 mm，便可应用 ACFM 技术，但是如果涂层厚度大于 1 mm，则裂纹尺寸的计算就必须考虑涂层厚度的补偿，因为涂层在恶劣条件下可能会导致产生假信号及降低尺寸测量的精确性。涂层厚度的补偿一般通过系统软件的裂纹表格来达到。如输入不正确的涂层厚度，当出入大于 1 mm 时（含 1 mm），就会降低深度尺寸测量的准确度。

表面腐蚀：会降低对小裂纹的敏感性及尺寸测量的精确性。

ACFM 技术的应用范围很广，可以检测所有导电金属如钢、不锈钢、铝、镍、钛等。它可以自动或手动检测简单和复杂的几何结构，如焊缝、螺纹、涡轮机叶片座盘、压力容器和铆钉连接结构、铁轨、车轴、车轮及车体、船舶的 LPG 容器、船体及螺旋桨等。与传统技术相比，ACFM 的扫描速度使检测焊接接头更快、更经济。已广泛使用在石油化工工业、核工业、航天工业、土木行业等。

2.2.17 介电法

在电场作用下，电介质中将有介质极化、电导、介质损耗等过程发生，利用介质的这些电学行为，可以研究材料的结构、分子运动及它与性能的相互关系，监测非金属材料制品的质量变化，测量厚度等。例如，检测玻璃钢（玻璃纤维增强树脂）中的分层和孔洞，材料的密度、湿度（含水量）、纤维含量及弹性模量，测定固体燃料的燃烧速度，测定雷达罩的厚度，控制材料的工艺质量（如混炼均匀度、固化度、热固性树脂的固化）等。

介电法的优点是不需要耦合剂，容易实现自动化检测，其检测对象可以是液体、粉末或者固体，以及能检测由液体变为固体的各种状态等。

进一步发展的动态介电法还能在一定温度程序下自动地连续跟踪被测材料的介电特性（例如介电系数和介质损耗角正切）变化，从而能够根据材料介电响应特性的变化实时调整工艺参数。

2.2.18 电容法

与介电法类似的还有电容法，即以探头和导电基体构成电容器，把基体上的不导电涂层作为中间介质，通过这一电容与并联的电感确定振荡回路的频率，进而借助测定的频率确定不导电涂层的厚度。但是要注意涂层材料介电常数的波动对测厚结果有决定性的影响。电容法仅适合于薄导体的绝缘覆层厚度测量。

2.2.19 涡流－声（电磁－超声）检测技术

电磁超声检测技术也称为涡流－声检测（英文缩写"EMAT"）是近年来国际上快速发展的一项新的检测手段，也是超声检测发展的前沿技术之一，它属于非接触超声检测，采用数字技术，可方便地在被检测工件中激发出各种型式的超声波，利用它所激发的超声波可按一般的反射法检测，能实时有效地检测金属的表面及内部缺陷。特别是可以用在高温状态下金属坯料的非接触在线自动化超声检测（如轧钢生产线上的在线高温自动化超声检测），这是电磁－超声法所拥有的特殊优势，目前常用的压电换能器是无法承担这样的检测任务的。

电磁超声检测技术依据的物理基础是：

将通有超声频交变电流的激磁线圈置于导电金属之上，线圈产生的交变磁场作用于导电金属并在金属表面感应出同频率的涡电流（涡流）与同时施加在试件上的另一外加恒磁场（如永久磁铁或直流电磁铁）相互作用，则金属中的带电质点在磁场中流动时受到垂直于磁场方向和质点运动方向的洛仑兹（Lorentz）力的作用而发生位移，使涡流进入的体积元发生振动，从而激发出超声波，视作用力的分力方向（水平分量与垂直分量）可以同时激发出纵波模式与横波模式的超声波用于检测，其频率与通入交变电流的频率相同。这种方法又称重叠磁场法，如图 2－112（a）所示。

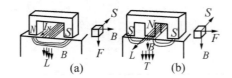

图 2－112　电磁超声检测技术依据的物理基础

在磁铁极靴之间放置激励线圈（线圈绕组闭合在表面以外的无磁场空间），在它的绕组中电流都是同向的，磁铁所产生的磁感应强度 B 平行于表面，作用在涡流因子 g 的体积元上的力 F 垂直向下，因此在线圈绕组平面之下的表面将发射出纵波。

如图 2－112（b），如果把线圈放置在极靴之下，因而在垂直于表面的磁场中产生了涡流，这时的作用力平行于表面，因而产生了垂直穿透表面的横波。这里线圈绕组也同样必须在表面以外的无磁场空间闭合。如果激励线圈排列得足够紧，则在上述任一情况下都能产生具有通常方向图形的超声波束。

上述激励超声波的方法称为电动力学法，它的基本作用原理如图 2－113 所示。

如图 2－113（a），B_z 为方向平行于板面的磁感应强度，B_r 为方向垂直于板面的磁感应强度，g 为涡流的电流密度，它与输入电流方向相反。根据右手定则，可以确定洛仑兹力 F 的方向在（a）中垂直于 B_z 与 g 的平面，即垂直于板面，因此激发出纵波。在（b）中则垂直于 B_r 与 g 的平面，即平行于板面，因此激发出横波。

如图 2－113（b），根据电磁感应原理，在感应磁场 B 中作用于以速度 V 移动的电荷 e 上的力 F（洛仑兹力）有：$F \sim eVB$，当把通有交变电流 I 的线圈置于导电体上时，导电体中的微小体积元 dV 中感应出以 e 和 V 确定的电流密度为 g 的涡电流。因此有：$F \sim gB$，矢量 g、B 和 F 相互垂直，并且 g 与 I 反向。注意由于交变电流存在趋肤效应，故 dV 应该是靠近导电体的表面。

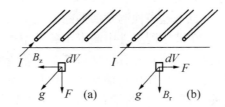

图 2－113　涡流－声或者电磁－超声法的基本作用原理

在接收超声波（如工件中的超声反射回波）时，响应于声压作用力迫使体积元 dV

在恒磁场 B 中振动,因此受力 $F'\sim eV'B$,V' 为振动速度,此力使带电质点运动产生电流密度为 g 的交变电流即涡流,该涡流使配置在导电体表面上的检测线圈中有感应电势产生,即可作为接收信号,其频率与接收到的超声波有相同的频率,其大小则随磁场的增大而增加。图 2-114、图 2-115 为具体的电磁-声换能器结构示意。

图 2-114 中,利用直流线圈和铁芯产生外加恒磁场,利用激磁线圈在导电体中产生涡流,利用检测线圈产生的感应电势作为接收信号。这种结构的换能器将在导电工件中激发出超声波用于检测。

通过检测试件振动时的机械阻抗变化,可以判别试件的质量(特别是例如胶接结构的胶接质量),因此电磁-超声检测可用于金属芯或金属面的蜂窝结构未粘合、分层等区域检测,以及导电层压制品或例如硼纤维或石墨纤维增强的复合材料,金属复合板的未粘合等缺陷的检测。

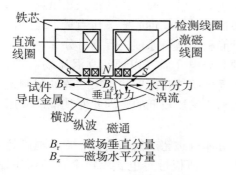

图 2-114 电磁-声换能器结构示意

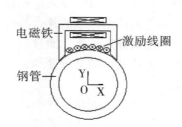

图 2-115 电磁-声换能器检测钢管示意

电磁超声检测技术利用它所激发的超声波按一般的反射法检测,其主要特点有:

(1) 不与试件接触,无须任何耦合介质:EMAT 的能量转换是在工件表面层内直接进行,可以将工件表面层看成是压电晶片,因此 EMAT 所产生的超声波就不需要任何耦合介质。

(2) 可以灵活地产生各类波型:EMAT 在检测的过程中,可适当选择磁场和涡流的不同方向组合产生不同形式的超声纵波和超声横波用于各种要求的探伤,在满足一定的激发条件时,能够激发出表面波、SH 波和 Lamb 波。如果改变激励电信号频率使之满足下式要求:

$$f = nC/2L\sin\theta \quad (n \text{ 为任意整数})$$

式中:C 为声速,f 为电信号的频率,L 为 1/2 波长。

则超声波能以倾斜角 θ 向工件内侧斜辐射(但其幅度也随之下降),亦即在其他条件不变的前提下,改变电信号的频率就可以改变超声波的辐射角 θ,这是 EMAT 的一个重要特点,从而可以在不变更换能器的情况下,实现超声波模式的自由选择。

(3) 对被探测工件的表面质量要求不高:EMAT 不需要与传播超声波的材料接触就可向其发射和接收返回的超声波,因此对被探测工件的表面不需要特殊清理(油污、氧化),对较粗糙的黑皮表面也可直接进行检测,特别是对于高温探伤十分有利。

(4) 检测速度快：传统的压电换能器型超声波检测的速度通常难以突破 20 m/min（就目前的国产设备而言），而 EMAT 目前的手动探伤速度可达 5 m/min，采用自动化则可达到 40 m/min 甚至更快。

(5) 超声波传播距离远：EMAT 在钢管或钢棒中激发的超声波可绕工件传播几周甚至十几周。在进行钢管或钢棒的纵向缺陷检测时，探头与工件都不用旋转，使得检测设备的机械结构相对简单、调整操作简单、轻便、可靠性高，能实现在线全自动化高速检测。

(6) 所用通道与探头的数量少：在实现同样功能的前提下，EMAT 检测设备所选用的通道数和探头数通常少于压电换能器型超声波检测设备。例如，在普通规格的板材自动化超声波检测时，压电换能器型超声波检测设备要进行板面的探伤需要几十甚至上百个通道及探头，而 EMAT 只需要 4 个通道及相应数量探头就可以了。

(7) 发现自然缺陷的能力强：EMAT 对于例如钢管表面存在的折叠、重皮、孔洞等不易检出的缺陷都能准确发现，目前动态灵敏度可达 Φ2 mm 平底孔当量，此外，电磁超声对各种不同钢材的导磁率比较敏感，有可能利用这一原理进行钢材分选。

电磁超声检测技术的缺点是检测对象必须是导电介质（以便建立涡流场），需要有参考标准作为评定依据，而且其方法的实施还受到试件几何形状与尺寸等的限制，还必须指出该方法的检测灵敏度和常规的超声检测相比是比较低的，因此使其推广应用受到了限制。

目前国产的电磁超声探伤设备种类已经有管体电磁超声探伤设备、管端电磁超声探伤设备、钢质无缝气瓶电磁超声探伤设备、板材（薄板带）电磁超声全自动探伤设备、在线高频焊管焊缝全自动电磁超声探伤设备、无缝钢管电磁超声全自动高温壁厚测量系统、激光拼焊板电磁超声全自动检测系统、盘卷对接闪光焊缝电磁超声全自动检测系统及电磁超声测厚等。国产电磁超声探伤设备已经能够采用钢管直线前进－探头原地跟踪检测、钢管螺旋前进－探头原地跟踪检测、钢管原地旋转－探头直线移动跟踪检测、钢板直线前进－探头原地跟踪检测等多种扫查方式，自动化检测速度最高可达到钢板 30 m/min、钢管 40 m/min，可有效地检出钢板上、下表面及内部的各种缺陷（包括重皮、折叠、孔洞、夹层等）及钢管（包括焊接钢管）内外表面及内部的各种纵向缺陷，包括重皮、折叠、孔洞、未焊透等自然缺陷。满足管材、板材相关标准要求。检测灵敏度最高可精确到钢管壁厚 5% 的人工凹槽。适用于碳素钢、低合金钢、合金结构钢等轧制与调质状态的管线管、高中压锅炉管、流体管、液压支柱管、气瓶管、油套管等。

电磁超声检测已经广泛应用于各种锻件、钢棒、钢板、钢管（包括无缝钢管、石油套管、焊管等）的手动、半自动和全自动无损检测，以及火车轮的动态检查、火车车轮踏面、轧辊的表面与近表面探伤等众多领域。

图 2-116 为营口市北方检测设备有限公司的高频焊管电磁超声探伤设备，采用钢管直线前进，探头原地跟踪方式检测，每分钟可检测钢管长度为 40 m，可有效地检出高频焊管内外表面及内部（包括焊缝）的各种纵向缺陷，包括重皮、折叠、孔洞、未焊透等自然缺陷。

图 2-116 营口市北方检测设备有限公司的高频焊管电磁超声探伤设备

图 2-117 为广东汕头超声电子股份有限公司超声仪器分公司的 CTS-409 电磁超声测厚仪，无须耦合剂、可非接触测量任何金属或磁性材料工件厚度，对检测表面不敏感，适合粗糙的表面，允许通过覆层（油漆层或铁锈层）或空气层测量，免去除表面油污或铁锈。可对高温、高速、涂覆的材料进行测厚，测量精度可精确到 0.01 mm。图 2-117 中的右边为对 18 mm 不锈钢板的测量显示。

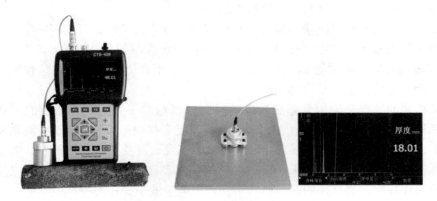

图 2-117 广东汕头超声电子股份有限公司超声仪器分公司的 CTS-409 电磁超声测厚仪

2.2.20 微波检测

微波是一种电磁波，在电磁波谱中介于无线电波与红外线之间，微波检测应用的波段包括厘米波、毫米波、亚毫米波，微波频带很宽，方向性好。

微波检测的基本原理是将微波作为传递信息的载体，研究微波与物质相互作用及其探测应用，根据微波的反射、透射、散射、衍射、干涉、腔体微扰及多普勒效应等物理特性的改变，以及被检物在微波作用下电磁特性（介电常数和损耗角正切）的相对变化，通过测量微波的基本参数（幅度、相位、频率、传递常数）变化，可以实现对缺陷、故障作非电量的检测。

微波的最大特点是能够穿透对于声波来说衰减很大的非金属（介电）材料。微波在介电材料中传播时，能与材料的分子相互作用，发生电子极化、原子极化、方向极化和空间电荷极化现象，这四种极化决定了介电常数。此外，在微波场作用下，微波在材料内因为极化而以热能形式引起的介质损耗可用损耗角正切来表示,因此,微波透过介质时,受到介电常数和损耗角正切,以及材料形状尺寸的影响,从而可以用于缺陷探测。

微波检测的主要方法包括:穿透法、反射法、散射法、干涉法及微波计算机辅助层析法(微波断层成像技术、层析成像技术)等。通过综合研究微波和物质的相互作用,可用于检测非金属材料(介电材料)中的各种缺陷和非电量参数,例如增强塑料、玻璃钢(如玻璃钢船体、导流罩、雷达天线罩、化工容器、分层、粘结缺陷、气孔、金属夹杂、裂纹,电力行业的玻璃纤维增强环氧树脂绝缘杆中的金属丝)、聚氨酯泡沫、塑料、木材、有机纤维树脂、纤维织物、化学制品、粮食、原油、纸张、各种复合材料、玻璃、陶瓷(铁粒夹杂)、橡胶、胶接结构及蜂窝夹层结构(如分层、脱粘)、固体燃料(固体推进剂、火药柱)中的缺陷(如固体推进剂和飞机轮胎内部气孔、裂缝),以及金属板材、片材和带材及非金属材料厚度,非金属材料湿度、密度、温度、固化度、厚度、混合物组分比等。利用金属对微波的全反射和导体表面的介电常数异常,可以检测金属的表面裂纹、金属加工表面光洁度、划伤及其深度,各种金属物体或产品的微小位移、振动、直径尺寸及计数等的测量控制等。

微波检测具有非接触测量监控(与被检对象无须直接接触,可离开一定距离或间隙进行扫查,传感器和试件之间通过空气实现有效耦合或匹配)、非破坏、非电量、非污染(不需要耦合剂)和非金属应用的优点,适宜于生产流水线上的连续快速测控,设备简单,操作方便,能实现自动化检测。

微波检测的缺点是因为受趋肤效应的限制(场量趋于导电媒介质表面)而不能穿透金属和导电性能较好的材料(例如碳纤维增强复合材料),不适用于检测金属材料的内部缺陷,对非极性物质也不易确定缺陷深度,其灵敏度受工作频率限制,需要有参考标准,微波源与试件的间距要求严格,对人体有伤害(电磁辐射污染),要求操作者有较熟练的操作技能,受试件的几何形状、振动、电磁波干扰较大等。

微波检测以微波物理学、电子学、微波测量为基础,应用包括微波测厚(非接触测量,有用于金属和非金属材料的两种微波测厚仪,其依据的原理是被测材料厚度变化时,微波经过的长度也有变化)、微波诊断检验(探伤)、在线监控,并且已经进一步发展有探地雷达(见 2.2.21)、太赫兹波检测(见 2.2.22)、微波断层成像技术(见 2.2.23)。

2.2.21 探地雷达

探地雷达(又称"地质雷达",简称"GPR")属于微波检测技术范畴,基于电磁波的介质特性与反射透射率之间的关系及定位方程,将电磁波对空探测技术用于探测地下目标分布形态及特征,利用贴近地面的发射天线对地面以下发射超宽带电磁脉冲(故也称为脉冲探地雷达),电磁脉冲波在地下介质中传播时,其路径、电磁场强度及波形随着所通过介质的介电特性及几何形态而变化,经过复杂的透射与反射后被接收天线捕获,再将包含有被检测体各种信息的接收信号输入仪器经过专用程序进行计算机处理,最终在屏幕上显示出雷达剖面图像(见图 2-118)。

接收到的反射信号的幅度与界面的反射系数、穿透介质对波的吸收程度、相对介电常数、导磁系数及电导率有关，根据接收的雷达剖面，利用反射回波的双程走时、幅度和相位等信息（发射信号与接收信号之间的渡越时间、电磁波在地下的传播速度、反射物所处深度之间的关系），可对地下介质的结构进行描述，从而实现目标物的探测或工程质量的评价，按照微波频率的不同，探测深度可达几米到几十米。

探地雷达技术适用于目标体与周围环境介电特征参数差异大的场合。

探地雷达最早应用于地下炮弹、地雷的探测（探雷器），后来进一步拓展到地层学和环境工程，如用于进行地下结构和埋藏物的探测，地面、湖底和地下矿藏透视，地质矿井、路基道桥空洞裂缝的检测以及冰川冰山的测厚等。

探地雷达应用的频率范围为 25 MHz～1 GHz，检测模式包括剖面法、宽角法、透射法。按应用用途分类，有路面探地雷达、钻孔探地雷达。

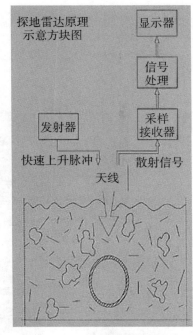

图 2-118 探地雷达原理示意

路面探地雷达主要用于检测地下浅层目标，如市政工程设施、机场跑道、公路路基路面、桥面、铁路路基、隧道衬砌等结构层探测。路基和路面材料的介电特性主要受含水量、密度和温度的影响，利用路面雷达测试路基、路面的介电常数，可以进而得到路基的密度、压实度和路面的厚度，达到快速检测的目的。

钻孔探地雷达主要用于岩层裂隙探测、矿产勘探、地下水调查。

概括而言，探地雷达主要用于解决以下工程问题：

（1）探测地层分布、基岩起伏，地质剖面的绘制。
（2）浅部断层及地质构造的勘测。
（3）地下供、排水管线探测，包括金属管、塑料管、混凝土管、地下电缆等。
（4）隧道施工的超前预报，隧道砌衬质量。
（5）古墓及地下空洞、岩体溶洞的探测。
（6）公路路基质量检测与路面、桥面厚度探测，机场跑道的检测。
（7）铁路路基的质量检测。
（8）混凝土缺陷如空洞、蜂窝、裂缝的检测，钢筋的精确定位检测。
（9）水下目标体的探测。
（10）评估山体崩塌、滑坡及地面沉降等地质灾害。
（11）探测水库坝体结构层及坝体材料老化程度。

除了探地雷达，在钢筋混凝土检测中也采用了雷达法，通常采用向混凝土发射频率 1 GHz 或更高频率的电磁波，当遇到与混凝土电磁性质不同的缺陷或钢筋时，将有电磁波反射，根据接收到的反射电磁波波形图，可用于探测结构混凝土中的钢筋位置、保护层厚度及孔洞、疏松层、裂缝等缺陷。雷达法检测混凝土的缺点主要是探测深度较浅，一般仅为 20 cm 以内。

图 2-119～图 2-124 所示为探地雷达检测技术的各种应用。

图 2-119　英国雷迪有限公司地下管线探测

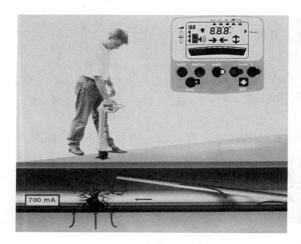

图 2-120　英国雷迪有限公司埋地管道外防腐层状况检测

图 2-121　加拿大 Sensors & Software Inc. 数字实时成像地质雷达

图 2-122　德国 INSTITUT DR. FORSTER GmbH & Co. KG 探地雷达

图 2-123　美国 US Radar Inc. 公司 500 系列手推车式探地雷达（GPR）

探测大坝隐患

探测铁路路基

探测路面下面的隐患

探测混凝土柱内质量

探测道路下埋藏物

探测地下管道

最新型探地雷达

图2-124 探地雷达检测技术应用

(图片来自网络经整理)

数字实时成像地质雷达可实时显示探测到的地下管道和地质层面;频率范围12.5～1 000 MHz;可用于深部的矿体、冰川探测、高分辨率的地质调查、混凝土成像检测等;支持与GPS(全球卫星定位系统)集成使用,确定探测点的地理坐标。数字实时成像地质雷达还可针对埋地的管道、电缆、容器,检测时不需开挖,直接在地面上就能检测到地下管道容器的绝缘层破损点位置。

2.2.22 太赫兹波检测

太赫兹波（由 THz 波直译，又称 THz 射线、太赫兹射线、T 射线）是从 20 世纪 80 年代中后期才被正式命名的，在此以前科学家们将它统称为远红外射线。太赫兹波属于微波范畴中的亚毫米波，通常是指频率在 0.1~10 THz（1 THz = 1 024 GHz，或者说 1 THz = 10^{12} Hz）、波长 30 μm~3 mm 范围内的电磁辐射，在电磁波谱上介于微波的毫米波和红外线之间。

太赫兹波可以由相干电流驱动的偶极子振荡产生，也可以由相干的脉冲激光通过非线性光学差频而产生。

太赫兹的频率很高，能得到很高的空间分辨率，太赫兹波的脉冲很短，典型脉宽在皮秒量级（皮秒 picosecond，天文学名词，目前最小的时间单位，符号 ps，1 皮秒 = 10^{-12}秒），具有很高的时间分辨率，可以方便地进行时间分辨的研究，而且通过取样测量技术，能够有效地抑制远红外背景噪声的干扰。脉冲太赫兹辐射通常只有较低的辐射平均功率，但是由于太赫兹脉冲有很高的峰值功率，并且采用相干探测技术获得的是太赫兹脉冲的实时功率而不是平均功率，因此有很高的信噪比。目前，在时域光谱系统中的信噪比可达 10^5 或更高。同时，太赫兹辐射的光子能量较低（只有几毫电子伏特），不会对物质产生电离破坏作用，与 X 射线相比更具有优势，适合生物的活体检查。

许多非金属非极性材料对太赫兹辐射的吸收较小（因此太赫兹波能具有较强的穿透力），结合相应的技术，使得探测材料内部信息成为可能。例如，太赫兹辐射能以很小的衰减穿透如砖墙、陶瓷、硬纸板、塑料制品、脂肪、碳板、泡沫、布料、木料、烟雾等物质，材料对不同频率太赫兹辐射的吸收依赖于材料的类型，基于吸收频率，利用太赫兹透射波可以研究材料的吸收系数、折射率、介电常数、频移等性质。如在非均匀的物质中有较少的散射，能够探测和测量水汽含量等。由于偶极子的振动和转动跃迁，具有很强的吸收和色散，可用来进行辐射鉴别，通过相干测量，同时测量信号瞬时电场的强度（振幅）和相位，可通过时域获得吸收和色散光谱（太赫兹时域光谱技术），得到被测物体更多的信息，而且具有非常高的信噪比和对热背景不敏感等优点，能够迅速地对样品组成的细微变化做出分析和鉴别，从而能够实现连续快速、实时成像检测。

极性物质对太赫兹电磁辐射的吸收比较强，特别是水，在太赫兹成像技术中，可以利用这一特性分辨生物组织的不同状态，比如动物组织中脂肪和肌肉的分布，诊断人体烧伤部位的损伤程度，及植物叶片组织的水分含量分布等。

太赫兹成像技术与其他波段的成像技术相比，它所得到的探测图像的分辨率和景深都有明显的增加。

太赫兹成像技术可以分为脉冲和连续两种方式。

太赫兹脉冲源通常只包含若干个周期的电磁振荡，单个脉冲的频带可以覆盖从 GHz 直至几十 THz 的范围，许多生物大分子的振动和转动频率的共振频率，电介质、半导体材料、超导材料、薄膜材料等的声子振动能级落在 THz 波段范围。因此，太赫兹时域光谱技术作为探测材料在 THz 波段信息的一种有效的手段，非常适合测量材料吸收光谱，可用于进行定性鉴别的工作。在粮食选种、优良菌种的选择等农业和食品加工行业也有着良好的应用前景。

利用太赫兹辐射的穿透性、对金属材料的强反射特性及其高频率能够使得成像的分辨率更高，从而已经在研究发展如穿墙雷达（墙壁、木材等材料能透过太赫兹辐射，而人体包含大量水分，不能透过太赫兹辐射，因此可以透过墙壁侦查到屋内的人员的分布和活动，用于反恐怖、反绑架，也可以用于抗震救灾中对遇难者的搜救，如废墟下人体的寻找）和探雷雷达（地雷一般在地表或地表附近，干燥的泥土可以透过太赫兹辐射，而地雷将会把太赫兹辐射射线反射回来，从而可以发现目标）。

太赫兹辐射用于通信可以获得 10 GB/s 的无线传输速度，特别是卫星通信，由于在外太空，近似真空的状态下，不用考虑水分的影响，这比当前的超宽带技术快几百至一千多倍。这就使得太赫兹辐射通信可以以极高的带宽进行高保密卫星通信。目前在通信领域的商业化还需要解决新型高效的发射装置和发射源的问题。

太赫兹辐射技术可以作为 X 射线的非电离和相干的互补辐射源，作为一种非接触测量技术，能够对半导体、电介质薄膜及晶体材料的物理信息进行快速准确的测量，可用于管道缺陷（如裂纹）的实时在线检测、天然气管道泄漏监测、无损检测非极性航天材料内部缺陷（如航天飞机隔热层泡沫材料中的缺陷检测），集成电路焊接情况的检测等，可用于检测石油化工中的有毒、有害分子，机场、车站等地方的安全监测，如出入境口岸的机场手提箱行李和边防安全检查，探查隐藏的走私物品包括枪械、爆炸物和毒品等，识别药品与毒品、爆炸物等，检查行李中有无危险液体（如酸）、可燃液体（如化学溶剂和汽油。微波对水极性分子特别敏感，含水多的液体如饮料、洗涤液、牛奶对微波的反映与化学溶剂和酸不同），也已经有香烟制造商应用太赫兹辐射技术来检查香烟的水分含量和烟草密度，制药公司应用太赫兹辐射技术来检验药丸成分或药丸糖衣的厚度，以及生物化学物品鉴定、医学诊断上用来检测肿瘤等。

太赫兹辐射技术中的两个主要关键技术是太赫兹成像技术和太赫兹波谱技术。太赫兹成像系统主要包含：延迟线、太赫兹发生器、太赫兹探测器、光学元件、电子部件。目前的太赫兹辐射技术研究主要围绕三大内容展开，即太赫兹辐射源、太赫兹辐射探测和应用研究。需要研发高功率便携式连续可调的成本较低的太赫兹发射源，以及能够在常温下直接探测太赫兹辐射射线的被动式探测器。

图 2-125、图 2-126 为太赫兹波检测应用示例，图 2-127 为太赫兹成像仪。

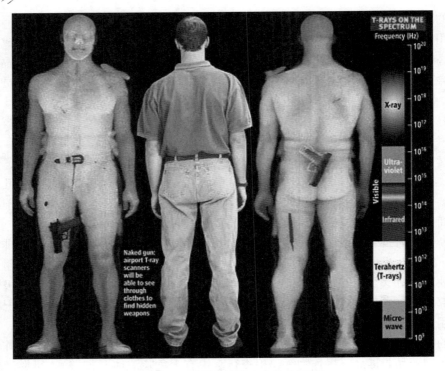

图 2 – 125　太赫兹波的安全检查图像
（2011 – 11 – 25 太平洋电脑网）

系统配置

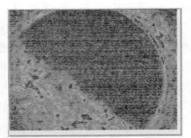
在信封里（THz）照片

香芹（可见光照片）

香芹下面（THz照片）

图 2 – 126　半个药片隐藏在信封里和香芹下的 THz 成像
（首都师范大学物理系太赫兹光电子学教育部重点实验室）

图 2-127　IRV-T0831C THz 成像仪
（北京永信腾达科技有限公司）

2.2.23　微波断层成像技术

微波断层成像技术（微波层析成像技术）是微波检测技术的新发展，其特征是在被检测目标周围设置多个检测点，并且检测点与被测目标距离较近，根据被检测目标周围的检测器得到的散射数据，通过逆向处理，重建被测物的复介电常数分布的图像，从而推断出被测物的某些重要性质。

2.2.24　电磁层析成像

电磁层析成像技术（electromagnetic tomography，EMT）将电磁感应原理与"由投影重建图像"的理论相结合，通过检测被测空间边界的磁场信息重建空间中导电、导磁物质的时空分布图像，而且其传感器具有非介入、非接触和无危害的检测优点，可应用于工业过程中多相流检测、化工分离、异物监测、地质勘探及生物电磁学研究等领域。

2.2.25　金属探测器

金属探测器是一种专门用来探测隐藏金属的仪器，可以透过非金属物体（如人体、织物、纸张、木材、塑料、砖石、土壤、水层等）探测到被遮盖的金属物体，具有较高的灵敏度，在日常生活与军事领域中都有广泛的用途。例如，探测有金属外壳或金属部件的地雷，机场、码头、车站等口岸的安全检查，探测隐蔽在墙壁内的电线或钢筋、埋在地下的金属管线和电缆，木材内的残钉探测，防止考生将手机等通信工具带入考场，检测包裹、信件中的金属物，检测食品中混入的金属屑等，甚至能够地下探宝，发现埋藏在地下的金属物体。

根据具体应用，通常分为手持式金属探测器、通过式金属探测器（如食品金属探测器、安全检查门等）和地下金属探测器（如探雷器、地下金属寻探器等）。

金属探测器依据电磁感应原理，利用有交流电通过的振荡线圈产生迅速变化的磁场，当线圈靠近金属物体时，由于电磁感应现象，能在金属物体内部感生涡电流，涡电流产生的磁场影响原来的磁场，探测线圈的输出端便有一微弱的电压变化信号输出（类似涡流检测中的自比较线圈），经过放大和信号处理，触发探测器发出声、光报警，从而探测出隐藏的金属物体。金属探测器的灵敏度主要由被探测物体的尺寸、形状和成分决定。

金属探测器通常分为探测线圈及控制仪器两大部分。控制仪器的线路基本由振荡器、移相调幅桥、选频放大器、检波超低频放大、射极耦合式单稳触发器、电源组成。其基本工作原理为由振荡器产生一个一定频率的正弦交变电压馈送给探测线圈,探测线圈由一主发射线圈、两组副线圈和输入变压器、输出变压器组成。两组副线圈位于主发射线圈两侧,与主发射线圈距离相等而呈对称,并且互相交链,构成一差动线圈。当正弦波振荡器产生的正弦交变电压通过输入变压器馈送给主发射线圈时,主发射线圈因通过交变电流而产生相同频率的交变磁场切割两副线圈。两副线圈由于对主发射线圈距离对称而又互相交链,因此同时感应出幅度相等而方向相反(相位相差180°)的同频率感应电势而互相抵消(由于工艺关系,两个副线圈对主圈不可能完全对称,以及还有外界屏蔽材料影响,因此输出变压器还是会有 mV 级的不平衡信号输出)。当探测线圈的电磁场范围没有金属进入时,只有一个微弱的该频率的等幅不平衡信号输出,这个信号经过放大后,经检波变成直流电压而被隔直电容阻挡,不能进入后级放大器,此时仪器处于相对稳定的静止状态。

一旦有金属进入探测线圈的电磁场范围时,金属处于该交变磁场中,将产生涡流,涡流的磁场使探测线圈产生感应电势,使探测线圈的相对平衡受到破坏,产生一个频率较低的脉动电势差,此脉动电势差载在原来等幅不平衡信号上馈送给放大器放大,金属信号通过第一级放大器后,幅度已被放大 3 000～4 000 倍,再送入检波器从不平衡信号上取出有用信号再送入超低频放大器,又获得 1 000 倍以上的放大。此时金属信号已从原先的微伏级信号经几次放大后成为伏特数量级,进而达到触发器的触发电压阈值,触发报警信号(声、光信号),则可判断出金属的存在与否。在生产线上的金属探测器还可以带有对所需控制对象进行自动控制的功能,例如切断负载电源,发出报警信号、自动喷涂标记或自动剔除装置(翻板、推杆等)。

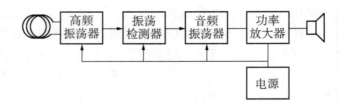

图 2-128　高频振荡器型金属探测器的电路框

另一种金属探测器则是利用高频振荡器,在没有遇到金属物质时,调节高频振荡器的增益电位器,恰好使振荡器振荡线圈处于临界振荡状态,即刚好使振荡器起振(调节设定检测灵敏度),当探测线圈靠近金属物体时,由于电磁感应现象,会在金属物体中产生涡电流,根据能量守恒定律,振荡回路中的能量损耗将增大,减弱了处于临界状态的振荡器振荡,甚至因无法维持振荡所需的最低能量而停振,利用振荡检测器检测出这种变化,并转换成声音信号,根据声音有无,就可以判定探测线圈下面是否有金属物体了。手持金属探测仪多采用这样的工作原理。图 2-128 为这种高频振荡器型金属探测器的电路框。

图 2 – 129 ~ 图 2 – 132 为实际应用的各种金属探测器。

图 2 – 129　食品金属探测机
（苏州工业园区福斯特科技有限公司）

图 2 – 130　手持式地下金属探测器
（苏州工业园区福斯特科技有限公司）

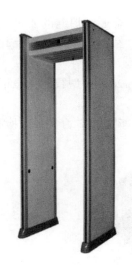

图 2 – 131　安全检查门
（苏州工业园区福斯特科技有限公司）

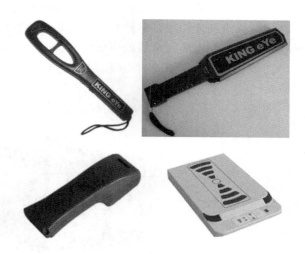

图 2 – 132　手持式金属探测器
（苏州工业园区福斯特科技有限公司）

2.2.26　金属磁记忆检测

金属磁记忆检测技术（简称"MMT"）主要基于磁记忆效应：在具有外磁场（地球磁场）存在的条件下，承受应力载荷的铁磁性金属部件中会产生应力集中，并在应力集中部位出现磁导率减小，工件表面的漏磁场增大的现象，即表面的磁场分布与部件应力载荷有一定关系，这一特性称为"磁机械效应"（磁化强度的变化与应力等力学量的变化密切相关的现象），由于这一增强了的磁场"记忆"着部件的缺陷或应力集中的位置，故又称"磁记忆"效应(表面的磁场分布与部件应力载荷有一定关系)。

金属磁记忆检测仪通过磁敏传感器(检测线圈、霍尔元件、磁敏二极管等)记录和软件分析产生在铁磁性金属制件和设备应力集中区中自有漏磁场的分布情况(自有漏磁场反映着磁化强度朝着工作载荷主应力作用方向上的不可逆变化,以及零件和焊缝在其制造和于地球磁场中冷却后,其金属组织和制造工艺的遗传性),金属磁记忆检测技术可作为快速无损检测铁磁性金属部件应力集中部位(破损发展的主要根源)的方法,对由于疲劳、形变、损伤而产生的微裂纹可进行早期诊断。金属磁记忆检测方法利用的是天然磁化强度和制件及设备金属中对实际变形和金属组织变化的以金属磁记忆形式表现出来的后果。

金属磁记忆检测方法的优点包括:对受检对象无须清理表面,无须人工磁化(它利用的是工件制造和使用过程中形成的天然磁化强度),不仅能检测正在运行的设备,也能检测修理的设备,确定设备应力集中区的精度可达到1mm,使用便携式仪器,能实现100%质量检测和生产在线分选,和传统无损检测方法配合能提高检测效率和精度。

金属磁记忆检测利用的是结构自身发射出来的信息,测量的是应力集中区中由位错聚积产生的自有漏磁场参数,除了可以早期发现缺陷之外,还能进一步给出实际的应力-变形状态并能找出发展破损的原因。

金属磁记忆检测的应用范围包括:机械制造厂检测制件金属和焊缝的质量,工业部门制造、修理和使用的铁磁性材料金属管道、容器、设备、结构和制件,以及起重和旋转机械,在实验室研究金属的机械性能。

图2-133所示为爱德森(厦门)电子有限公司的EMS-2000+型智能化磁记忆金属诊断仪(应力集中检测仪)。

图2-134所示为俄罗斯动力诊断公司的金属磁记忆诊断仪(应力集中磁检测仪)。

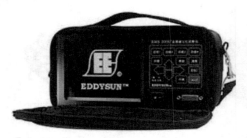

图2-133　EMS-2000+型智能化磁记忆金属诊断仪(应力集中检测仪)

  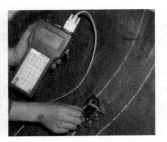

图2-134　应用金属磁记忆诊断仪(应力集中磁检测仪)检测焊缝

2.2.27 核磁共振

核磁共振（nuclear magnetic resonance，NMR）又叫核磁共振成像（nuclear magnetic resonance imaging，NMRI），也称磁共振成像（magnetic resonance imaging，MRI）。

原子核由质子和中子组成，具有奇数质子或中子的原子核有核自旋现象，具有自旋角动量，自旋角动量的具体数值由原子核的自旋量子数决定，不同类型的原子核自旋量子数不同，核磁共振适用于自旋量子数等于 1/2 的原子核，如氢（H^1）、碳（C^{13}）、氮（N^{14} 和 N^{15}）、磷（P^{31}）等。

当原子核自旋时，会由核自旋产生一个磁矩，这一磁矩的方向与原子核的自旋方向相同，大小与原子核的自旋角动量成正比。将原子核置于外加恒定磁场中时，在外加磁场下核自旋本身的磁场将重新排列，由于原子核磁矩与外加磁场之间的夹角并不是连续分布的，而是由原子核的磁量子数决定的，原子核磁矩的方向只能在这些磁量子数之间跳跃，而不能平滑地变化，这样就形成了一系列的能级，能级差与外加磁场强度成正比。

大多数核自旋处于低能态，如果额外施加与能级间隔相应的特定频率的交变电磁场（无线电波段的射频场）来干涉低能态的核自旋转向高能态，可以引起原子核的能级从较低的能级跃迁到较高能级，亦即原子核磁矩与外加磁场的夹角会发生变化，某种特定的原子核，在给定的外加磁场中，只吸收某一特定频率射频场提供的能量，即发生原子核共振吸收射频场能量产生能级跃迁，再回到平衡态便会释放出射频，这就是核磁共振讯号。

磁共振成像的最大优点是对人体没有游离辐射损伤影响，作为一种快速、无损、无须制备样品和无毒无副作用的分析手段，已在物理、化学、材料科学、生命科学和医学、能源、探矿、石油化工、农业、食品、医药、纺织、环保等领域中得到了广泛应用。

在医疗诊断应用中，核磁共振是医学影像学中的一种重要的成像术，将人体置于特殊的磁场中，用无线电射频脉冲激发人体内氢原子核，引起氢原子核共振，并吸收能量。在停止射频脉冲后，氢原子核按特定频率发出射电信号，并将吸收的能量释放出来，被体外的接受器收录，经电子计算机处理获得在屏幕上显示的图像，可用于获得人体内部结构信息（进行生物组织与活体组织分析、病理分析），有助于对疾病的诊断。但是核磁共振成像技术的空间分辨率不及 CT，不能用于带有心脏起搏器的患者或有某些金属异物的部位。

核磁共振在化学分析方面的应用中，利用分子结构对氢原子周围磁场产生的影响，发展出了核磁共振波谱分析，可用于解析分子组成和结构（例如确定蛋白质分子三级结构）。

核磁共振在物理研究方面可用于探查、研究物质微观结构和性质，如对原子核结构和性质的研究（测量核磁矩、电四极距及核自旋等）。

利用材料的核磁共振现象，在工业上可用于产品无损检测，如探测钢中残留奥氏体含量，探测不锈钢上的铁膜层，确定钢表面的氮化层及测定复合材料中的含水量等。

在地质勘探领域，利用核磁共振技术探测地层中的水分布信息，可以确定某一地层下是否有地下水存在，地下水位的高度、含水层的含水量和孔隙率等地层结构信息，并已拓展到石油、天然气的勘探、矿产、考古等地下资源的调查等。

2.2.28 里氏硬度测量

工业上常用的传统的硬度试验方法有布氏、洛氏、维氏、肖氏硬度，里氏硬度是一种新发展的硬度试验方法，里氏硬度的概念是由美国 Dietmar Leeb 博士在 1978 年提出来的，其概念是基于一种相当简单的物理动态硬度检测原理，通过弹簧力使具有一定质量的、带有微小硬金属压头（如硬度不低于 1 500 HV 的碳化钨球）的冲击体冲击试样表面。冲击体撞击表面会使表面产生极微小的变形，这将导致动能的损耗，通过测量冲击和回弹速度可以计算出能量损耗，从而得出试样材料硬度，因此里氏硬度测试是一种动态硬度试验法（动载测试法），适用于检测硬度范围很宽的金属材料。

里氏硬度传感器中具有一定质量的冲击体在一定的试验力作用下冲击试样表面，测量冲击体距试样表面 1 mm 处的反弹（回跳）速度与冲击速度的比值乘以 1 000，定义为里氏硬度值，以 HL 表示：

$$HL = (V_b/V_a) \times 1\ 000$$

式中：V_b 表示冲击体的反弹（回跳）速度，单位 m/s；V_a 表示冲击体的冲击速度，单位 m/s。

冲击和回弹速度的测量以电磁原理为基础，即感应电压与速度成正比。只要材料具备一定刚性，能形成反弹，就能测出准确的里氏硬度值。传统的肖氏硬度测试也属于动载测试法，但是肖氏硬度测试考察的是冲击体反弹的垂直高度，因此决定了肖氏硬度仪要垂直向下使用，这势必在实际使用中造成很大的局限性。而里氏硬度测试考察的是冲击体反弹与冲击的速度，通过速度修正，可在任意方向上使用，亦即可以从不同方向进行测试，极大地方便了使用者。

通常使用的布氏、洛氏、维氏硬度计由于体积庞大，不便于在现场使用，特别是需测试大、重型工件时，由于硬度计工作台无法容纳，所以根本无法检测。而里氏硬度仪是便携式硬度计，无须工作台，轻巧，测试简便，快速，读数方便，其硬度传感器小如一只笔，可以手握传感器在生产现场直接对工件进行各种方向的硬度检测操作，无论是大、重型工件还是几何尺寸复杂的工件都能容易地检测，因此非常适于在现场对不宜拆卸、不便移动、不允许切割取样的大型工件、组装件或较大产品（例如大型模具、大型锻造件、铸造件）进行硬度测试，可以灵活地测试大型工件不同部位的硬度。

图 2-135 所示为不同型式的里氏硬度仪。

里氏硬度值与其他硬度值（HRC、HRB、HB、HV、HSD）之间有对应关系，可将里氏值（HL）转换成其他硬度值。里氏硬度仪可通过机内微电脑进行自动转换。

例如在 E = 210 000 N/mm² 条件下的里氏硬度与布氏、洛氏、维氏硬度的换算及误差如表 2-2。

一体化结构的里氏硬度仪　　带打印机的里氏硬度仪

图 2-135　里氏硬度仪

表 2-2　里氏硬度与布氏、洛氏、维氏硬度的换算及误差（$E = 210\,000$ N/mm²）

里氏硬度	布氏、洛氏、维氏硬度	换算误差
414～531 HL	150～250 HB	±13 HB
504～605 HL	25～35 HRC	±2 HRC
642～721 HL	40～50 HRC	±2 HRC
767～860 HL	55～65 HRC	±2 HRC
647～712 HL	400～500 HV	±20 HV

从微观形变上来说，传统的布氏、洛氏、维氏硬度考察的是材料的塑性形变，表现为压痕的大小或深度。而里氏、肖氏硬度考察的是材料的弹性形变，表现为反弹速度的大小或高度。里氏硬度试验法属于动载测试法，里氏硬度值必然与金属材料的弹性模量 E 有关，由于不同材料对应的弹性模量不同，因此里氏硬度仪需要按材料种类进行分类测试（里氏硬度仪可测量的材料包括：碳钢、低合金钢、铸钢、工具钢、不锈钢、灰铸铁、球墨铸铁、铸铝合金、黄铜、青铜、纯铜等）。

里氏硬度试验要求试样测试面应有金属光泽，不应有氧化皮及其他污物，表面粗糙度应符合表 2-3 要求。

表 2-3　里氏硬度试验的表面粗糙度要求

冲击装置类型	试件表面粗糙度（μm）
D、DC 型	≤1.6
G 型	≤6.3
C 型	≤0.4

里氏硬度试验要求试样有一定的刚性、质量和厚度以保证在测试过程中不产生位移或弹动，不适于测试小工件。通常要求符合表2-4。

表2-4 里氏硬度试验对工件尺寸的要求

冲击装置类型	试样质量（kg）			最小厚度（mm）
	稳定放置	固定或夹持	需耦合	
D、DC 型	>5	2～5	0.05～2	5
G 型	>15	5～15	0.5～5	10
C 型	>1.5	0.5～1.5	0.02～0.5	1

对于不同的材料、工件及测试部位，需要采用不同尺寸、不同载荷的冲击装置，目前常用的冲击装置有7种，如表2-5所示。

表2-5 里氏硬度计常用冲击装置

名称	用　　途
D	重量75 g，通用型，用于大部分硬度测量
DC	重量50 g，冲击装置很短，主要用于非常狭窄的部位（孔内、圆柱筒内）的测量
D+15	重量80 g，头部细小，用于沟槽或凹入的表面硬度测量
E	重量80 g，人造金刚石压头，用于极高硬度材料，例如碳化物含量高的工具钢的硬度测量
C	重量75 g，冲击能量最小，用于测小轻、薄部件及表面硬化层的硬度测量
G	重量250 g，冲击能量大，对测量表面要求低，用于大、厚重及表面较粗糙的锻铸件的硬度测量
DL	重量80 g，头部更加细小，用于狭窄深槽槽底或型面（如齿轮面）等零件的硬度测量

此外，在现场工作中，曲面试件的不同曲率面对硬度测试的结果影响不同，在正确操作的情况下，冲击体落在试件表面的瞬间位置应与平面试件相同，因此还需要加设支撑环。当曲率小到一定尺寸时，由于与平面变形的弹性状态相差显著而会使冲击体回弹速度偏低，从而使里氏硬度示值偏低，此时则要使用小支撑环或异型支撑环进行测量。见图2-136。

图2-136 里氏硬度计配套应用的支撑环

里氏硬度计测试精度的影响因素主要有：

里氏硬度换算为其他硬度时的误差包括：里氏硬度本身测量误差（涉及测试时的数据离散和多台同型号里氏硬度计的测量误差）和不同硬度试验方法所测硬度产生的误差，这是由于各种硬度试验方法之间不存在明确的物理关系，并受到相互比较中测量不可靠性的影响。

对一些特殊材料进行测量时，因为按照硬度仪中存贮的换算表计算而引起的误差，例如：奥氏体钢、耐热工具钢和莱氏体铬钢（工具钢类）硬质材料（其弹性模量较大，应在横截面上进行测试较为准确），工件存在局部冷却硬化，铁磁性钢存在剩磁，表面硬化钢（基体软，硬化层薄）。

对齿轮面检测时，如果齿轮面较小，则测试误差会相对较大，可根据情况设计相应的工装以有助于减小误差。

里氏硬度值与弹性模量密切相关，当不同材料的静态硬度相同，但是弹性模量 E 值有不同时，测得的里氏硬度值有误差。

对于热轧工艺成型的工件时，由于弹性模量 E 存在各向异性，因此需要注意测试方向与轧制方向的关系，通常应使测试方向垂直于热轧方向。

试件的重量、表面粗糙度、厚度对测试精度有影响。

里氏硬度计具有携带方便、操作简单、检测迅速和测值准确等特点，所以在金属硬度的检测领域中得到了广泛的应用，在国际上的普及程度越来越广，我国的里氏硬度测试技术也已有了较大发展。我国有关部门也相继颁布了一系列里氏硬度计相关的技术标准，例如有：ZBN 71010—1990《里氏硬度计技术条件》，JJG 747—1999《里氏硬度计》，GB/T 17394—1998《金属里氏硬度试验方法》，GB/T 1172—1999《黑色金属硬度及强度换算值》。

图 2-137 为瑞士 PROCEQ SA 公司的里氏硬度仪冲击器结构示意。

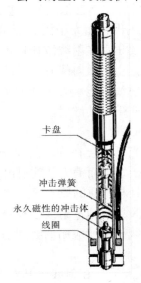

图 2-137 瑞士 PROCEQ SA 公司的里氏硬度仪冲击器结构示意

2.3 利用放射性辐射特性的无损检测技术

放射线对材料性质的影响主要可从两个方面来阐述：

1. 射线的吸收与散射

（1）X 射线或 γ 射线通过物质时，其强度将会逐渐减弱，可以表达为：

$$I = I_0 \cdot e^{-\mu x}$$

式中：I 为透过厚度为 x 的物质后射线的强度；I_0 为初始入射的射线强度；x 为物质厚度；μ 为由波长和物质决定的常数，特别是与物质的密度，亦即物质的原子序数有关。

对于 X 射线与 γ 射线的吸收大致上有以下几个主要原因：

1）由光电效应引起的吸收。

X 射线或 γ 射线的光子入射到物质中，与物质的原子发生碰撞，将会把与该原子结合在一起的电子驱逐出来，而光子则在物质中消失（亦即被吸收），与原子核结合越紧密的电子发生光电效应的概率越大，它主要发生在波长较长的 X 射线情况下，并能诱发荧光 X 射线。

2）由散射引起的吸收。

X 射线或 γ 射线都是电磁波，它们入射到物质中时，由于电场分量的作用，使物质内部的电子产生频率与入射电磁波相同的振动，于是将以该电子为振动源，向各个方向放射出频率与入射射线相同的散射线（这种现象称为"汤姆逊散射"，是一种弹性散射），由于原子中有许多电子，由这些电子放射出频率与入射射线相同的散射线将会发生干涉，形成干涉性散射，我们可以用原子散射因子来表示，即把所有电子散射线振幅叠加来进行计算。

另一种散射是"康普顿散射"（非弹性散射），这是在 X 射线或 γ 射线入射到物质中时，光子与电子碰撞，使电子飞出，而光子因为能量减小而改变了原来的前进方向，因而出现了散射线。这种现象主要出现在射线波长较短的情况，而且入射射线的波长越短，产生散射线的波长越长，但是由于散射线有波长的变化，因此不会发生干涉，即不会形成干涉性散射。只有在入射射线的能量大于产生光电效应的射线能量，亦即波长短的射线入射情况下才会产生这种非干涉性散射。

3）电子偶（电子对）的生成。

在光子能量很大的情况下，光子将会在物质的原子核周围消失并形成正负电子偶，正电子又会以极快的速度与负电子结合而消失并放射出新的光子。电子偶的生成概率随射线能量的增大而显著加大，并且与物质的原子序数的平方成正比。

由上可见，入射到物质中的 X 射线或 γ 射线会被物质吸收，其能量转变成电子的动能或者荧光 X 射线能，这正是射线检测所应用的物理基础，还有一部分不能从该物质中向外逸出的能量则转变为热能。

（2）除了 X 射线与 γ 射线外，还有 β 射线，其在物质中的被吸收同样与物质的密度有关，物质密度越大，对射线的吸收越强。但是对于中子射线来说，中子射线在物质中的被吸收与上述射线有不同，轻元素物质对中子射线的吸收反而比重元素物质要大，而且即便是对 X 射线与 γ 射线吸收能力相同的物质（元素），对中子射线的吸收能力也很不一样。

中子射线的入射强度 I_0 与透射强度 I 的关系可表达为：

$$I = I_0 \cdot e^{-N \cdot \sigma_t \cdot x}$$

式中：N 为吸收材料中每单位体积（cm^3）内的原子数，σ_t 为总反应截面积（单位为靶恩——核的有效截面积单位，1 靶恩 = 10^{-24} cm^2），x 为吸收材料的厚度（cm）。

2. 射线与物质的其他相互作用

放射线能使物质的中性原子或分子形成离子（正离子和负离子），这种现象称为电离，我们把这种能够在通过物质时能间接或直接地诱生离子的粒子或电磁辐射的辐射，称为电离辐射（或致电离辐射）。

辐射作用于生物体时能造成电离辐射，这种电离作用能造成生物体的细胞、组织、器官等损伤，引起病理反应，称为辐射生物效应。电离辐射产生的各种生物效应对人体造成的损伤称为辐射损伤，因此在应用射线检测中必须特别注意辐射防护安全。

一些材料与电离辐射相互作用后能发射出可见光光子，即射线与物质相互作用所激发的能量有一部分会作为可见光的形式释放，表现为闪烁现象（这些光的光子显现闪光或火花），因而这些材料被称为闪烁材料。利用这类闪烁材料能够实现 X 射线实时成像检测及在辐射安全防护中测量射线的存在与强弱。

射线检测的几种常见方法包括：射线照相检测（X、γ 射线照相检测，见 2.3.1）、数字化 X 射线照相检测（见 2.3.2，包括 X 射线实时成像检测、CR 技术、DR 技术）、中子射线照相检测（见 2.3.3）、计算机辅助层析扫描射线检测技术（见 2.3.8）等。

2.3.1 射线照相检测

常规的射线照相检测（radiography testing，RT）是指使用 X 射线（由 X 射线发生器产生）和 γ 射线（通常由放射性同位素如钴 60、铱 192 等产生）辐照工件时，透过的射线强度（能量）在试件内由于各部分密度差异、厚度变化或成分改变导致的吸收特性差异，因此会被不同程度地吸收，放置在试件背面的对射线敏感的照相胶片（记录介质）能记录透射的射线能量差异构成潜像，经处理后转变成具有可见黑度差的影像。

在射线照相检测中最常用的是 X 射线，这是一种波长很短的电磁波，容易穿透试件。在穿透试件的过程中，由于受到吸收和散射，使穿透后的强度低于穿透前的强度，强度衰减大小取决于物体材料、厚度和射线的种类（X 射线可按波长的长短分类为线质软和硬的 X 射线）。利用强度均匀的 X 射线辐照试件，当试件为均匀时，在整个透照面上 X 射线强度的减少也是基本均匀的，若试件中存在有对 X 射线吸收较大（例如高原子序数成分或高密度夹杂物，或者试件厚度截面变大），或者吸收较小（例如气孔、疏松、裂纹、夹渣与非金属夹杂物、空气缝隙或试件厚度截面变小）的区域时，透过试件的 X 射线强度将在一定面积上呈现不均匀分布，利用紧贴在试件背面放置的照相胶片对透射的 X 射线感光，再把感光后的胶片经过显影→停显→定影→水洗→干燥的暗室处理程序，就可得到具有与试件结构和内部缺陷相对应，以不同黑度显示的图像即射线照相底片（也称射线照片）。通过对底片上缺陷平面投影图像的观察，可以评定试件中缺陷的种类、大小、形状和分布状况等，从而对试件质量做出判断。

X 射线照相检测最普通应用的是工业 X 射线发生器（普通 X 射线机）产生千伏级（keV）的 X 射线（一般不超过 450 keV，最大可检测钢材厚度 70~80 mm），但是还有高能 X 射线，这是指能量在 1 兆电子伏特（1 MeV）以上的 X 射线，它是由电子感应加速器、电子回旋加速器、电子直线加速器产生的。高能 X 射线设备的主要原理是利用超高压、强磁场、微波等技术对射线管的电子进行加速，从而获得能量强大的电子束，轰击靶面而获得高能 X 射线。高能 X 射线与一般 X 射线相比，具有穿透能力极强（例如可穿透 500~600 mm 厚的钢）、焦点小、能量转换效率高、散射线少、清晰度高、透照幅度宽等特点。

射线照相检测的基本原理如图 2-138 所示。

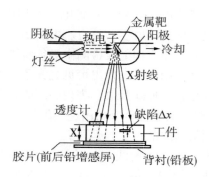

图 2-138　X 射线照相检测原理示意

工业用的普通 X 射线机一般由控制系统（电源、控制电路、变压器等）、X 射线管（一种特殊的真空二极管，能激发出 X 射线）及冷却系统（X 射线管在发出 X 射线的同时伴随有高热产生，必须给予有效的冷却）三大部分组成。

控制系统中的变压器包括低压变压器（向 X 射线管的灯丝提供低压电流，使灯丝白炽并发射出大量的电子）和高压变压器（在 X 射线管的阴极与阳极之间建立高压电场，使灯丝发出的电子流以极大的动能撞击阳极上的钨靶而激发出 X 射线从 X 射线管窗口射出），由于电子流高速撞击钨靶时，有很大一部分动能转变为热能，因此对 X 射线管的冷却是一个不可忽视的问题。阳极靶上受电子流撞击的部分称为 X 射线管的实际焦点，激发出 X 射线束的横截面即称作 X 射线的有效焦点，该焦点的尺寸大小和形状对 X 射线的辐射场及照相检测的清晰度（分辨率）有很大关系。

X 射线照相检测的基本操作工艺程序为：

（1）试件的放置。

X 射线照相检测是利用射线能量的衰减在照相胶片上形成感光程度的差异（图像），通过底片上的对比度差异而显示出来，因此应该尽量使射线的投射方向与试件中缺陷的延伸方向平行，使得射线有最长的衰减路径以提高射线能量衰减的差异，在这点上正好与超声脉冲反射法的要求相差 90°。试件距离 X 射线焦点的位置一般应使紧贴在试件背面的胶片落在 X 射线束的合适的焦距上，以获得适当的几何不清晰度，保证胶片上获得清晰的影像。X 射线照相检测时试件的放置方法示例见图 2-139，几何不清晰度示意见图 2-140。

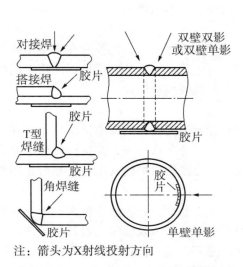

图 2-139　X 射线照相检测时试件的放置方法示例

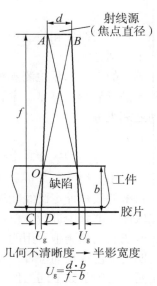

图 2-140　X 射线照相检测中几何不清晰度示意

（2）照相胶片的放置。

在暗室中将未感光的 X 射线照相胶片装入暗带或暗盒，或者直接用黑纸包裹（不能漏光），为了提高照相的感光度和成像清晰度，常常需要在胶片单面或双面紧贴放置增感屏（最常用的是铅箔增感屏），然后把包装好的胶片紧贴试件背面放置，为了防止透射 X 射线的背散射对胶片影像形成干扰，往往还需要在胶片背后铺设薄铅板作为背衬。

（3）X 射线照相检测规范的确定。

1）胶片种类（型号）的确定：不同型号的胶片具有不同的感光乳剂颗粒粗细，有不同的感光速度，所形成的影像对比度和分辨率也不同，适用于不同的应用需求，因此要根据被检试件的具体情况和检测要求选择适当型号的射线照相胶片。

2）曝光曲线的绘制与曝光条件的确定：照相胶片上的曝光量主要与 X 射线机的管电压、管电流及曝光时间、焦距的大小有关，在相同的曝光条件下，不同材料所能获得的曝光量是不相同的，一般需要首先通过实际试验绘制对应某种材料的曝光曲线（在一定的焦距和一定的暗室处理工艺下，对特定的胶片型号，以一定的底片黑度、焦距为标准，管电压、曝光时间与管电流及穿透厚度之间的关系曲线），然后在实际检测中根据试件的具体尺寸和形状，按照曝光曲线选择最佳的曝光条件（焦距、管电压、管电流与曝光时间），以获得符合质量要求的底片。

3）像质计（像质指示器、透度计）的放置：像质计是用不同直径的与被检试件材料相同的金属丝,或者用与被检试件材料相同的金属阶梯试块(含有不同直径的柱孔)等方式制成,一般放置在被检试件的射线源侧,与试件同时经受射线辐照(曝光),根据底片上像质计影像的可识别程度来判断射线照相检测的灵敏度。

(4)实施曝光。

按照既定的射线照相检测规范的工艺参数对被检试件实施曝光。

(5)胶片处理。

按照既定的射线照相检测规范的工艺参数对试件实施曝光后,把胶片在暗室中按照规定的程序进行显影、停显、定影、水洗、干燥,可以是手工洗片,也可以使用专门的胶片自动处理机进行自动洗片,得到可供观察评定的射线照相底片。

(6)评片。

将底片置于专用的底片观察灯上观察,根据底片上黑度变化的影像情况判断存在的缺陷种类、大小、形状、数量、在试件中的平面位置、分布状态等,并按检验标准分类评级。最新型的底片评定已经能通过专用扫描仪将底片影像扫描输入电脑,然后运用专门的评定软件在电脑中进行分析评定。

工业射线照相检测中常用的另一类射线是 γ 射线,通常由放射性同位素产生(这是在元素周期表上占据相同位置,具有不稳定性的元素,即某个放射性元素其原子核内的质子数相同,而中子数不同,例如钴60、铱192、铯137等,它能自发蜕变成另一种原子核并同时放射出 γ 射线)。工业 γ 射线照相检测使用的是放射性同位素 γ 射线探伤机,主要包括 γ 射源、保护罐(用铅或贫化铀制成)、操作机构和支撑装置。

γ 射线照相检测的程序与 X 射线照相检测基本相同,所不同的是 X 射线是由 X 射线发生装置(X 射线机)产生,其能级可以调节并且中断高压电场也就中止了 X 射线的发生,而 γ 射线是由放射性同位素产生,其初始能级是一定的,但是会随着时间的推移,其能量有衰变(以半衰期来衡量),γ 射线源始终不断地在放射 γ 射线,因此对其辐射的防护要较 X 射线麻烦很多。

工业射线照相检测中还应用了中子射线,具体介绍见本章 2.3.3 节。

射线照相检测适用于铸件、焊缝,以及小而薄且形状复杂的锻件、电子组件、非金属、固体燃料、复合材料等,用于探测内部体积型缺陷及组织结构的变化,例如疏松、偏析、夹杂、夹渣、气孔,也可以检测如裂纹、未熔合、未焊透、脱粘等缺陷,以及试件几何形状、结构及密度的变化等。

射线照相检测的优点是基本不受被检零件材料、形状和外廓尺寸的限制,有永久性的比较直观的记录结果(照相底片),无须耦合剂,对试件表面光洁度要求不高,对试件中的密度变化敏感(适宜探测体积型缺陷)。

射线照相检测的缺点是 X 射线检测设备价格较高,而且在检测过程中需要消耗大量的照相胶片和处理药品等,以及需要较多的辅助器材(暗室设备、洗片机、干燥机、评片灯及现场拍片的辅助工具等),进行射线照相检测操作的人员需要经过一定的培训,射线照相检测过程的程序较多而导致检测效率不高,从而使得检测成本较高。此外,在照相底片上不能反映缺陷的深度位置或高度尺寸(得到的是平面投影图像,即三维结构的二维图像,沿射线方向的缺陷影像会前后重叠),并且缺陷取向与射线投射方向有密切关系而影响可检出性，特别是对于面积型缺陷（例如裂纹）其灵敏度不如超声波检测，一般要求面积型缺陷的取向与射线方向的夹角不宜超过10°。

特别要注意的是，射线的辐射生物效应能对人体造成伤害，因此对辐射危害的防护及对操作人员的劳动防护、健康保障等都必须高度重视，不能掉以轻心。

还需要特别指出的是，射线照相检测与超声波检测都是检测试件内部缺陷的，但其物理原理不同、评定标准不同，因而把两者的检测结果直接进行对比比较是不合适的。常常有人把射线照相检测结果用于验证超声波检测结果，或者反验证，这在事实上是不可能一一对应的。应该说，射线照相检测适合检测有一定体积的缺陷（尤其是密度变化较明显的缺陷），而超声检测适合检测面积型缺陷，其反射率大小与两种介质声阻抗差异大小相关，并且两者的检测结果因评定标准不同而无法做出相同的结论。

2.3.2 数字化 X 射线照相检测

1. X 射线实时成像检测

X 射线实时成像检测（real-time radiography testing image，RRTI）所依据的射线物理基础原理与 X 射线照相检测基本相同，它和 X 射线照相检测一样都是利用了 X 射线在被透照物体中的衰减或透射。

X 射线实时成像与传统射线照相检测最大的不同是记录介质不再是照相胶片，而是采用特殊荧光物质（如硫化锌镉、硫氧化钆、溴氧化镧、硫化锌等）或者闪烁晶体（如碘化钠、碘化铯、锗酸铋、钨酸钙、钨酸镉等）制成的荧光屏或其他能将穿过物体的带有物体内部形状及缺陷信息（表现为因衰减导致强度变化）的 X 射线转变为肉眼可见透视轮廓图像的物质（如三硫化二锑、碲化锌镉、硒化镉、氧化铅、硫化镉、硅等），在 X 射线或其他致电离辐射作用下，这些物质可发出可见光谱范围内的荧光，根据辐射强度的不同，能在该荧光屏上形成荧光图像（射线→可见光），我们把这种特殊荧光物质制成的屏称为 X 射线实时成像系统的接收屏或感受荧光屏。不但是在静态情况下，还可以随着被透照物体位置变化的同时在荧光屏上产生相应的瞬时射线透照细节的实时图像（即时观察移动中物体的实时图像），荧光屏上的图像再经光电图像变换系统（电视摄像管或 CCD 摄像装置）接收该模拟信号图像转换为视频信号馈送到有 X 射线防护的场所，在显示器屏幕上重新显示放大的 X 光图像以供检验人员进行即时观察评定。这就是工业 X 射线实时成像检测的基本原理过程。因此，可以称传统的 X 射线照相检测为直接照相法，而 X 射线实时成像检测则称为间接照相法。

早期的工业 X 射线实时成像检测称为 X 射线工业电视检测或电视射线照相法，简称"X 光工业电视"，它的基本原理是 X 射线穿过被检测物体时，由于物体内部缺陷的密度与母材有差别，对 X 射线吸收程度的大小不同，穿过物体的 X 射线就携带有物体内部形状及缺陷的信息，将这种衰减后强度变化的 X 射线照射到荧光屏产生可见光图像后经电视摄像管接收，或者直接照射到对 X 射线敏感的电视摄像管上被接收并在电视上显示射线照相图像，供检验人员直接观察，可以即时观察移动中的物体的实时图像。如图 2-141 所示。

这种早期的 X 射线实时检测系统经过电视摄像管摄取荧光屏上的可见光图像得到的

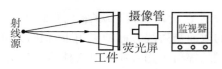

图 2-141　早期的 X 射线实时检测系统（工业 X 光电视）的基本结构原理示意

信号是模拟信号，这种模拟信号不能直接被计算机采集进行图像数字化处理，因此这种方法的检测灵敏度比传统 X 射线照相检测要低得多，影像质量较差。

20 世纪 70 年代开始使用以图像增强器为基础的 X 射线实时成像检测系统，采用转换效率高、可进行光电放大、有电子聚焦等功能的图像增强器（图像转换装置）代替射线照相胶片或者旧式工业 X 光电视的简单荧光屏来实现图像转换，可以实现实时检测。

图像增强器（图 2-142）是 X 射线实时成像检测系统中除 X 射线源以外最关键的元件。图像增强器由外壳、射线窗口、输入屏（包括输入转换屏和光电层，目前常用碘化铯晶体或三硫化二锑、碲化锌镉、硒化镉、氧化铅、硫化镉、硅等对 X 射线敏感的光电材料制作）、聚焦电极和输出屏组成。

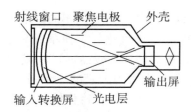

图 2-142　图像增强器结构示意

X 射线穿过被检工件后首先投射在图像增强器（图像转换装置）的前屏（输入转换屏）上转换为可见光发射，屏后的光电层以同样的分布和比例将可见光发射能量转换为电子发射构成电子图像，通过加有 25～30 kV 高压的聚焦电极加速电子并将其聚集到图像增强器的后屏（输出屏）上，形成高亮度（可比通常的荧光屏亮度高出上万倍）的可见光图像，在图像增强器内实现的转换过程是：射线→可见光→电子→可见光。由于大大提高了输出光强，因此得到大大增强的图像亮度、动态范围及分辨力。

图像增强器输出屏后面是由光学聚焦镜头等组成的光路系统，再由 CCD（charge coupled device，电荷耦合器件）或 CMOS（complementary metal oxide silicon，互补金属氧化硅）摄像装置摄取可见光模拟图像，通过图像采集板卡进行模拟/数字转换（A/D 转换），把模拟信号（图像黑度值）转换为计算机能处理的数字电子信号后进入图像处理工作站，引入计算机化的数字图像处理技术进行各种图像增强处理，降低噪声、提高图像的信噪比和动态范围，使得图像的亮度、分辨率有更大的提高，从而大大改善图像质量，最后送入监视器显示以供检验人员观察评定。

经过图像增强器及计算机图像处理后，在显示器上所得到的射线透视工件影像的图像灰度、亮度、对比度、清晰度都得到了极大的提高，使得现代 X 射线实时检测系统的检测灵敏度已经达到传统 X 射线照相检测的水平。这种检测方法除了可以进行电信号的图像储存（例如利用硬盘、移动储存介质及刻录光盘等）外，还存在进一步发展缺陷自动识别技术的可能性（目前已经有自动评定 X 射线图像的软件）。

现代 X 射线实时成像检测系统主要由用于产生 X 射线的 X 射线机系统（包括高压发生器、微焦点或小焦点的恒电位 X 射线机、电动光栏、循环水冷却器等，以投影放大方式进行射线透照）、图像增强器系统（X 射线接收转换装置，内有 CCD 或 CMOS）、进行信号处理及重构数字化图像的图像处理工作站（包括计算机、图像采集板卡、图像处理软件及系统软件与控制软件等，同时集成了整机控制，包括射线控制面板在内的所有控制面板和操作面板，射线透视的结果在显示器屏幕上显示，检测图像可以按照一定的格式储存在计算机硬盘、移动硬盘、U 盘内或刻录到光盘上而长期保存）、检测机械工装、PLC 电气控制系统、现场监视系统等六大部分组成。现代工业 X 射线实时成像检测系统结构如图 2-143 所示。

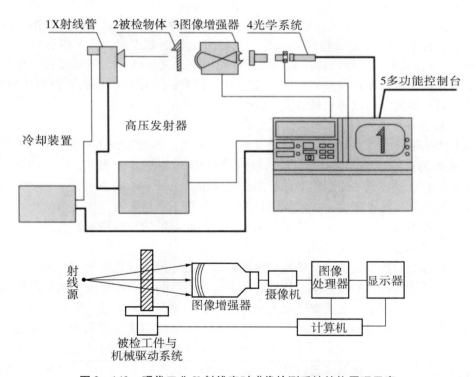

图 2-143　现代工业 X 射线实时成像检测系统结构原理示意

无损检测行业长期以来把 X 射线拍片法作为检测手段，在生产中得到普遍应用，但是这种方法由于检测工序多、周期长、劳动强度大、消耗材料费用大，并且废弃的药液会造成环境污染，所以并不是一种非常理想的射线检测方法。

早期的 X 射线工业电视成像系统虽然能够提高检测效率，但是图像噪声大，检测灵敏度相对比较低，对实际缺陷的检出率与 X 射线拍片法相比有较大差距。

现代的工业 X 射线实时成像检测技术是在早期的 X 射线工业电视成像基础上，利用现代微电子和计算机技术及图像处理技术，能够对射线图像进行处理分析，甚至已经能够利用专门的软件实现真正的全自动检测，包括取代由操作人员的眼睛进行的观察评定（即全自动的图像判读），从而大大提高了检测灵敏度，具有检测效率高、成本低、资料保存方便、调用简单等特点。

现代工业 X 射线实时成像检测的优点可以归纳为：

（1）自动化程度高，检测效率高。

传统的 X 射线胶片照相法全部采用人工操作，检测周期长、工作量大，一般需要数小时才能得到结果，而工业 X 射线实时成像检测法的全部成像时间仅为 2～3 秒，能立即得到检测结果（实时图像，因此称为 X 射线实时成像检测），可以直观地观察物体动态或静态情况下的内部结构与缺陷，特别是动态检查（试件相对射线源被遥控或自动翻转、移动、转动等，实现多方向的投射检查，能在最佳透视方向观察缺陷，提高对缺陷，特别是裂纹类缺陷的检出率），大大缩短了检测时间，并可以利用计算机辅助评定图像，大大减少了工作量，使用简便、检验效率高，特别适用于大批量产品的在线流水作业检测，便于实现 X 射线检验自动化，例如液化气钢瓶焊缝、汽车铝合金压铸轮毂（目前的在线流水作业系统已能达到 30 秒/件的检查速度）或精密压铸零件、焊接钢管的焊缝等，当然还需要针对具体检测对象设计一整套的专用辅助设备，例如机械传送、工件的夹持或翻转、转动等机械装置。

（2）检测成本低。

X 射线拍照法的胶片及药液费用大，检测成本高，一般来说，一张国产 14 英寸 × 17 英寸胶片的直接费用就在 10 元以上，进口胶片则价格更高。此外，胶片的保管、底片的存档保管还牵涉到场地空间和保管条件等要求，也带来了成本问题。工业 X 射线实时成像法虽然其系统设备的一次性投资较大，但是由于不再需要消耗大量的胶片、冲洗药品，并且检测速度快、大大节约了人力成本，因此后继的成本是很低的。

（3）检测质量高，可靠性增强。

由于胶片的制造、运输、保管及射线照相检测实际操作过程中的多种原因，X 射线胶片照相法往往有较高的废片率，特别是加上检测人员的实际操作技术水平高低与现场经验发挥等的影响因素，还由于暗室处理时的划伤、水渍、污染等产生的伪缺陷，往往导致需要重拍，既费时间又费材料和人力。工业 X 射线实时成像法的检测质量则由设备的固有特性决定，完全避免了上述不足，确保了影像不存在伪缺陷及废片等弊病，还能通过计算机软件对数字化图像进行处理、识别及评定，进行直接的即时观察，可以得到直接显示，可与不同图像比较，以目视感觉为依据，不但保证了检测质量，还大大提高了检测效率。

（4）易于保管和调档。

X 光胶片和底片的保存不但占用很大空间，而且保管条件要求较高，如防潮、防火，同时底片的检索查找也很麻烦。工业 X 射线实时成像检测法容易实现检测数据的保存和查询，例如利用硬盘、移动储存介质及刻录光盘等进行电信号的图像储存，以使用光盘存储图像为例，一张大容量光盘（价格仅有 2 元左右）就可以存储 3 000 张相当于

300 mm×80 mm 的 X 光底片图像，仅需极小的保存空间，而且保存期可达 10 年以上，应用计算机检索查找资料也十分简单易行。由于是数字化图像，因此可以实现局域网、互联网传输，能够建立直接交流的技术通道。

（5）对操作人员无辐射危害。

工业 X 射线实时成像检测通常采取自动化检测和遥控操作，系统设备的屏蔽防护良好，对操作人员无辐射危害。

工业 X 射线实时成像检测技术的局限性是：①要求在射线源和检测器之间插入被检件，故需接近被检件两侧；②一次可观察的被检件（区域）尺寸限于荧光屏面积之内；③有效射线束孔径限制在几厘米之内；④适合的被检件厚度变化一般局限为 4%；⑤观察显示屏需要较暗的环境和视觉适应，图像质量受荧光屏的图像亮度、分辨力及颗粒尺寸造成的不清晰度与对比度、窗孔的衰减反光等的影响；⑥通常仅限于粗略地指示缺陷；⑦对细裂纹的检出率尚低于射线胶片照相法。

工业 X 射线实时成像检测技术的适用范围包括金属、非金属、复合材料的被检件整体或特定部位，检测对象的材料范围不限，能应用于大尺寸的材料或整体部件制造和加工过程中实时监测内部缺陷或者实时观测内部隐藏部件的状况等。工业 X 射线实时成像检测技术已经广泛应用于国防、化工、机械制造、锅炉压力容器、汽车制造、电子等行业，例如机场行李检查，核燃料棒，铸件、金属轧制和成形件、焊缝等检测，用于检查裂纹、多孔性、气孔、夹杂物、宏观特殊结构和偏心、尺寸变化、厚度、直径、间隙和位置、密度变化、变形力的影响、动态现象、结构内部位移、缺陷变动中的观测等。

图 2-144～图 2-149 为工业 X 射线实时成像检测技术的部分应用示例。

图 2-144 德国 YXLON 公司螺旋焊钢管焊缝 X 射线实时成像检测系统

图 2-145 番禺珠江钢管厂大直径高频焊直缝钢管焊缝的 X 射线实时成像检测系统

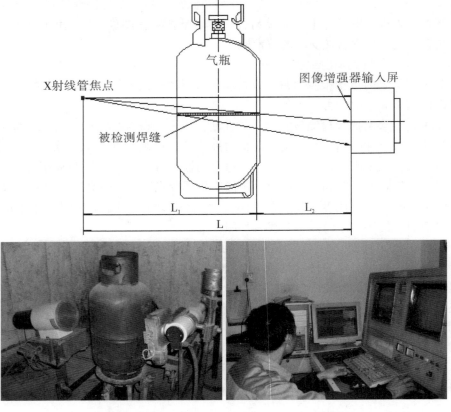

图 2-146　气瓶对接环焊缝的 X 射线实时成像检测（双壁单影透照方式）
（广东清远市盈泉钢制品有限公司）

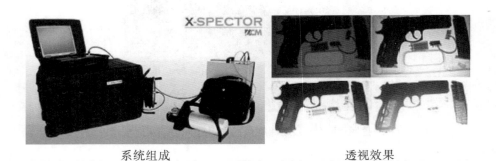

　　　系统组成　　　　　　　　　　透视效果

图 2-147　比利时 ICM 公司的 Spector 便携式安全检查用 X 射线实时成像系统

图 2-148 北京固鸿科技有限公司 X 射线安全检查系统

图 2-149 德国 YXLON 公司铝合金压铸轮毂 X 射线实时成像检测系统

2. CR 技术

计算机射线照相检测（computed radiography，CR）是采用成像板（IP 板）的模拟数字照相成像。

CR 方式属于非直接读出方式，其物理基础是 X 射线的电离作用及光激励发光，其主要效用是以可反复使用高达数千次的成像板（简称 IP 板）取代传统的 X 射线胶片。

IP 板又称为无胶片暗盒、拉德成像板（radview imaging plates）等，IP 板有刚性的也有柔性（可弯曲）的，可以与普通胶片一样分切成各种不同大小尺寸规格以满足实际应用需要。

CR 系统包括影像采集部分（IP 板）、影像扫描部分（读出器）及影像后处理和记录部分（计算机、打印机和其他存储介质）。

CR 的成像过程如下：透过物体的 X 射线投射到 IP 板上，IP 板感光后在荧光物质中把 X 射线的能量以潜影的方式储存下来，完成影像信息的记录，再将这种带有潜影的 IP 板置入专用的读出器中用极细的激光束进行精细扫描读取，荧光物质被激光激励，释放其储存的能量而发出荧光，被集光器收集送到光电倍增管，由光电倍增管将其放大并转换成电信号，经 A/D 转换器转换成数字图像信号，再经由计算机处理集合成一个数字化图像，在监视器屏幕上显示出灰阶图像，也可以被储存。也就是说 CR 的成像要经过影像信息的记录、读取、处理和显示等步骤。

CR 系统的优点是便携、读出设备与成像板分离（可以在多个拍摄点情况下，集中在一个阅读器读取），不需要胶片、化学药品、暗室处理、相关设备及胶片或底片的存储，IP 板可在普通室内明间进行操作处理（干式），处理速度快，传统 X 射线照相法能摄照的部位都可以用 CR 成像，对 CR 图像的观察与分析也与传统的 X 射线照片相同（只是 CR 图像是由一定数目的像素所组成，可以在屏幕上观看或进行不同的后处理）。现有的传统 X 射线透照设备（周向、定向射线机）及爬行器都可以继续使用，其作业过程基本与传统的射线胶片照相相同，不需要对操作者进行特殊的培训，使用方便，适用于各种检查，特别是适合使用传统的射线机和在野外恶劣环境下施工。

CR 系统的缺点是操作较复杂，不能实时，与数字化 X 射线照相检测（DR）的成像系统相比,工作效率较低而且图像质量也略逊于 DR。IP 板的使用条件要求和胶片一样也是非常苛刻的,不能使用在潮湿的环境中和极端的温度条件下。此外,阅读器内应用的是高度精密的激光扫描,现场照相后的 IP 板必须注意清洁,否则容易导致阅读器发生读出故障。

IP 板可重复使用,可装入标准的 X 射线胶片暗盒中与铅或其他适当的增感屏一起曝光后,手工将其从胶片暗盒取出,插入阅读器进行成像处理,在将曾曝光的 IP 板重新用于曝光之前需要使用专门的擦除器(消光器)处理(IP 板经过强光照射即可抹消潜影,因此可以重复使用高达数千次,其寿命决定于机械磨损程度)。

IP 板是基于某些辉尽性荧光发射物质(可受光激励的感光聚合物涂层)具有保留潜在图像信息的能力,当对它进行 X 射线曝光时,这些荧光物质内部晶体中的电子被投射到成像板上的射线所激励并被俘获到一个较高能带(半稳定的高能状态),形成潜在影像(光激发射荧光中心),再将该 IP 板置入 CR 读出设备(读出器,CR 阅读器)内,利用极细的激光束对匀速移动的 IP 板整体进行精确而均匀的扫描(例如目前可以达到 2 510×2 510 像素,分辨率可高达 100 μm,速度可达 100~150 幅/小时),在激光的激励下(激光能量释放被俘获的电子),光激发射荧光中心的电子将返回它们的初始能级,同时激发出强度与原来接收的射线剂量成正比例的蓝色可见光(IP 板发射荧光的量依赖于一次激发的 X 射线量,可在 1:104 的范围内具有良好的线性),蓝色可见光被自动跟踪的光电接收器接收、放大后经模拟/数字转换器(A/D)转换成数字化影像信息,送入计算机进行处理,形成数字化的射线照相灰阶图像并通过监视器屏幕显示供检验人员观察分析。

图 2-150、图 2-151 展示了 IP 板成像与阅读器读取的原理示意。图 2-152 表示了商品化的 IP 板实物照片。

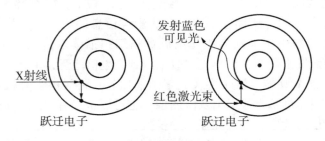

图 2-150 IP 板成像与读取原理

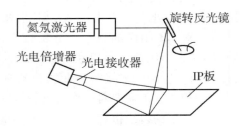

图 2-151 IP 板阅读器原理

图 2-152 各种 IP 板

IP 成像板的构造如图 2-153 所示，一般分为四个部分：

(1) 表面保护层：多采用聚酯树脂类纤维制成高密度聚合物硬涂层，可防止荧光物质层受损伤，保障 IP 板能够耐受机械磨损和免于多种化学清洗液的腐蚀，从而具有高的耐用性和长的使用寿命。在使用阅读器处理成像板时应注意不要强力弯曲成像板以保障其寿命。

(2) 辉尽性荧光物质层（通常厚约 300 μm）：这种物质在受到 X 射线照射时会产生辉尽性荧光而形成潜影。这些辉尽性荧光物质（例如含有微量元素铕 Eu^{++} 的钡氟溴化合物结晶 $BaFX:Eu^{++}$，$X = Cl, Br, I$）与多聚体溶液混匀后，均匀涂布在基板上，表面覆以保护层。

图 2-153 IP 板结构示意

(3) 基板（支持体）：相当于 X 射线胶片的片基，它既是辉尽性荧光物质的载体，又是保护层。多采用聚酯树脂做成纤维板，厚度在 200～350 μm。基板通常为黑色，背面常加一层吸光层（图 2-153 中所示的下涂层）。

(4) 背面保护层：其材料和作用与表面保护层相同。

目前 IP 板的空间分辨率已能达到 4.0～5.0 Lp/mm，扫描像素 10 Pixel/mm，对比度可达到 12 位或 4 096 灰度，成像质量已接近于 X 射线胶片（例如 Agfa D7）的清晰度。IP 板的动态特性线性度比射线胶片好，X 射线转换率高，获取图像需要的 X 射线辐射剂量大大减少（可少至传统胶片法的 1/5～1/20，亦即需要的曝光时间短），具有非常宽的动态范围，对于不同的曝光条件有很高的宽容度，在选择曝光量时将有更多的自由度，从而可以使一次拍照成功率大大提高（重拍次数大大减少），在一般情况下只需要一次曝光就可以得到全部可视的判断信息。

传统射线照相胶片法与 CR 技术在应用上的一些简单比较见表 2-6。

表 2-6　传统射线照相胶片法与 CR 技术在应用上的一些简单比较

	传统射线照相胶片方法	CR 技术
拍摄操作	胶片置入暗盒、遮光袋中，用射线机进行 X 射线照射	与胶片方法基本相同，但采用可反复使用的 IP 板代替胶片
显影（可视化）	在暗室环境中通过显定影等对胶片进行化学处理（湿式）	在明亮的环境下通过专用的读出装置进行光学处理（干式）
评定操作	使用高亮度观片灯对经过显、定影和干燥处理得到的底片进行观察评定，影像质量已固定	在高分辨率的显示屏上对数字化灰阶图像进行观察评定，可通过软件处理提高图像质量
保管和数据利用	把底片作为证据物保管，保存时间有限，保存日久的照片会逐渐变质，使影像质量下降，如要用于电脑保存观察还必须经过扫描方式变换为数字信息图像，此外，底片的管理和检索查找及递送图像照片都得花费大量的人力和物力	数字化的图像被记录于大容量的存储介质，可被更有效与充分地利用，储存方便可靠和保存时间长，方便计算机管理、检索和网络传送等

图 2-154 示出德国 DURR NDT GmbH & Co. KG 的 HD-CR 35 NDT 型工业 CR 扫描仪，其激光焦点 12.5 μm，理论空间分辨率 40 Lp/mm；最高的动态范围 16 bit，65 536 灰阶；可以扫描当今世界上宽度在 35 cm 以下的任何 CR 成像板，长度无限制。使用特殊成像板（HD-IP）时，图像分辨率可达到 20 Lp/mm。图 2-155 为 GE 检测技术公司的 CR^x 塔式计算机射线成像扫描设备。

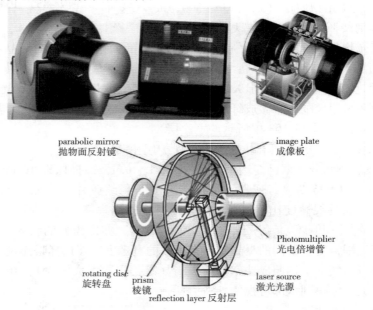

图 2-154　德国 DURR NDT GmbH & Co. KG 的 HD-CR 35 NDT 型工业 CR 扫描仪

图 2 – 155　GE 检测技术公司 CR^X 塔式计算机射线成像扫描设备

3. DR 技术

数字化 X 射线照相检测（digital radiography，DR）是采用电子成像技术的直接数字化 X 射线成像。

DR 成像技术包括直接转换方式（射线接收器件在经过 X 射线曝光后，X 射线光子被直接转换为电信号）和间接转换方式（射线接收器件先将 X 射线光子转变为可见光，然后再把可见光信号转换为电信号）。DR 成像技术从 X 射线曝光到图像显示的全过程是自动进行的，被检工件经过 X 射线曝光后，即可在显示器上观察到被检工件的黑白灰阶图像。DR 采用的射线接收器件主要是线阵列 DR 探测器和平板检测器（flat pannel detector，FPD）。

典型的间接转换型 DR 探测器是线性二极管阵列探测器（简称"线阵探测器"），由能将 X 射线光子成正比地转换为可见光的 X 线转换层（主要是闪烁体如碘化铯 CsI、CdWO$_4$ 或荧光体如硫氧化钆 GdSO，常用的如 Gd$_2$O$_2$S：Tb，Tb 为铽的化学元素符号）、具有光电二极管作用的低噪声非晶硅层（amorphous Silicom，英文缩写 a-Si，可见光激发光电二极管产生电流，这电流就在光电二极管自身的电容上积分形成储存电荷，每个像素的储存电荷量和与之对应范围内的入射 X 射线光子能量、数量成正比，亦即吸收可见光并转换为图像电信号），再加上大量微小的薄膜晶体管阵列（TFT）、大规模集成电路（信号储存基本像素单元及信号放大与信号读取）等组成多层结构，达到同步完成射线接收、光电转换、数字化的全过程，信号读取电路将每个像素的数字化信号传送到计算机的图像处理系统集成为 X 射线影像，最后在监视器屏幕上显示数字化的黑白灰阶图像。图 2 – 156 为线阵列探测器实物外观照片。图 2 – 157 展示了线阵列扫描成像系统工作原理。

德国YXLON公司的LDA二极管线阵列探测器　　美国瓦里安公司线阵列DR探测器

图 2-156　线阵列探测器

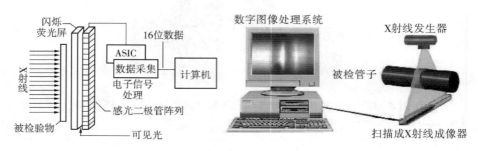

图 2-157　线阵列扫描成像系统工作原理

线阵探测器目前已经可以达到每个像素的几何尺寸仅有几十微米，具有极高的空间分辨率和很宽的动态范围，可用于普通 X 射线数字照相。线阵探测器可承受 20 kV ～ 450 kV 能量的 X 射线直接照射，具有在强磁场中稳定工作的能力，无老化现象，动态范围可达到 12 Bit（4 096 灰度级），可以一次性实现透照厚度变化较大的工件和成像检测。

线阵探测器除了普通的直线形外，还有 L 形、U 形或拱形等，最新型的线阵探测器已经能够制成曲面形状（例如 C 形）来适应周向曝光的 X 射线管辐照，从而获得曲面形状工件的全景展开图形，例如用于汽车轮胎的射线透照。

线阵成像系统的配置一般包括：线阵探测器（包括扫描机构）、计算机（包括 PC 接口卡、成像器卡、X 射线采集和成像软件）及成像器电缆等。图像的采集与处理系统由前置放大器、A/D 转换器、缓存器、CPU 等组成。线阵探测器作线扫描成像的扫描时间短，所需 X 射线剂量低，动态范围宽和价格较低，因而获得较多应用。

在间接 FPD 的图像采集中，由于有转换为可见光的过程，因此会有光的散射问题，从而导致图像的空间分辨率及对比度解析能力降低，不如直接转换型 DR 探测器。

间接转换型 DR 探测器也有平板式，不需要扫描运动，有效检测区域大（如 40 cm × 30 cm），空间分辨率高（4～5 Lp/mm），动态范围大（可达到 2 000:1，即 66 dB），直接输出数字图像，目前已可达到输出 1～30 帧/秒。

直接转换型 DR 探测器主要为平板式结构（也有线扫描式），没有荧光转换层，主要是由非晶硒层（amorphous Selemium，英文缩写 a-Se）加薄膜半导体阵列（thin film transistor array，TFT）构成多层平板状结构。图 2-158 为平板型成像器实物外观照片。

非晶硒是一种光电导材料，探测器结构上施加有一个偏压，经 X 射线曝光后，由于

Agfa公司的平板型成像器（DR板）　　美国瓦里安公司的DR平板探测器

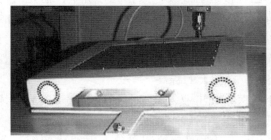

美国瓦立安公司的平板型成像器　　德国YXLON公司的ASD二极管面阵列探测器

图 2-158　平板型成像器

电导率的改变而直接将 X 射线转换成图像电信号（入射的 X 线光子在非晶硒层激发出电子穴偶对时，电子和空穴在偏置电压下反向运动，产生电流），通过 TFT 检测阵列俘获，直接形成与 X 射线能量成正比的电荷信号，能提供一个完整的扫描场，与每个探测单元（像素）相连的单独的存储电容收集这些电荷，在阵列中以定制的电子学规则读出，亦即在 TFT 中，经放大电路和控制电路采集各 TFT 像素单元电荷，再经 A/D 转换变成数字信号，送到计算机处理而获得数字化灰阶图像并在显示器上显示以便于即时观察。

目前已经能在 14 英寸 × 17 英寸（35 cm × 43 cm）的图像面积上使用 2 560 × 3 072 像素的探测单元矩阵（例如由二维排列的 139 × 139 μm 薄膜晶体管 TFT 层上涂敷 500 μm 厚的非晶硒，其上由介质层、表面电极层及保护层等构成）。硒板成像系统的幅频低于硅板成像系统，但是在承受 X 射线撞击时产生的电子散射比硅板小，因此图像精度较高。

平板式扫描成像系统工作原理如图 2-159 所示。

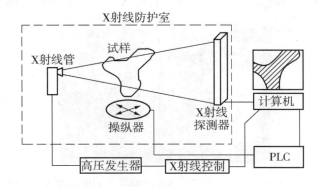

图 2-159　平板式扫描成像系统工作原理

最新型的直接转换型 DR 探测器还采用互补金属氧化硅半导体（complementary metal oxide silicon，CMOS）的成像板，其精度比 CCD 成像系统高 10 倍、比用非晶硅/硒板成像高 3 倍。如果采取几何放大，精度可达到几个微米，抗震性和强度更高，寿命更长，受温度影响非常小，灵敏度更高，信噪比更大，能承受高达 20 MeV 的射线能量。

平板式数字成像系统的空间分辨率已经接近射线胶片照相的分辨率，但是对比度范围则远远超过射线胶片，除了不能进行分割和弯曲外，能够与胶片和 CR 有同样的应用范围，可以被放置在机械或传送带位置，检测通过的零件，也可以采用多配置进行多视域的检测。在两次照射期间，不必更换成像板，仅需要几秒钟的数据采集就可以观察到图像，与射线胶片和 CR 的生产能力相比，有巨大的提高。

平板式数字成像系统已被广泛应用于医疗和工业领域 X 射线检测，可达到射线胶片的影像质量，具有检测速度快、费用低、可接受射线直接照射等特点。

DR 检测系统的组成可以简单地表述为：射线源→检测对象→射线成像探测器→图像数字化系统→计算机（数字图像处理系统、影像后处理和记录部分、打印机和其他存储介质）。

直接转换型 DR 探测器没有荧光转换层，从根本上避免了间接转换方式中可见光散射所导致的图像分辨率下降问题。虽然直接转换型 DR 探测器在技术上和生产工艺上要求很高，但却是获得高图像质量的理想方式，普遍认为直接转换方式是 FPD 的最终发展方向。

目前的平板式 DR 探测器其缺点主要是价格昂贵，承受高能射线能力差（一般不能用在加速器下成像）。

CR 和 DR 检测的最大特点是取代了传统的 X 射线照相胶片，以数字化图像显示射线透视影像。射线数字化影像不仅可利用各种图像处理技术对图像进行处理，改善图像质量，并能将各种判断技术所获得的图像同时显示，进行互相参照、互相补充，乃至合并处理，大大增加了可供判断的信息。

传统 X 射线照相所得的图像（底片）是不能进行图像处理的，若其图像质量由于种种原因达不到评判要求，然而又不能进行改善图像的处理，则只能重新拍照。当需要将各种影像检查的图片集合在一起参照对比时，其图像状态也不能根据需要进行变换。

图 2-160 为应用 DR 技术的天然气钢质管道 X 射线数字成像检测现场照片。

图 2-160　应用 DR 技术的天然气钢质管道 X 射线数字成像检测现场
（四川中物仪器有限责任公司）

目前，安全检查系统使用的行李 X 射线安全检查机也已经使用了光电二极管阵列探测器作为 X 射线传感器，图像分辨率可达到 1 280×1 024 像素，图像灰度级达到 4 096（12 bit）级，单次检查剂量≤0.1 μGy。

目前已经有专用的 X 光胶片数字化扫描仪、激光胶片数码仪、高分辨率透射式平板或滚筒扫描仪，可将已有的传统 X 或 γ 射线底片通过扫描使之转换成数字化图像（简称"FDR"）输入计算机中存储并再利用，从而大大方便了射线照相检测底片的保存与管理，也极大地方便了影像传送（方便实现异地评判或研讨、数据共享）、培训教学等的需要。高性能的 X 光胶片数字化扫描仪已经能使转换损失导致的失真度达到很小。见图 2-161～图 2-163。

图 2-161 辽宁仪表研究所有限责任公司 LYS-80 型无损检测 X 光底片数字化扫描系统
（可扫底片黑度范围：D=1.5～3.5）

图 2-162 GE 检测技术公司 FS50/FS50B 胶片数字扫描仪

图 2-163 上海中晶科技有限公司 ArtixScan F1
（8 英寸×10 英寸透射稿面积）

2.3.3 计算机辅助层析扫描射线检测技术

计算机辅助层析扫描检测技术（computed tomography testing）是一种重建检测对象横截面薄层切片图像的技术，可以利用不同类型的能量束进行扫描，例如超声波、电子、质子、α粒子、激光、微波、电磁场、X射线和γ射线等。在工业无损检测技术中，目前以X射线为能源的计算机辅助层析扫描射线检测技术最为成熟，简称"工业CT"，亦称为工业用计算机控制层析X射线照相技术。

基于射线与物质的相互作用原理，利用X射线或γ射线以不同透射角度探查试件的同一水平剖面，把射线探测器置于射线源对面，原则上应对各个断面（各个层面）以不同角度作大量的吸收检测，所测得的吸收值储存在计算机中，在断层照相后，通过计算机计算检测范围的水平与垂直断面，以投影重建方法重构出三维显示或恢复任意垂直面和水平面的二维数字图像，而无须再次透照试件。

工业CT技术可以提供传统X射线照相成像技术无法实现的二维切面或三维立体表现图，甚至超高速动态三维CT，避免了传统X射线照相成像的影像重叠、密度分辨率低、混淆真实缺陷等缺点，能紧密、准确地再现物体内部三维立体结构，定量提供物体内部的物理、力学特性，如缺陷位置及尺寸、密度的变化及水平，异型结构的形状及精确尺寸，物体内部的杂质及分布等。

工业CT主要用于工业产品的无损检测和探伤，根据被检工件的材料及尺寸（大到直径2~4 m、长度达8 m、重量达几十吨，小到直径只有几 mm），选择不同能量的射线，射线能量越高，波长越短，穿透能力越强，同时射线能量也对成像质量产生重要影响。

工业CT技术已经应用于航空航天、兵器、核能、船舶、新材料与新工艺研究等领域，检测对象基本上不受材料尺寸、形状的限制，因此适用范围很广，而且除了缺陷检测、尺寸测量、密度分析等应用外，还可应用于计算机辅助设计（CAD）和计算机辅助加工（CAM）。

工业CT技术的主要优点是能保持透视方向的深度信息，能精确测定试件内部结构或缺陷的位置与形状，进行缺陷的定性、定量和定位评定，检测结果直观且检测灵敏度高（例如空间分辨率可达到20~250 Lp/cm、密度分辨率可达到0.1%~1.0%、几何灵敏度达到5~100 μm）。其缺点主要是检测系统的仪器技术费用高、检测成本高及检测效率低。

图2-164所示为一种利用平板接收器的工业CT的结构组成示意。

图2-165所示为一种使用线阵列探测器的工业CT结构组成示意。

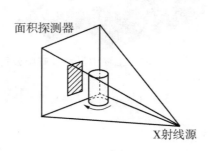

图2-164 使用平板接收器的工业CT结构组成示意

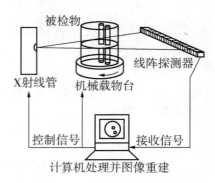

图2-165 利用线阵探测器的CT结构组成示意

工业 CT 的基本结构包括射线源、前后准直器、射线探测器、机械扫描装置、电子学系统与接口、计算机及外围设备、射线防护措施等。

工业 CT 系统中使用的射线源可分为 X 射线源和 γ 射线源，其中 X 射线源又可分为低能级 X 射线源（keV）和高能级 X 射线源（MeV）。低能级 X 射线一般从 X 射线管中获得，高能级 X 射线主要从加速器（高压加速器、电子直线加速器、回旋加速器等）中获得，而 γ 射线源一般是从放射性同位素源获得。射线能量的高低决定了被检测工件的尺寸大小，工业 CT 的射线探测器的种类很多，包括线阵探测器、平板探测器等。

机械扫描装置（如回转检台）的步进与旋转精度决定了射线扫描的精度，需要使用高精度的交流伺服电机直接驱动机械扫描装置。

电子学系统与接口、计算机、外围设备及起着关键作用的应用软件承担着数据采集与系统控制、图像重建运算和数字图像处理、CT 影像输出与存储等任务。

工业 CT 系统中使用射线源，对于射线防护的措施不仅是对操作人员的辐射防护，而且还包括对一些精密电子设备的防护（例如对射线探测器放大电路、数据传输的防护）。

图 2-166～图 2-169 为工业 CT 设备示例。

图 2-166 四川中物仪器有限责任公司高能工业 CT 系统

（应用 2～9 MeV 驻波电子直线加速器作为高能 X 射线源）

图 2-167 四川中物仪器有限责任公司便携式 CT

（面阵探测器）

图 2-168 德国卡尔·蔡司公司 METROTOM 800 型多功能工业 CT 测量机

［可应用于计算机辅助设计（CAD）］

图 2-169 清华同方威视技术股份有限公司 CT 型行李安全检查系统

2.3.4 中子射线照相检测

中子射线照相检测（neutron radiography testing，NRT）应用的中子射线即中子流。中子是原子核的基本粒子之一，在放射性物质裂变时，有时会放射出中子而形成中子射线。

中子射线照相检测的基本原理也和 X 射线照相检测相同，但是其射线源（中子源）是来自核反应堆、加速器或放射性同位素（例如锎 252）的热中子。热中子（thermal neutron）又称为慢中子，是与周围物质处于热平衡状态的中子，多用于轻水反应堆中，反应堆内的中子在减速剂中反复碰撞、逐渐减低速度而成为热中子。

X 射线与 γ 射线在透视工件中的吸收是随透视材料的原子量增加而均匀增大的，但是中子射线有以下特点：在重元素中衰减小，在轻元素中衰减大，在空气中电离能力弱，不能直接使胶片感光。它能被原子量小的材料，例如锂、硼、镉、铀、钐、钚、铕、钇、镝，以及碳、氢、氧等强烈吸收和散射，即它们有高的中子吸收能力。大多数的金属，特别像铁、铜、铅、钨等重金属对中子射线的衰减能力很低（对 X 射线与 γ 射线则相反），因此可以用于检测有缺陷或装载不当的烟火装置，组装不当的金属－非金属组合件、生物试样、核反应堆的燃料元件与控制棒、胶接结构，以及探测例如钛或锆合金的氢污染、产品的腐蚀等，并且可用作 X 射线、γ 射线照相检测的补充。

中子射线照相检测设备主要包括中子源、慢化剂、准直器和像探测器。中子射线照相检测由于需要核反应堆或加速器而使设备价格非常昂贵，有辐射危害，并且设备庞大，需要有经过培训的物理学专业人员操作。此外，中子射线的照相作用小，不能直接在胶片上形成图像记录，需要使用铟或钆荧光屏作为转换屏，在中子撞击该屏时产生 γ 射线或电子束再与感光胶片作用才能形成中子射线照相图像，因此属于间接照相检测法。

中子射线照相检测方法包括直接曝光法（胶片与转换屏同时装入暗盒，用中子束对工件进行透照）和间接曝光法（先用转换屏承受中子束对工件进行透照并形成影像，然后再转移到暗盒中使胶片感光，形成工件的射线照相影像）。如图 2－170 所示。

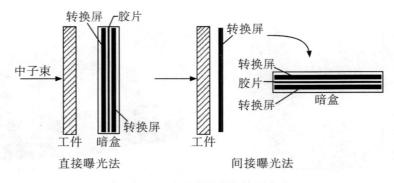

图 2－170　中子射线照相检测方法

除了应用热中子以外，还有利用快中子（fast neutron）的，这是在低能核物理范围内能量较大的中子，也多应用在核反应堆中。

2.3.5 中子活化分析

中子活化分析（neutron activation analysis，NAA）又称仪器中子活化分析，就是利用反应堆、加速器或同位素中子源产生的中子轰击样品（将样品用中子照射）后，样品中的原子俘获中子而变得具有放射性（产生辐射能）的过程，称为活化。通过鉴别和测试样品因辐照感生的放射性核素的特征辐射（光谱、波峰分析，辐射能的强弱），可以定性和定量地确定物质元素成分。俘获中子后的原子核通常会立即衰变，释放出中子、质子或阿尔法粒子（α粒子）同时生成新的活化产物。这些活化产物半衰期或长或短，从几秒钟到几十年都有可能。例如，放射性同位素^{60}Co就是通过中子俘获反应在核反应堆中制备的。

中子辐照试样所产生的放射性活度取决于试样中该元素含量的多少（产生核反应元素的某一同位素含量的多少）、辐照中子的注入量及待测元素或其某一同位素对中子的活化截面、辐照时间等。

中子活化分析大体分为试样和标准样件的制备、活化、放射化学分离、核辐射测量和数据处理五个步骤。

中子活化分析的优点是系统自动化，具有很高的灵敏度、准确度和精密度，能精确到 ppm（百万分之一）的范围，检测速度快，与试件不接触，试件制备简易。中子活化分析对元素周期表中大多数元素（原子序数 1～83）都能测定，分析灵敏度可达 10^{-6}～10^{-13}g/g，其精度一般可达到±5%，并具有多成分同时测定的功能，在同一试样中，可同时测定 30～40 种元素，适用于环境中固体试样的多元素同时分析，如大气颗粒物、工业粉尘、固体废弃物等中的金属元素测量。因此在环境、生物、地质学、材料、考古、法医学等领域的微量元素分析工作中得到广泛应用。由于准确度和精密度高，故常被用作仲裁分析方法。

中子活化分析的缺点是：

（1）一般情况下只能给出元素的含量而不能测定元素的化学形态及其结构。

（2）分析灵敏度因元素而异，并且变化很大，例如中子活化分析对铅的灵敏度很差，而对锰、金等元素的灵敏度很高，甚至可相差达 10 个数量级。

（3）由于核衰变及其计数的统计性，致使中子活化分析法存在独特的分析误差。误差的减少与样品量的增加不成线性关系。

（4）有辐射危害，射线衰减时间短，需要参考标准，检测灵敏度会随辐照时间变化，探测仪器也较昂贵。

利用中子活化引起的辐射，可用于冶金、勘探、测井、海洋学、液体或固体的在线过程控制，例如钢中含氧量、食品中的含氮量、金属和矿石中的硅含量测定等，特别是在考古学中主要用来测量陶瓷器（例如推断古陶瓷的制作年代和烧制地点）、玻璃、银币、铜镜、燧石、骨头化石等样品中的微量元素和痕量元素，进行统计分析，寻找共同性和差异性，从而确定元素成分的演变、产地及矿源（例如不同地区的陶瓷土的元素组成差异，推断瓷土来源）等。

2.3.6　X射线荧光分析

荧光 X 射线（X-ray fluorescence）是物质受原级 X 射线或其他光子源照射，受激产生次级 X 射线的现象。X 射线荧光分析又称 X 射线次级发射光谱分析。

利用一定能量的 X 射线（或电子）辐照被检工件，能激发被检物质中的原子使之产生次级的特征 X 射线（X 射线荧光），这是因为每一种化学元素的原子都具有特定的能级结构，其核外电子以各自特定的能量在各自的固定轨道上运行，在足够能量的 X 射线照射下使内层电子脱离原子核的束缚而成为自由电子时，原子处于激发态，外层电子会通过跃迁填补空位，同时以发出 X 射线的形式放出能量，随不同元素特定的原子能级结构，跃迁时放出的 X 射线能量也是特定的，亦即具有各自特定波长的特征 X 射线，它包含了被辐照物质的化学成分信息。通过分析 X 射线荧光光谱，测定特征 X 射线的波长，可以确定存在的元素种类，而特征 X 射线的强弱（荧光 X 射线的强度）与相应元素的含量有一定的对应关系，以标准样品作参照测定荧光 X 射线强度就可以分析确定被检物质的化学成分含量，这种方法称为 X 射线荧光分析，又称 X 射线次级发射光谱分析，也即是荧光 X 射线检测。根据此原理制成的仪器就是 X 射线荧光分析仪或称为 X 射线荧光光谱分析仪。见图 2-171。

X 射线荧光分析法的特点：

（1）适应范围广：目前的 X 射线荧光分析仪除了 H、He、Li 和 Be 外，已经可对元素周期表中从 5B 到 92U 作元素的常量、微量的定性和定量分析，但是一般只能分析含量大于 0.01% 的元素。

（2）操作快速方便：在短时间内可同时完成多种元素的分析。

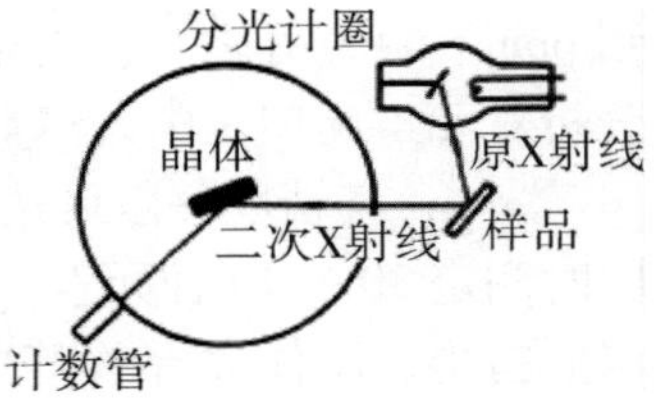

（3）不受试样形状和大小的限制，不破坏试样，但是分析的试样应该均匀。

图 2-171　X 射线荧光分析法的原理示意

（4）能对涂（镀）层做绝对测量或相对测量（所测厚度需要用标准样品校正），测量精度高，可对极薄的镀层、双镀层、合金镀层进行测厚。

现代 X 射线荧光分析技术已经可以制成便携式、手持式 X 射线荧光光谱仪，可以用于工业现场对金属材料进行快速近似定量成分分析、合金材料鉴别分选，金属废料分类回收、考古/文物鉴定，能自动识别金属种类并选择最佳参数进行分析，可对铁基、镍基、钛基、铝基、铜基和钴基材料进行识别，可分析多元合金的含量（可在 2 秒钟内分析出元素周期表 Mg～Th 的多达 41 种元素，如分选铝合金和镁合金只需 10 秒），还可用于涂料、土壤、尘埃中铅含量的现场快速测定，快速测定矿石、岩芯中金属元素的含量，可在发掘现场评价矿石的等级、品位及分布，适用于贵重金属、珠宝首饰行业无损检验金、铂族物品，以及对土壤、沉积物、塑料制品等各种粉状、块状、涂层或过滤物质中多达 25 种低含量元素（100 ppm 量级）进行快速分析，包括 As、Se、Ba、Cd、Cr、Ag、Hg、Pb 八种有害金属元素，用于环境监测和制造业环保安全检验等。

X 射线荧光分析还可用于涂（镀）层厚度的测量，这是利用 X 射线激发工件涂

（镀）层和基体金属的荧光 X 射线，利用探测器测量工件上涂（镀）层材料发生的荧光 X 射线强度，或者基体材料发生的荧光 X 射线穿过表面涂（镀）层衰减后的强度，来确定涂（镀）层的厚度。

X 射线荧光分析适用于几乎任何涂（镀）层与基体元素的组合，可以用于大多数涂（镀）层和金属基体，例如黄铜基体上的镀金层、碳化钨硬质合金基体上的碳化钛或氮化钛涂层等，其优点是可对涂（镀）层做绝对测量或相对测量（所测厚度需要用标准样品校正），测量精度高，可测极薄的镀层、双镀层、合金镀层，检测速度快，操作方法简便。

图 2 – 172、图 2 – 173 为美国 NITON（尼通）公司 X 射线荧光分析仪及其应用实例。

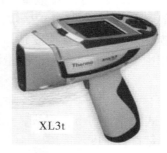

图 2 – 172　XL3t/XL3t Goldd + 型手持式合金分析仪（X 射线荧光分析仪）

合金材料鉴别

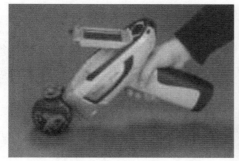 

考古/文物鉴定

图 2 – 173　手持式合金分析仪应用示例

2.3.7　β射线反向散射法

β射线反向散射法主要用于金属基体镀层测厚。

β射线一般由放射性同位素产生，当一定能量的β射线射向带有镀层的金属试样时，β射线在物质中与原子核的库仑场发生弹性散射，β粒子将改变运动方向，由于β粒子的质量很小，可能会发生较大角度的散射甚至多次散射，导致偏离原来的射束方向，使入射方向上的射线强度减弱，当散射角超过90°时，就称为β射线反向散射或β射线背散射、逆散射。

β射线反向散射的射线被探测器接收时，由于反向散射β射线的强度与镀层种类和厚度有关，因此可以测得镀层的厚度。

β射线反向散射法的测量精度高，适用于大多数金属镀层，若镀层金属与基体金属之间的原子序数相差较大（一般要求至少大于3）时，厚度测量的灵敏度也会提高，故该方法特别适用于测量贵金属镀层（例如镀金层厚度）。

除了β射线以外，也有利用中子射线的逆散射法测量涂层厚度。

2.3.8　辐射测厚

辐射射线测厚方法属于穿透式测厚，利用β射线、γ射线等穿透被测材料时因为被吸收衰减而发生的强度变化来测量材料厚度。

射源发出的射线透过被测材料后被探测器吸收，探测器产生相应于厚度的电流 I_X，它在负载电阻 R 上的压降为 E_X，将其与预先设定的厚度对应电压 E_s 比较，得到的偏差即厚度变化量。

利用β射线的辐射测厚方法其测量范围较窄，适用于测量较薄的钢带、铜带、金箔、银箔、纸张、塑料和橡胶等的厚度，以及用于胶片生产过程中测量其厚度，将测量信息反馈以控制轧制轮轴的压力大小，以便控制胶片的厚度更均匀，在造纸工业中也有类似应用。

利用γ射线的辐射测厚方法其测量范围较宽，能在恶劣环境下应用，不受烟气、蒸汽和水分等影响，但是γ射线对人体的伤害大，应用时需要做好辐射防护。

2.3.9　放射性气体吸附检测

使用放射性惰性气体氪85或者氢的放射性同位素氚等，在一定压力和温度条件下渗透到试件表面与次表面的细孔、裂纹或其他缺陷中，并在其内富集。然后清洁试件表面，再采用自射线照相方法或其他相应方法测定缺陷中的辐射（主要是β射线），从而可以检出缺陷，确定缺陷的位置、形状及在试件表面上的分布。

所谓自射线照相方法是指带电微粒（例如α粒子、质子、β粒子）或γ光子等对照相乳胶中的卤化银发生放射性辐射作用，如同受光辐射作用一样，再经过显影、定影处理后显示出照相图像。

2.3.10 穆斯堡尔谱分析

穆斯堡尔谱分析方法依据的原理是穆斯堡尔效应（Mössbauer effect，也简称为"穆氏效应"），即原子核 γ 射线辐射的无反冲发射和共振吸收，在本质上也是一种核磁共振。

穆斯堡尔效应可以用来研究原子核与核外环境的超精细相互作用，超精细作用来自原子核与核外电子及附近其他离子的电磁作用，是一种非常精确的测量手段，其能量分辨率可高达 10^{-13}，并且抗干扰能力强、实验设备和技术相对简单、对样品无破坏，从而可以分析物质的微观结构。原子核外的环境影响原子核的超精细能级，进而影响穆斯堡尔谱（γ 射线光子的透射率与 γ 射线辐射源和吸收体之间相对速度间的变化曲线叫作穆斯堡尔谱）。研究穆斯堡尔谱可以清楚地检查到原子核能级的移动和分裂，进而得到原子核的超精细场（内场）、原子的价态、对称性等方面的数据信息。在固体物理学、生物学、化学、地质学、冶金学、矿物学、地质学等领域有着广泛的应用。近年来穆斯堡尔效应也在一些新兴学科，如材料科学和表面科学开拓了应用前景。应用穆斯堡尔谱研究原子核与核外环境的超精细相互作用的学科叫作穆斯堡尔谱学。

穆斯堡尔效应可应用于研究磁性材料、分析磁有序物质结构：确定磁有序度类型（判断原子磁矩有序化的情况）、确定磁有序化转变温度（磁有序化转变是原子磁矩有序排列与混乱取向之间的转变，测量内磁场随温度的变化可以确定磁有序化温度，从而确定材料系统中样品的化学成分）、相成分的分析（对固态物相的鉴定）、相变的分析（通过确定超精细参量和温度之间的关系来确定相变，例如钢中马氏体相变）、确定晶位分布（确定固溶体和化合物中同种原子或离子在不同晶位中的占有率）、测量混合物或化合物中的相对量、氮化层厚度、表面应力等。例如淬火钢，铁磁相马氏体中的 Fe 原子核处在有效内磁场中时，穆斯堡尔谱呈六线谱，顺磁相奥氏体 ^{57}Fe 核呈单峰，位于当中，从而根据谱线面积之比可以估算马氏体和奥氏体的相对含量并分析马氏体中碳原子的间隙位置。

2.3.11 正电子湮灭技术（PAT）

正电子（positron，表示为 e^+）是基本粒子的一种，带正电荷（带有 +1 单位电荷，即 $+1.6 \times 10^{-19}$ 库仑），质量和电子（表示为 e^-）相等（$m = 9.1 \times 10^{-31}$ 千克），自旋与电子同为 1/2，是电子的反粒子，也叫阳电子、反电子、正子。正电子除带正电荷外，其他性质与电子相同。正电子是不稳定粒子，当正电子与原子核外电子相遇时，这两个电子在大多数情况下转化为两个 γ 光子（gamma ray photon），忽略不计电子偶的机械能时，所形成的两个光子各具有 0.511 MeV 的能量，沿相反方向射出相应能量 γ 射线，这个过程称为正电子的湮灭（annihilation）。正电子湮灭过程遵守电荷守恒、能量守恒、动量守恒和角动量守恒。

将正电子束扫描到需要检测的金属上，正电子进入金属后在极短时间内（小于 10^{-11} s）将因损失能量而减速，然后在材料中自由扩散，遇到金属内的负电子将发生湮灭现象。

正电子的寿命与其所在处的电子密度有关，约为 $(100\sim500)\times10^{-12}$ s，电子密度越低，其寿命越长。若材料中存在带有等效负电荷的空位型缺陷时，这种缺陷能够吸引正电子，使之不再自由扩散而是被束缚在缺陷中（捕获）。缺陷中电子密度较低时，处于捕获态的正电子寿命较自由态正电子的寿命为长，一般来说，缺陷尺寸越大，其电子密度越低，则正电子寿命越长，亦即正电子寿命能反映材料中缺陷的大小或种类。缺陷中电子密度越高，正电子被捕获的概率就越大，长寿命正电子成分在寿命谱中所占的相对强度也越大，可以根据长寿命正电子成分的相对强度来反映缺陷中的电子密度。金属内部不同结构处正、负电子湮灭时释放出的辐射现象有所不同，根据仪器分析记录的辐射现象可以判断评估金属内部的缺陷。

正电子湮灭技术已被广泛用于金属材料的研究和探测鉴别固体的内部缺陷，如研究单空位、双空位、位错、空位团和微空洞等，测定金属及其他固体中空位的形成能，研究辐照效应、疲劳、氢脆、形变和回复、时效沉淀、马氏体相变及非晶态金属等。新发展起来慢正电子湮灭装置还可以有效地分析固体近表面区域的缺陷分布，例如研究离子注入陶瓷表面的辐照损伤。

正电子湮灭技术对被检试样的制备没有特殊要求，但是在实验结果的确切分析方面仍存在一定困难。

2.3.12 X射线表面残余应力测试技术

机械构件制造过程中，如焊接、铸造、锻造、热处理、机械加工等，都或多或少会产生残余应力。残余应力一方面会影响机械构件的静载强度、疲劳强度、抗应力腐蚀能力、形状尺寸稳定性等，甚至导致构件的变形、开裂损坏；另一方面又可作为材料强化的途径之一，如提高构件的疲劳强度、喷丸表面强化等。消除或合理利用残余应力可防止机械构件或设备早期失效，延长服役寿命，首要的当然是测试构件表面残余应力大小与分布。

X射线应力测定法是残余应力测试方法中的一种。

依据X射线衍射原理，当一束具有一定波长 λ 的X射线投射到多晶材料表面时有反射发生，并在某一特定角度 2θ 上出现极大值，X射线衍射遵从布拉格（Bragg）定律：

$$2d\sin\theta = n\lambda$$

式中：d 为平行原子平面的间距，λ 为入射波波长（小于等于 $2d$），θ 为入射光与晶面之夹角。

测定应力时，先后以不同角度将X射线投射到材料表面，使衍射晶面的方位相应改变，每次分别测出相应的衍射角 2θ。

在平面应力状态下，依据弹性理论，可求出应力值：$\delta = K \cdot \partial 2\theta / \partial \sin^2\phi$，其中 K 为应力常数，对于确定的材料，可从资料或通过实验得到，∂ 为数学偏微分符号。

新一代的X射线应力仪采用先进的固态线性成像探测器，测角仪，配有三维应力测试软件包。采用改善的 ψ 衍射几何系统，由两个对称的探测器从两个相反的方向来记录衍射信号，每个探测器独立使用互相关法定峰，避免了吸收校正（LPA）、洛仑兹校正等因素带来的误差及不对称误差、随机误差等,高分辨率的固态线性成像探测器采用MOS集成电路,克服了传统的正比管、位敏管的充气不稳定性和功耗高的缺点。高的信噪比及低功耗保证了高的测量精度。新一代的X射线应力仪采用曝光法,打破机械扫描法的常规,大大提高了测量速度,测角仪小巧,并能在平面旋转±180°,加上软件包,进行三维应力分析,给出各个主应力矢量,对复合材料测试尤为方便,适用于一些小面积狭窄部位的应力测量,也有可能实现粗晶材料构件的残余应力测量。

2.4 利用热学特性的无损检测技术

2.4.1 热图像法（红外检测）

热图像法检测即红外检测,红外线或称红外热辐射是一种电磁波,具有与无线电波及可见光一样的本质,通常指波长 0.76~1 000 μm,频率 $4\times10^{14}\sim3\times10^{11}$ Hz 的电磁波,位于可见光光谱的红色与微波之间,其中波长为 0.76~3.0 μm 的部分称为近红外线（短波红外线）,波长为 3.0~30 μm 之间的部分称为中红外线,波长为 30~1 000 μm 的部分称为远红外线（长波红外线,也有人把这段再分割为远红外线和极远红外线）。

注：也有的资料把红外检测应用的波段划分为四个更小的波段：近红外线波段 0.76~3 μm、中红外线波段 3~6 μm、远红外线波段 6~15 μm 和超远红外线波段 15~100 μm,再往后就称为极远红外线。

图 2-174 展示了电磁波谱。

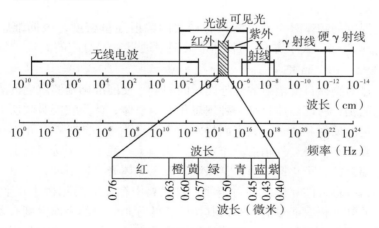

图 2-174 电磁波谱

自然界中,一切温度高于绝对零度（-273.15 ℃）的物体都会自发地从表面向周围空间发出连续谱的红外辐射能量（即使如冰块这样表面非常寒冷的物体,也同样能够发射红外能量）,它是基于任何物体在常规环境下都会产生自身的分子和原子无规则的运动,并不停地辐射出热红外能量,从而在物体表面形成一定的温度场,俗称"热像"。物体分子和原子的运动越剧烈,辐射的能量越大,反之,辐射的能量越小。物体的温度只要有较小的变化,就会引起物体的红外辐射功率发生较大变化,物体的温度越高,它所辐射的红外能量就越强,这是一种人眼看不见的能量,红外检测技术就是通过红外探测器接收物体发出的红外线(红外辐射),将物体辐射的功率信号转换成电信号后,成像装置的输出信号就可以完全一一对应地模拟扫描物体表面温度的空间分布,经电子系统处理,传至红外热像仪显示屏上,得到与物体表面热分布相应的热像图(红外线热图成像),从而可以实现对目标进行远距离温度场成像和测温并分析判断物体表面的温度分布情况。

红外辐射具有两个重要的特性:

(1) 按照普朗克黑体热辐射定律(Planck radiation law),在温度 T 一定时,黑体辐射的能流密度 $M_{B\lambda}$ 仅仅是辐射波长 λ 的函数。因此,物体的红外辐射能量的大小及其按波长的分布与它的表面温度有着十分密切的关系,在工业上可用于设备、构件等的热点检测和热辐射测温。

根据斯捷藩 – 波尔兹曼(Stefan-Boltzman)定律:

$$R_\lambda = \varepsilon_\lambda \cdot \sigma \cdot T^4$$

式中:

R_λ——物体光谱辐射通量密度($w \cdot cm^2/\mu m$);

ε_λ——物体光谱辐射本领;

σ——斯捷藩 – 波尔兹曼常数($5.67 \times 10^{-8} w \cdot m^2/T^4$);

T——物体绝对温度(°K)。

该定律描述了辐射功率随温度的变化规律(单位面积单位时间辐射功率和温度的四次方成正比)。

具有一定温度的物体对应某一波长有最大的辐射通量密度,根据维恩(Wein)位移定律有:$\lambda_m \cdot T = b$,式中:λ_m 为物体最大辐射通量密度对应的波长(即峰值波长);b 为常数,$2.898 \times 10^{-3} m°K$。

因此,通过对物体自身辐射的红外能量的测量,便能准确地测定它的表面温度。

应当注意的是:所谓黑体只是一种理想化的辐射体,认为它能吸收所有波长的辐射能量,没有能量的反射和透过,其表面的发射率设定为1,自然界中并不存在真正的黑体,但是为了弄清和获得红外辐射分布规律,在理论研究中必须选择合适的模型,普朗克提出了体腔辐射的量子化振子模型,以波长表示黑体光谱辐射度,这是一切红外辐射理论的出发点,故称普朗克黑体辐射定律。自然界中存在的实际物体几乎都不是黑体。所有实际物体的红外辐射能量的大小及其按波长的分布与它的表面温度有着十分密切的关系,辐射量除依赖于辐射波长及物体的温度之外,还与构成物体的材料种类、制备方法、热过程、物理化学结构、材料厚度,以及表面状态和环境条件等因素有关。

因此,为使黑体辐射定律适用于所有实际物体,必须引入一个与材料性质及表面状态有关的比例系数,即发射率。该系数表示实际物体的热辐射与黑体辐射的接近程度,其值在零和小于1的数值之间。根据辐射定律,只要知道了材料的发射率,就知道了任何物体的红外辐射特性。

例如，1Cr18Ni8 不锈钢板在 800 ℃温度氧化处理后，在温度 60 ℃时以全光谱测得的表面发射率为 0.85，而其抛光表面在温度 20 ℃时以全光谱测得的表面发射率则为 0.16。又如水在 0 ℃结冰，表面平滑，以全光谱测得的表面发射率为 0.97，而同样表面平滑的情况下，在 -10 ℃时以全光谱测得的表面发射率为 0.96。

根据黑体辐射定律，在光谱的短波段由温度引起的辐射能量变化将超过由发射率误差所引起的辐射能量变化，因此，红外辐射检测一般对中、短波红外线具有较高的灵敏度，但是短波红外线的衰减很快，所以一般红外辐射检测仪器应用的敏感波段在中波。

在红外热成像检测中，能够检测的物体温度范围通常为 300～400 ℉（1968 年国际实用温标 IPTS-68 规定以开尔文 [°K] 表示的热力学温度单位），即波长范围为 8～14 μm，此时的红外辐射具有最大辐射通量密度，由此决定了红外热成像检测系统的敏感波段。

在红外热成像检测中涉及两个重要的物理性能和热力学温度单位，即热导率、热扩散率和开氏温度。

开尔文温度简称"开氏温度"，是以绝对零度作为计算起点的温度，即将水三相点的温度准确定义为 273.16 ℉后所得到的温度，过去也曾称为"绝对温度"。开氏温度常用符号 T 表示，其单位为开尔文，定义为水三相点温度的 1/273.16，常用符号°K 表示。开氏温度和人们习惯使用的摄氏温度相差一个常数 273.15，即 $T = t + 273.15$（t 是摄氏温度）。例如，用摄氏温度表示的水三相点温度为 0.01 ℃，而用开氏温度表示则为 273.16 ℉。开氏温度与摄氏温度的区别只是计算温度的起点不同，即零点不同，彼此相差一个常数，可以相互换算。这两者之间的区别不能够与热力学温度和国际实用温标温度之间的区别相混淆，后两者间的区别是定义上的差别。热力学温度可以表示成开氏温度，同样，国际实用温标温度也可以表示成开氏温度。当然，它们也都可以表示成摄氏温度。见图 2-175。

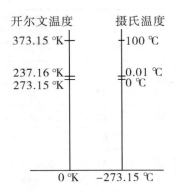

图 2-175　开氏温度与摄氏温度对照示意

热导率又称导热系数（coefficient of thermal conductivity），常用符号 λ 表示，热导率反映物质的热传导能力，即反映材料导热性能的物理量。根据热传导理论，不同材料的导热率不同，只要材料不同就会产生热传导的不一致性。热导率越大，导热性越好，热导率很大的物体就是优良的热导体，而热导率小的物体就是热的不良导体甚至是热绝缘体（例如工业上常用的石棉、珍珠岩等保温隔热材料）。如果在同一均匀物质的各部分之间温度差不是很大时，在实际应用中可视整体物质的热导率为一常数。

各种物质的热导率数值主要靠实验测定（见表2-7～表2-9），热导率一般与压力关系不大，但是受温度变化的影响很大，纯金属和大多数液体的热导率随温度的升高而降低（水是例外），非金属和气体的热导率则随温度的升高而升高，因此在涉及传热计算时，通常取物质平均温度下的热导率值。此外，固态物质的热导率还与其含液（水或其他液体）量、结构和孔隙度（结构致密度）有关，一般含液量大的物质热导率大。例如干砖的热导率约为 0.27 W/（m·K），湿砖的热导率则约为 0.87 W/（m·K）。一般来说，物质的密度大，其热导率通常也较大，金属含杂质时热导率会降低，合金的热导率就比纯金属低。各类物质的热导率［W/（m·K）］的大致范围是：金属为 50～415，合金为 12～120，绝热材料为 0.03～0.17，液体为 0.17～0.7，气体为 0.007～0.17，碳纳米管则高达1 000以上。在已知矿物中热导率最高的是钻石。

表2-7 几种常用金属的热导率

材料	热导率 W/(m·K)	材料	热导率 W/(m·K)
铝	204～238	钢	45
紫铜	65～407	不锈钢	17
黄铜	93	铸铁	45～90
铜	383～401	银	411～429
铅	34.8～35	镍	88
金	317	锡	67
铍	200	铁	46.5～80

表2-8 几种常用金属不同温度下的热导率 W/(m·℃)

材料	0 ℃	100 ℃	200 ℃	300 ℃	400 ℃
铝	227.95	227.95	227.95	227.95	227.95
铜	383.79	379.14	372.16	367.51	362.86
铁	73.27	67.45	61.64	54.66	48.85
铅	35.12	33.38	31.40	29.77	—
镁	172.12	167.47	162.82	158.17	—
镍	93.04	82.57	73.27	63.97	59.31
银	414.03	409.38	373.32	361.69	359.37
锌	112.81	109.90	105.83	101.18	93.04
碳钢	52.34	48.85	44.19	41.87	34.89
不锈钢	16.28	17.45	17.45	18.49	—

表2-9 常用材料熔点、热导率和比热容

名称	熔点 ℃	热导率 λ W/m·K	比热容 c kJ/kg·K	名称	熔点 ℃	热导率 λ W/m·K	比热容 c kJ/kg·K
灰铸铁	1 200	58	0.532	铝	658	204	0.879
碳钢	1 460	47~58	0.49	锌	419	110~113	0.38
不锈钢	1 450	14	0.51	锡	232	64	0.24
硬质合金	2 000	81	0.80	铅	327.4	34.7	0.130
纯铜	1 083	384	0.394	镍	1 452	59	0.64
黄铜	950	104.7	0.384	聚氯乙烯	—	0.16	—
青铜	910	64	0.37	聚酰胺	—	0.31	—

热扩散率又叫导温系数,在传热分析中,热扩散率 a(单位 m^2/s)是热导率 λ 与比热容 c 和密度 ρ 的乘积之比:$a = \lambda/(\rho \cdot c)$。式中:$\lambda$ 为材料的热导率,单位为 $W/(m \cdot K)$;c 为材料的比热容(比热),单位为 $J/(kg \cdot K)$;ρ 为材料的质量体密度,单位为 kg/m^3。

可见热扩散率与材料性质有关,它表示物体在加热或冷却中,温度趋于均匀一致的能力。这是一个综合物性参数,对稳态导热没有影响,但是在非稳态导热过程中,它却是一个非常重要的参数。

对于均匀无缺陷的材料,其热扩散率 a 为常数。例如普通岩石约为 10 m^2/s。在 $300\ °K$ 时,空气的热扩散率约是 $0.000\ 024\ m^2/s$。

当在某种均匀材料中有缺陷存在时,缺陷的导热性与母体材料的导热性有差异,相当于具有另一热扩散率的材料,因而有缺陷部分与无缺陷部分的热状态不同,在材料表面就有不同表现,可以测量这种红外辐射差异从而检出缺陷。

热传导的差异在材料表面形成时间和空间上的温度梯度,即温度扰动:$\Delta T = T_f - T$。式中:ΔT 为温度扰动,T_f 为有缺陷处的材料表面温度,T 为无缺陷处的材料表面温度。ΔT 不仅与材料的热扩散率有关,而且与缺陷的几何尺寸和埋藏深度有关。

(2)红外线能够良好地穿透大气、烟雾、水汽等,因此能使人们在完全无光的夜晚,或是在烟云密布的战场,清晰地观察到前方的情况,例如军事上的红外夜视仪、红外瞄准镜,飞机、舰艇和坦克的全天候前视系统就是运用了热红外成像技术。此外,在医学上可应用于检查人体温度异常区域,例如2003年的SARS(非典型肺炎,在中国简称"非典")流行期间,安置于机场、车站等人流密集的地方监视人体额头部位有无发热就是一个典型的应用实例。在工业上则可用于设备、构件等的热点检测、缺陷检测及热辐射测温。

红外热成像检测可分为主动式(在试件背面或正面进行人工加热从而向被检试件注入一定的热量形成温度场用于检测成像)和被动式(依靠自然界环境温度或试件自身存在热源而产生热辐射从而对其温度场被动成像进行检测)。通常所说的红外热成像检测是指被动式红外检测。

无论是主动式还是被动式,对于温度场的检测成像都是依靠红外热像仪。

红外热像仪是通过吸收目标物体的能量辐射生成红外图像和温度测量的仪器。利用红外热像仪测量目标本身与背景间的红外辐射能量差异可以得到不同红外线辐射能量而形成的红外热图像。当材料表面的温度差大于红外热像仪的最小可测温度时,即可在红外热像仪上观察到人眼不能直接看到的试件表面温度分布的热图像(非可见光图像),可以分析判断材料中是否存在缺陷,从而达到检测目的。

红外热像仪的接收器件是红外焦平面(FPA)热成像系统,目前常用的红外热敏半导体材料是 VO_x(钒的低价氧化物,分子式中的 x 是氧离子数)薄膜,采用硅衬底上制备 VO_x/TiO_x 双层膜或 $VO_x/TiO_x/Ti$ 三层膜薄膜,在硅衬底上先沉积一层 TiO_x 或 Ti 薄膜,有利于氧化钒薄膜的沉积,起到过渡层的作用,能有效减少玻璃衬底与氧化钒薄膜之间的应力。

以前的红外热像仪采用的红外焦平面(FPA)热成像系统其核心部件主要是需低温制冷(如最常应用液氮制冷)的光量子型器件(可在低温 77 °K 附近工作),其中以碲镉汞(HgCdTe)器件(工作在 3～5 μm 或 8～14 μm 波段)和锑化铟(InSb)器件(工作在 3～5 μm 波段)为典型代表。这类器件的光电性能的确优良,但是存在必须配备制冷装置、价格昂贵、功耗大、重量重、寿命有限、后勤维护量大、使用条件苛刻、可靠性不足等缺点,因而使其应用受到很大限制。现代红外热像仪采用的是非制冷红外焦平面阵列,不需要在低温制冷条件下工作,使红外摄像既能获得优良性能,又能实现低成本、小型化和高可靠性,尤其是大面阵的红外焦平面阵列,更大大拓宽了红外检测技术的应用范围。

非制冷红外焦平面阵列应用的探测器有热电偶 FPA、热释电 FPA 和微测辐射热计 FPA。目前较为常用的是热释电 FPA 和微测辐射热计 FPA,而微测辐射热计 FPA 因其系统简单,其应用更为广泛。

热释电 FPA 的原理是:

入射的热辐射使探测材料的温度发生变化,引发材料自发极化强度的变化,在垂直于自发极化方向的两个晶面将出现感应电荷,在自由电荷与感应电荷中和之前,通过外电路将其引出,利用感应电荷的变化来测量光辐射通量。热释电 FPA 没有任何直流电流,但是因其响应温度变化,必须使用斩波器,从而增加了系统的复杂性。

微测辐射热计 FPA 是利用载流子密度变化和迁移度变化来测量物体的温度,从而得到目标的图像。目前非制冷焦平面探测器的主流技术为热敏电阻式微测辐射热计 FPA,根据使用的热敏电阻材料的不同可以可分为氧化钒(VO_x)和非晶硅(amorphous Silicon,α-Si)两大类型探测器。

热释电探测器和大部分 α-Si 探测器在其工作期间需要采用铁电制冷器来保障探测器芯片的恒温,而 VO_x 探测器则不需要制冷器来保障恒温,而且 VO_x 探测器灵敏度最高,其可探测温差也是最小的,能够使热像仪在很宽的温度范围内工作,还能保持极好的动态范围和图像均匀性,并且降低了功耗、提高了快速启动成像的能力。因此 VO_x 具有更好的应用优势。

红外热像仪镜头所用的材料是锗玻璃，由于它价格昂贵，使得镜头的成本占了热像仪成本的很大比例，镜头尺寸的大小关系到热像仪的成本，因此热像仪制造商一般都选择小口径或高 F（焦距）的镜头来降低成本。

红外焦平面探测器由大量的像元在焦平面上排成阵列而成，像元尺寸的大小将影响一系列性能指标，像元尺寸越小，就可制作越高像素的探测器。像元尺寸越小，其像元均匀性越好，图像性能越好。另外，像元尺寸越小，系统所配的镜头口径也可越小，进而降低成本。

红外热像仪最重要的两个技术指标是温度分辨率和空间分辨率。

温度分辨率：指红外热像仪使观察者能从背景中精确地分辨出目标辐射的最小温度差异 ΔT。

温度分辨率体现了红外热像仪的温度敏感性，温度分辨率越小则意味着红外热像仪对温度的变化感知越明显。红外热像仪测试被测物的主要目的是通过温度差异找出相对的热点，从而判断出故障点，测量单个点的温度值并没有太大意义。

空间分辨率：指使用红外热像仪观测时，红外热像仪对目标空间形状的分辨能力。

红外热像仪的空间分辨率通常以 mrad（毫弧度）为单位，mrad 的值越小，表明其分辨率越高。弧度值乘以半径约等于弦长，亦即目标的直径。

图 2-176、图 2-177 所示为美国 FLIR 公司系列红外热像仪。

图 2-176　美国 FLIR 公司的系列红外热像仪

图 2-177　美国 FLIR 公司（FLIR Systems，Inc）的 ThermaCAM™SC3000 红外热像仪

ThermaCAM™SC3000 红外热像仪采用砷化镓（GaAs），长波 QWIP 光电探测器（quantum well infrared photodetector，量子阱红外光电探测器），热灵敏度 0.02 ℃，在 30 ℃ 时 20 m°K，空间分辨率（IFOV）1.1 mrad。

红外检测技术的优点是：

能非接触遥控测量，直接显示实时图像，灵敏度较高，检测速度快。

红外热像仪结构简单，使用安全，信息数据处理速度快，并能实现自动化检测和永久性记录，在检测时受试件表面光洁度影响小等。

目前，红外热成像检测仪可检测的温度范围已能达到 -50～+2 000 ℃，温度分辨率已能达到 0.1～0.02 ℃，能够实现快速、直观、大面积扫测。

红外热成像检测技术的缺点：

（1）检测灵敏度与热辐射率相关，因此受试件表面及背景辐射的干扰（材料热导率、试件周围的杂散热源、温度灵敏度和表面热辐射系数等），受缺陷大小、埋藏深度的影响，对原试件分辨率差，不能精确测定缺陷的形状、大小和位置。

（2）在检测时对时间-温度的关系要求严格，检测结果的解释比较复杂，需要有参考标准。

（3）检测操作人员需要经过培训等。

红外热成像检测技术已广泛应用于金属、非金属构件，尤其适用于导热系数低的材料，如检测复合材料、胶接结构和叠层结构中的孔洞、裂纹、分层和脱粘类缺陷，还可用于聚合物、橡胶、尼龙、胶纸板、石棉、有机玻璃、水泥制品、陶瓷等的质量检测，对固体火箭发动机整体或壳体、航空发动机喷管、涡轮叶片、电子仪器的整机或组件（如印刷电路板、集成电路块等）的温度监控，可以检查元件的质量、钎焊质量及工作状态，检测电力设备（如电气设备、配电系统，包括高压接触器、熔断器盘、主电源断路器盘、接触器、配电线、电动机、变压器、发电机组的换向触点、高压瓷瓶、高压开关与触头、输变电线路等）中的不良接触，以及例如回路过载或三相负载不平衡所造成的过热点检测，以免引起严重短路和火灾、停机等事故，铁路车辆的轴体或轴承过热检测（摩擦过热导致"烧轴"事故），石油化工、采暖、节能等领域的容器与管路检测，安全监控系统中也已广泛应用了红外热成像仪。在建筑行业，可以用于建筑外墙的整体检测，检测建筑物墙体的剥离、渗漏和墙饰面层的质量（发现肉眼无法觉察的建筑缺陷及状态，确保建筑性能及质量，避免造成重大损失或危害），建筑节能评估、建筑湿气/冷凝伤害、电气系统故障、暖通空调系统故障等。

对于所有可以直接看见的设备，红外热成像检测能够确定所有连接点的热隐患，对于那些由于屏蔽而无法直接看到的部分，则可以根据其热量传导到部件外面的情况来发现其热隐患。例如，混凝土的红外检测就是通过测量混凝土表面的热量及热流来判断其质量，因为混凝土内部缺陷会改变混凝土的热传导，使混凝土表面的温度场分布产生异常，用红外成像仪测量混凝土表面热像图，由热像图中的异常特征可判断出混凝土内部缺陷的类型及位置特征，还可用于检测混凝土遭受冻害或火灾等损伤的程度等。

图 2-178～图 2-184 为各种红外热成像检测示例（图片来自网络经整理）。

建筑外墙渗漏　　　　　　　　建筑外墙砖空鼓

图 2-178　建筑外墙检测

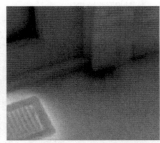

地板漏入冷空气　　　　　　　屋顶防水层渗漏

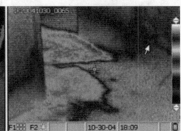

室内地面地砖探测

室内墙壁渗水检测

图 2-179　建筑质量检测

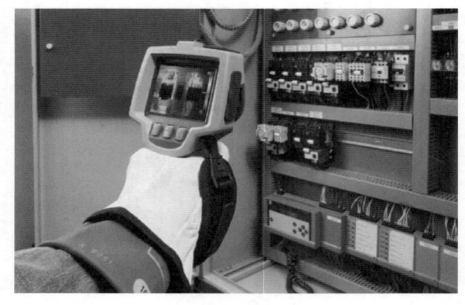

图 2-180　空气断路开关红外热图像检测

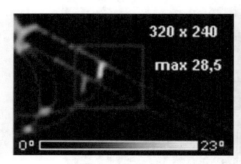

图 2-181　电力输送线路过热点检测

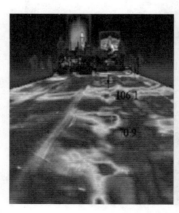

图 2-182　热拌沥青铺设路面的均匀性

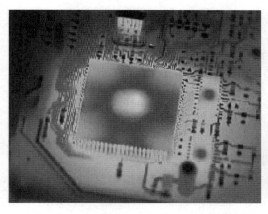 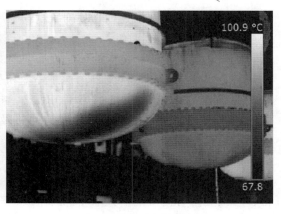

图 2-183　电子线路板芯片过热的红外热成像　　　图 2-184　液化石油气储罐泄漏

除了红外热成像检测仪外，利用红外检测的还有红外测温仪和红外热电视。

红外热电视属于红外热像仪的一种，它是通过热释电摄像管（PEV）接受被测目标物体的表面红外辐射，并把目标内热辐射分布的不可见热图像转变成视频信号，是一种实时宽谱成像（对 3～5 μm 及 8～14 μm 有较好的频率响应），具有中等分辨率，主要由透镜、靶面和电子枪三部分组成，其工作原理是将被测目标的红外辐射线通过透镜聚焦成像到热释电摄像管，采用常温热电视探测器和电子束扫描及靶面成像。热释电摄像管应用的热探测器通常是指光电导或光伏红外探测器，其采用的元素有硫化铅（PbS）、硒化铅（PbSe）、锑化铟（InSb）、碲镉汞（HgCdTe）、碲锡铅（PbSnTe）、锗掺杂（Ge：X）和硅掺杂（Si：X）等。

红外测温仪（也称点温仪）由光学系统、光电探测器、信号放大器及信号处理、显示输出等部分组成。光学系统汇集视场内目标的红外辐射能量，聚焦在光电探测仪上并转变为相应的电信号，经过放大器和信号处理电路按照仪器内部的算法和目标发射率校正后转变为被测目标的温度值。

2.4.2　红外热波无损检测技术

红外热波无损检测技术属于主动式红外热成像检测技术中的一种，其核心是采用主动式控制热激励的方法，利用物体结构或材料不同时其热传导特性不同的特点，针对被检物材质、结构和缺陷类型及检测条件，设计选择不同特性的热源（各种不同的加热方法）对试件进行周期、脉冲、直流等函数形式的加热，依据热波理论研究周期、脉冲、阶梯函数等变化性热源与材料及其几何结构之间的相互作用。材料被加热后，不同材料表面及表面下的物理特性和边界条件（内部结构，如表面裂纹和暗藏于表面以下的各种损伤和异常结构变化）将影响热波的传输，并以某种方式在材料表面的温度场变化上反映出来，通过控制热激励方法和利用现代红外热像仪探测与测量材料表面的温度场变化，将可以获取例如表面裂纹和表面下各种损伤及异常结构变化的信息、材料内部的结构均匀性信息等，并在计算机控制下进行时序热波信号探测捕捉和数据采集，在时间和空间上记录热传导过程中试件表面的时间和空间温度场变化，应用以热波（thermal wave）理论和现代图像处理为基础研制的专用计算机软件对实时热图像信号进行处理和分析，从而达到检测目的。

红外热波无损检测技术的核心设备是红外热波探伤仪，包括高分辨率红外热像仪、加热装置（对于不同被检测物、检测环境和条件，需要有针对性地设计采用大功率闪光灯、超声波、激光、THz波、热风、感应、电流、液体、机械振动等多种不同方式的热激励源）、控制系统和电源、高性能计算机及图像处理装置和专用计算机软件（主要包括快速检查规范和判别程序，系统图像处理软件，系统数据库及其管理系统等）。

红外热波无损检测技术具有适用面广（可用于所有金属和非金属材料），检测速度快（每个测量一般只需数秒钟到几十秒钟），观测面积大（根据被测对象和光学系统规格，一次测量可覆盖至平方米面积的量级，对大型检测对象还可对结果进行自动拼图处理），测量结果用图像显示，直观易懂，加热和探测在被检试件同侧，多数情况下不污染也不需接触试件，可以直接测量到损伤深度、材料厚度和各种涂层、夹层的厚度及进行表面下的材料和结构特性识别，设备可移动、探头轻便，十分适合外场、现场应用和在线、在役检测等优点。

红外热波检测技术对缺陷定位较准确，对于绝热性缺陷，表面将出现温度过热区域，即称为热斑（材料中大部分缺陷为这种类型），而导热性缺陷的表现则相反，热斑的面积可反映缺陷的大小，检测结果比较直观，通过热像图可清楚看到缺陷的位置和尺寸，缺陷深度越浅，直径越大，越易检测。

红外热波检测技术的局限性主要在于对外形复杂的结构件要确定缺陷的深度时，需要更有效的数学计算模型，受加热设备的能量所限，其检测深度还不够深，对缺陷的分辨率还不如超声C扫描高，对于某些金属表面需要进行抗反射处理（例如涂漆）。

红外热波检测技术最常用的方法之一是脉冲红外热波检测方法，包括脉冲热源（大功率闪光灯）、红外热像仪、数据分析软件。在用闪光灯加热试件表面时，红外热像仪记录试件表面温度场，计算机软件对实时图像序列进行处理和分析后得到红外热像序列图。

红外热波检测技术应用的另一种方法是锁相调制红外热波检测方法，包括锁相调制热源、红外热像仪、信号发生器和基于图像序列处理的红外锁相热成像数据分析软件。热源按照信号发生器产生的信号作周期性变化，如强度按正弦规律变化，在试件表面也将引起按正弦规律的温度变化，其幅值与相位和材料性质有关，当试件内部存在缺陷时，有缺陷处和无缺陷处在试件表面引起的温度变化将有幅值和相位的差异，利用分析软件计算试件表面温度变化的相位图和幅值图即可确定缺陷大小和类型。

红外热波检测技术主要应用于航空航天、电力、铁路桥梁、大型机械装备、石油管道、压力容器等的无损检测。可应用的领域非常广泛，特别是用于航空、航天、军工领域中有关飞行器安全的检测，典型的应用如飞机铝蒙皮蜂窝夹层结构的检测，以及航空器/航天器铝蒙皮的加强筋开裂与锈蚀的检测，机身蜂窝结构材料、碳纤维和玻璃纤维增强多层结构和复合材料中脱粘、分层、开裂等缺陷的检测、表征、损伤判别与评估，火箭液体燃料发动机和固体燃料发动机的喷口陶瓷绝热层附着性能检测，涡轮发动机和喷气发动机叶片的检测，用于各种新材料，特别是多层复合材料的研究，对其从原材料到工艺制造、在役使用的整个过程中进行无损检测和评估，产品研发过程中加载或破坏性试验过程中及其破坏后的评估，工业制造业中各种压力容器、承重和负载装置表面及表面下疲劳裂纹的探测，各种粘接、焊接质量检测，各种涂层、镀膜、夹层的探伤，用于产品质量的监测；设备运转情况的在线、在役监测等。此外，这项技术还可以用来做定量测量分析，如测量材料厚度和各种涂层、夹层的厚度以及进行表面下的材料和结构特征识别。

图 2-185 是红外热波检测技术应用中的脉冲红外热波检测方法原理示意图，包括脉冲热源（大功率闪光灯）、红外热像仪、数据分析软件。在用闪光灯加热试件表面时，红外热像仪记录试件表面温度场，计算机软件对实时图像序列进行处理和分析后得到红外热像序列图。

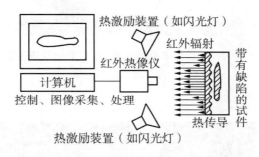

图 2-185　脉冲红外热波检测方法原理示意

图 2-186 是红外热波检测技术应用中的锁相调制红外热波检测方法原理示意，包括锁相调制热源、红外热像仪、信号发生器和数据分析软件（基于图像序列处理的红外锁相热成像软件）。热源按照信号发生器产生的信号作周期性变化，如强度按正弦规律变化，在试件表面也将引起按正弦规律的温度变化，其幅值与相位和材料性质有关，当试件内部存在缺陷时，有缺陷处和无缺陷处在试件表面引起的温度变化将有幅值和相位的差异，利用分析软件计算试件表面温度变化的相位图和幅值图即可确定缺陷大小和类型。

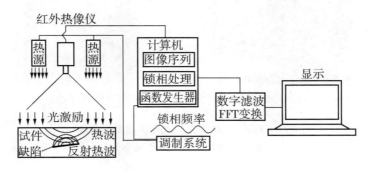

图 2-186　锁相调制红外热波检测方法原理示意

图 2-187～图 2-189 为红外热波检测图像和红外热波检测系统实物照片。

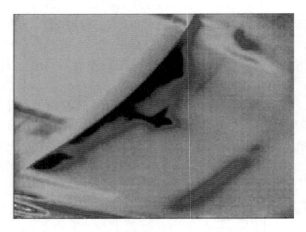

图 2-187　红外热波检测检测飞机复合材料脱层图像
（图片来自网络，经整理）

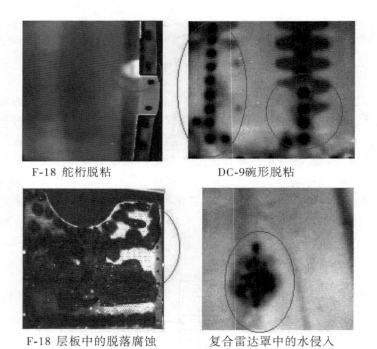

F-18 舵桁脱粘　　　　　　DC-9 碗形脱粘

F-18 层板中的脱落腐蚀　　　复合雷达罩中的水侵入

图 2-188　飞机构件的红外热波检测图像
（北京维泰凯信新技术有限公司）

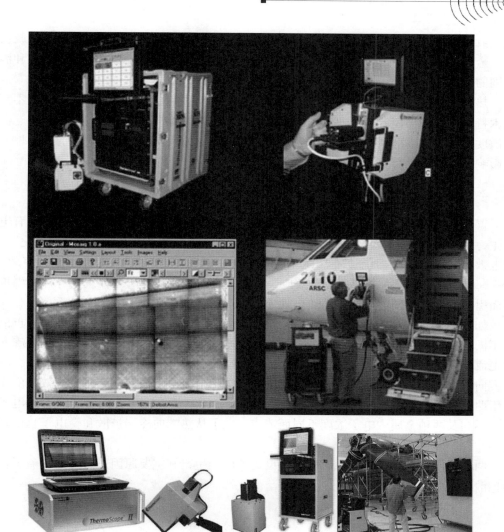

图 2-189 美国热波成像公司（Thermal Wave Imaging, Inc.）的脉冲红外热成像系统
及现场应用于检测飞机机体和螺旋桨

属于主动式红外热成像检测技术中的另一种应用是振动热图法，特别是对于如 GFRP（玻璃纤维增强塑料）类热扩散率低的工件（热扩散率低能有效地阻止损伤区的热量快速传导），这种纤维增强塑料中损伤的存在往往导致形成裂缝和微裂缝，当对有损伤的材料施加周期应力（振动）时，裂缝和材料边缘之间会发生相对运动而产生热量（摩擦生热）导致局部温度升高。采用扫描红外摄像机以灰度等级或伪彩色方式探测显示材料的表面温度，可以表征出损伤部位。这种方法对复合材料紧贴型的裂缝具有良好的检测能力。不过这种方法很少用于热导率高的金属材料、碳纤维复合材料等。

2.4.3 热图法

利用热敏涂料（如热敏色笔，涂上工件表面呈现不同颜色代表不同温度）、热敏纸、液晶等对温度变化敏感并能显示出不同颜色的原理，用于探测如钎焊质量、胶接质量、金属的涂镀层质量、检测电子组件中的热点、冷却器通路堵塞，以及热传导和温度范围的监控、热等温线测定等。

热图法的优点是成本低，显示结果直观，能用于其他方法难以检测的表面，不需要技术特别熟练的操作者等，缺点是只能用于薄壁表面，受材料热导率、杂散热源、温度灵敏度和表面热辐射系数等影响很大，对时间－温度关系要求严格，图像的保存性受温度影响很大，而且需要参考标准等。

2.4.4 热电法

德国科学家塞贝克于 1821 年时发现热量施加于两种金属构成的一个结时会有电流产生，经过 1822—1823 年的持续研究，把这一发现描述为"温差导致的金属磁化"，即热电效应，可以用热磁电流或热磁现象来解释。这种热电效应即称为"塞贝克效应"（Seebeck effect），又称作第一热电效应，它是指由于两种不同电导体或半导体的温度差异而引起两种物质间的电压差的热电现象。

如图 2－190，在两种金属 A 和 B 组成的回路中，如果使两端紧密接触的接点的温度不同，保持温度 T_1 与 T_2，即存在温差 ΔT，则在回路中将出现电流，称为热电流（温差电流）。相应的电动势称为热电势（温差电动势），可在电位差计上得到显示，热电流方向取决于温度梯度的方向，一般规定在热端，电流由负流向正。塞贝克效应的实质在于两种金属接触时会产生接触电势差（电压），该电势差取决于两种金属中的电子溢出功不同及两种金属中电子浓度不同而造成，电子从热端向冷端扩散和受电子自由程的影响。

两种不同半导体紧密接触时也有塞贝克效应产生，其主要原因是热端的载流子往冷端扩散。

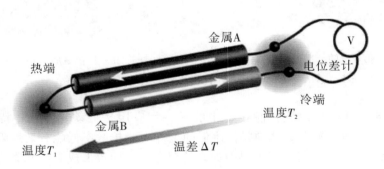

图 2－190　塞贝克效应

以塞贝克效应为原理，把两种不同成分的物理性质均匀的导体焊接成节点作为热电极，作为工作端（热端、测量端）置于温度较高的一端（待测温度区域），另一端（温度较低的一端，称为自由端或冷端，通常处于某个恒定的温度下）通过引线与电气测量仪表（测量电路）连接成闭合回路。这样的装置就称为温差电偶（热电偶），当两端存在温度梯度时，回路中就会有电流通过，此时两端之间就存在电动势（热电动势），热电动势与温度存在函数关系（热电势大小与测量温度呈一定的比例关系），可以用来测量温度，即把温度信号转换成热电动势信号，通过电气仪表转换成被测介质的温度。热电偶测量温度时要求其冷端的温度保持不变，若测量时，冷端的（环境）温度变化，将严重影响测量的准确性，因此在冷端采取一定措施补偿由于冷端温度变化造成的影响，并且与测量仪表连接需要使用专用的补偿导线。

选用适当的金属作热电偶材料，已能测量 -180 ℃ 到 +2 000 ℃ 的温度，热电偶温度计甚至可以测量高达 +2 800 ℃ 的温度。

图 2-191 为普通工业热电偶照片，可以直接测量各种生产过程中气体、液体、熔体及固体表面的温度，如加热炉内的温度或容器内盛物温度等。

图 2-191　普通热电偶

普通工业热电偶常用材料很多，不同材料适用于不同温度范围，例如镍铬-镍铝、铂铑-铂、镍铬-镍硅、镍铬硅-镍硅镁、镍铬-镍铜、铁-镍铜等。

热电偶的基本结构是热电极，绝缘材料和保护管，作为测量温度的传感器与显示仪表、记录仪表或计算机等配套使用。在现场使用中要根据环境、被测介质等多种因素选择适用的热电偶。例如，按结构形式有装配式热电偶，铠装式热电偶和特殊形式热电偶，按使用环境需要有耐高温热电偶，耐磨热电偶，耐腐热电偶，耐高压热电偶，隔爆热电偶，铝液测温用热电偶，循环流化床用热电偶，水泥回转窑炉用热电偶，阳极焙烧炉用热电偶，高温热风炉用热电偶，汽化炉用热电偶，渗碳炉用热电偶，高温盐浴炉用热电偶，铜、铁及钢水用热电偶，抗氧化钨铼热电偶，真空炉用热电偶，等等。

根据热电效应原理，热电偶除了可以用来测量温度外，还可以利用热电偶探头置于有温度差的部位产生不同的热电势，或者利用热敏电阻在有温度差的部位产生不同的电信号等方法，可用于金属材料分选、金属基体上陶瓷涂层厚度的测量，以及其他涂层的测厚、半导体 PN 结的测定、材料的某些物理性能测定等。

热电法的优点是轻便、操作简单，仅需单面探测，缺点是难以实现自动化、需要有参考标准、受表面污染影响等，特别是使用热电偶探头测定涂层厚度时，涂层和基体材料必须都是导电的金属，并且要有较大的温差条件才能应用。

2.4.5 液晶无损检测

液晶（liquid crystal）是一种介于液体相与固体相之间具有可逆的介晶状态相的中间体，是具有规则性分子排列的高分子有机化合物，也称为具结晶性的液体，它既具有液体的流动性和表面张力，又具有一定的固体特性，即晶体的各向异性（拥有结晶的光学性质），具有特殊的物理、化学、光学特性，而且对电磁场敏感。

液晶种类很多，通常按液晶分子的中心桥键和环的特征进行分类。目前已合成了1万多种液晶材料，液晶具有光电效应（它的干涉、散射、衍射、旋光、吸收等光学现象受电场调制），因此被大量应用于制造显示显像产品，如液晶显示器（liquid crystal display，LCD），其中常用的液晶显示材料有上千种，主要有联苯液晶、苯基环己烷液晶及酯类液晶等。

在无损检测中最普遍应用的液晶是系列胆甾烯基油烯基碳酸酯与胆甾烯基壬酸酯的混合物，简称为胆甾相液晶。胆甾相液晶具有单轴负光性结构、极强的旋光性和圆偏振光的二向色性，在白光照明时，其色彩随材料、温度、光的入射角及观察角而变化，可用于温度显示和热图形测量以及渗透检测。

在利用胆甾相液晶的温度-颜色效应时，当它的温度从一点被加热变化到另一点时，它对光的反射表现为对某一波长的光有强度最大值并表现为一定的颜色。因此，可以利用胆甾相液晶吸收声能而引起的温度变化显现超声波束的声场横截面图像（由于声束横截面上各部分的声强不同，产生的热效果将会不同，因而可以在胆甾相液晶薄膜上显示出不同的颜色而构成彩色图案），以帮助分析超声波的声场分布。同样，也可以用于微波场强分布、电磁场图像显示、激光场分布等，此外还可用于表面温度测量、金属表面热传递系数的测量等。

液晶遇上氯化氢、氢氰酸之类的有毒气体时，也会发生颜色改变，可用于毒气报警。

在渗透检测中，可以利用液晶的光学特性，把液晶材料混入渗透剂中，当渗透剂渗入表面开口缺陷中后，渗入缺陷内的液晶分子排列与表面上的液晶分子排列有不同，由于液晶材料结构随光的入射角及观察角变化而有颜色变化（观察检测时可以用电吹风吹送暖风加热以改善观察效果），从而可以显示出缺陷周围温度分布的色彩奇异性，明显地指示出缺陷的位置。

利用热学特性的其他无损检测方法还有如结霜试验法、荧光温度记录法、液体表面张力变化法等。

2.5 利用渗透现象的无损检测技术

利用渗透现象的无损检测方法最主要应用的是渗透检测（penetrate testing，PT）。渗透检测的基本物理原理是基于毛细管现象，通过喷洒、刷涂、浇涂或浸渍等方法，把渗透力很强（表面张力小，或者说与固体的接触角很小）的渗透液施加到已清洗干净并干燥的被检件表面，经过一定的渗透时间，待渗透液基于毛细管作用的机理渗入被检件表面上的开口缺陷后，将被检件表面上多余的渗透液用擦拭、冲洗等方法清除干净并干燥，然后在被检件表面上用喷撒或涂抹等方法施加显像剂，显像剂能将已渗入缺陷的渗透液同样基于毛细管作用吸附引导到被检件表面，而显像剂本身提供了与渗透液的颜色形成强烈对比的背景衬托，反渗出来的渗透液将在被检件表面开口缺陷的位置形成可供观察的显示（迹痕），反映出缺陷的状况（形状、取向以及二维平面上的大小）。

根据所应用渗透液的种类和显示方式的不同，渗透检测主要分为着色渗透检验和荧光渗透检验。着色渗透检验使用含有通常为红色染料的渗透液，在白光下一般呈现为鲜艳的红色，显像剂则为白色，这样就可以因颜色对比而在白光下观察到显示迹痕。荧光渗透检验使用含有荧光物质的渗透液，显像剂也通常为白色，这种显示迹痕需要在中心波长365 nm的长波紫外线（英文缩写UA，俗称黑光）辐照下才能观察到（荧光渗透液在黑光激发下发出黄绿色荧光）。

渗透检测适用于具有非吸收（非多孔性）的光洁表面的金属、非金属，特别是无法采用磁性检测的材料，例如铝合金、镁合金、钛合金、铜合金、奥氏体钢等的制品，可检验锻件、铸件、焊缝、陶瓷、玻璃、塑料及机械零件等的表面开口型缺陷。

渗透检测的优点是灵敏度较高（目前国际上最先进的渗透检测材料已能达到检测开口宽度即开隙度达 0.1 μm 的裂缝），检测成本低，使用设备与材料简单，操作轻便简易，显示结果直观并可进一步作直观验证（例如使用放大镜或显微镜观察），其结果也容易判断和解释，检测效率较高。缺点是受试件表面状态影响很大并只能适用于检查表面开口型缺陷，如果缺陷中填塞有较多杂质时因阻碍渗透剂的渗入而将影响缺陷检出的灵敏度。

渗透检测的基本过程如图 2-192 所示。

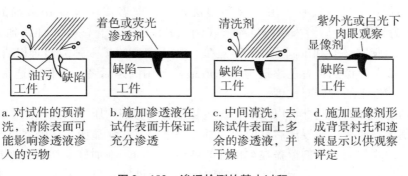

图 2-192 渗透检测的基本过程

2.5.1 着色渗透检验的基本检验程序

（1）试件表面的预清洗与干燥：试件表面可经过如酸洗、碱洗、溶剂清洗等使试件表面清洁，防止表面污物遮蔽缺陷和形成不均匀的背景衬托造成判别困难，并且应尽可能地去除表面开口缺陷中的填充物，清洗后还需进行干燥，以保证渗透效果。预清洗工序中特别要注意采用的清洗介质不能影响所应用的渗透液的性能（即不应与渗透液发生化学反应而导致渗透液失效或性能下降）。

（2）渗透：着色渗透检验最常采用的是检测灵敏度最高的溶剂型着色渗透液（以有机溶剂为载体，溶解有红色染料，并含有增强渗透能力的界面活性剂及其他为保障渗透液性能的添加剂）。此外也有水洗型着色渗透液（以水为载体，溶解有红色染料，并含有增强渗透能力的界面活性剂及其他为保障渗透液性能的添加剂），还有反应型着色渗透液，它本身是无色透明的，但是遇到显像剂后将会发生化学反应而在白光下呈现红色。

渗透液的施加通常可以采用特殊包装带有气雾剂的压力喷罐进行喷涂，或者以散装液体进行刷涂、浇涂，适应于现场检验或者大型工件、构件的局部检验，对于生产流水线检测或者小零件批量检测，则可以采用浸渍方式，渗透工序的目的是使被检件表面上能均匀敷设渗透液并在润湿状态下保持一段时间（工艺上称为渗透时间）以保证充分渗透。

（3）清洗：这是指渗透后的清洗或称作中间清洗，根据渗透液种类的不同，有不同的清洗方法。对于溶剂型渗透液采用专门的溶剂型清洗液进行清洗，对水洗型渗透液可直接采用清水进行清洗。清洗工序的目的是通过擦拭或冲洗方式将被检件表面上多余的渗透液清除干净而只保留渗入缺陷内的渗透液，清洗工序中必须注意防止清洗时间过长或者清洗用的水压过大以致造成过清洗（即连同渗入缺陷内的渗透液也被清洗掉而失去检验的可靠性），但也不能欠清洗（清洗不足）而导致被检件表面残留较多的渗透液以致在施加显像剂时形成杂乱的背景干扰显示迹痕的辨别。

（4）干燥：清洗后的被检件还需经过一定时间的自然干燥（如溶剂型清洗液）或人工干燥（如清水清洗后采用冷风或热风干燥）。干燥的目的是保障检测表面干燥，不致妨碍显像剂的附着，但是不能使渗入缺陷的渗透液干涸而失去可检出性。

（5）显像：显像方式有干法显像和湿法显像，前者以干燥蓬松微细的氧化镁粉（白色）作为显像剂，后者采用白色粉末（例如氧化锌、氧化镁等）加入到有机溶剂中并含有一定的胶质（有利于固定、约束迹痕，防止迹痕的扩张弥散而难以辨认），组成均匀的悬浮液型显像剂，着色渗透检验一般最常应用的是后者。显像剂通常都是白色，用以提高被检件上的背景对比度。

显像剂的施加方法同样可以采取特殊包装带有气雾剂的压力喷罐喷涂，或者以散装液体进行刷涂，或者快速浸渍后立即提起垂挂滴干等方式，显像工序的要点是能迅速地敷设一层薄而均匀的显像剂覆盖在被检件的被检验表面。施加显像剂后，视具体显像剂产品的要求，需要有一个显像时间，让缺陷中的渗透液能在显像粉末中基于毛细现象被吸附反渗出来形成显示迹痕。

（6）观察评定：在足够强的白光或自然光下用肉眼观察被检件表面，并对显现的迹痕进行判断与评定。由于是依靠人眼对颜色对比进行辨别，因此除了对观察用的光强有一定要求外，也对检验人员眼睛的视力和辨色能力有一定的要求（例如不能有色盲）。

(7) 后清洗：经过着色渗透检验后的被检件必须及时进行清洗，以防止检验介质（渗透液、显像剂）对试件产生腐蚀。

图 2-193、图 2-194 为典型缺陷的着色渗透显示迹痕照片。

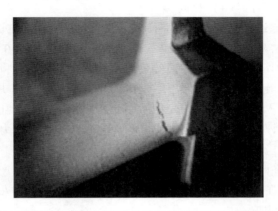

图 2-193　镍基合金铸造涡轮叶片毛坯的收缩裂纹（着色渗透检测）
(图片源自《着色渗透探伤缺陷图谱》，陈梦征、归锦华编)

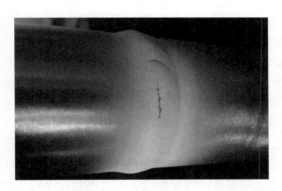

图 2-194　钢管对接环焊缝的纵向裂纹（着色渗透检测）
(济宁瑞祥模具有限公司)

2.5.2　荧光渗透检验的基本检验程序

荧光渗透检验最常用的是自乳化型荧光渗透检验和后乳化型荧光渗透检验，两者的检验程序稍有不同。

(1) 自乳化型（也称为水洗型）荧光渗透检验的基本程序：
1) 试件表面的预清洗与干燥：与 2.5.1 的 (1) 相同。
2) 渗透：渗透液的施加方法与 2.5.1 的 (2) 相同。

自乳化型荧光渗透液除了含有荧光物质、有机溶剂及适当的添加剂外，还含有乳化剂，因此渗透后可直接用清水清洗，其荧光辉度高，成本较低，但检测灵敏度不如后乳化型荧光渗透液，检测过程中缺陷重复显示的次数（重复性）也较少。

3）清洗：这是指渗透后的清洗或称作中间清洗，可直接用清水以受限制的水压和水温冲洗。应注意防止过清洗或欠清洗，通常在清洗过程中使用紫外线灯监视清洗情况。

4）干燥：与 2.5.1 的（4）相同。

5）显像：荧光渗透检验最常用的是干法显像（也有采用有机溶剂悬浮液型显像剂进行湿法显像）。干法显像使用的干燥蓬松微细的白色氧化镁粉在紫外线辐照下其自身应无荧光产生，当把其均匀撒布在被检件表面上后，在有缺陷处将会把渗入缺陷内的渗透液吸附出来，渗透液在紫外线辐照下激发出荧光，从而显示出缺陷迹痕。氧化镁粉经多次使用后会因为掺入了渗透液的荧光物质而在紫外光下发生杂乱荧光，干扰背景，妨碍对缺陷迹痕的观察评定，或者受潮结块影响均匀散布和吸附能力，此时就需要更换氧化镁粉。

6）观察评定：在暗室中，利用紫外线灯（也称为黑光灯）产生足够强度的 UA 紫外光辐照被检件，对显示的缺陷迹痕进行判断与评定。紫外光对人体皮肤，特别是眼睛有伤害作用，应注意防护。

7）后清洗：经过荧光渗透检验后的被检件也同样必须及时进行清洗，以防止检验介质（渗透液、显像剂）对被检件产生腐蚀。

（2）后乳化型荧光渗透检验的基本程序：

1）试件表面的预清洗与干燥：与 2.5.1 的（1）相同。

2）渗透：渗透液的施加方法与 2.5.1 的（2）相同。

3）渗透后的初步清洗：准备采用水基乳化剂的后乳化型荧光渗透液，可先直接用清水以受限制的水压和水温冲洗，以去除一部分表面多余的渗透液。准备采用油基乳化剂的后乳化型荧光渗透液则可免去该工序。

4）乳化：后乳化型荧光渗透液中不含乳化剂，需要在渗透并初步清洗后单独进行乳化处理（乳化工序）以改善渗透液的可水洗性（可清洗性），然后才能直接用清水清洗掉表面多余的渗透液。通常通过快速浸渍、快速提起的方式将乳化剂均匀地、薄薄地涂布在已经过渗透工序并初步清洗后的被检件表面，需要严格控制乳化时间，防止过乳化（避免使渗入缺陷的渗透液也变得容易被后续的水清洗工序清洗掉），也要防止欠乳化（避免表面多余的渗透剂不能良好地被后续的水清洗工序清洗掉，造成背景干扰）。在渗透检测中，利用后乳化型荧光渗透液进行的荧光渗透检验具有最高的检验灵敏度，渗透时间较短，缺陷重复性好，但是不适合用于检验表面较粗糙的试件。

5）清洗：完成乳化工序后，可直接用清水以受限制的水压和水温冲洗。应注意防止过清洗或欠清洗，通常在清洗过程中使用紫外线灯监视清洗情况。

6）干燥：与 2.5.1 的（4）相同。

7）显像：与自乳化型荧光渗透液检验相同。

8）观察评定：与自乳化型荧光渗透液检验相同。

9）后清洗：与自乳化型荧光渗透液检验相同。

图 2-195、图 2-196 为典型缺陷的荧光渗透显示迹痕照片。

图2-195 模锻钢齿杆毛坯切边裂纹（荧光渗透检测）

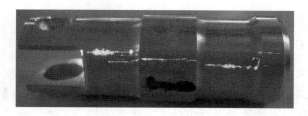

图2-196 轧制铝棒车制成铝合金销的纵向裂纹（荧光渗透检测）

影响渗透检验质量的因素包括：

（1）被检件的表面粗糙度：被检件表面粗糙时，多余的渗透液不容易清除干净，因而在显像时容易造成背景衬托不清楚而可能产生伪显示（假迹痕）或者遮蔽、干扰对缺陷迹痕的判断与评定。

（2）被检件的预清洗与渗透后清洗：被检件预清洗不良时，表面污染将会妨碍渗透的进行，特别是表面缺陷内的充填物太多时，将缺陷堵塞，妨碍渗透液的渗入，因而使得缺陷可能无法检出。在渗透后或乳化后的清洗中，清洗过度（例如清洗时间过长、清洗用水的水压过大或者水温过高等）会使一部分已经渗入缺陷的渗透液被洗掉，从而不能检出缺陷，而清洗不足则导致被检件表面残留较多的渗透液以致在施加显像剂时形成杂乱的背景，干扰对显示迹痕的辨别甚至出现伪显示。

（3）渗透液的性能：包括渗透能力、着色渗透液的颜色与显像剂的对比度、荧光渗透液的荧光强度、可去除性等均应符合相关标准的规定。

（4）显像剂性能：包括吸附渗透液的能力、与渗透液的颜色对比度（背景衬度）、污染情况（特别是荧光渗透检验使用干粉法的氧化镁粉的荧光污染）等均应符合相关标准的规定。

（5）观察评定的环境条件：包括着色渗透检验时的白光强度、荧光渗透检验的紫外线波谱范围、辐射强度及环境黑暗度等。观察评定的环境条件不符合要求将影响对缺陷迹痕的观察而导致漏检。

（6）操作人员的经验与技术水平、身体状况。

（7）渗透检测相关的辅助设备器材，包括渗透检验灵敏度试块、渗透液性能校验试块、荧光强度计、白光照度计、紫外线强度计等也均应符合相关标准的规定。

2.5.3 过滤微粒法检验

对于水泥、耐火材料、石墨及陶瓷等具有多孔性表面的材料不适合采用渗透检验，这主要是因为表面的渗透液无法清洗掉。对于这类材料可以使用流动性好、渗透力强的有机溶剂或水等无色液体作为直径大于缺陷开口宽度的着色微粒或荧光颗粒的载体施加到多孔材料的表面,当遇到表面开口缺陷时,液体将渗入缺陷,而显示介质(着色微粒或荧光颗粒)因直径大于缺陷开口宽度而不能进入缺陷,以至堆积在缺陷开口处,因而能被观察到,达到检测的目的。这种方法称为过滤微粒法检验,其原理如图 2-197 所示。

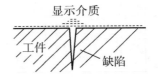

图 2-197　过滤微粒法检验

2.5.4　光折射渗透检测

光折射渗透检测是把被检件表面清洗和干燥后,将一种密度比较小且有一定运动黏度的无色渗透剂(不含任何染料,密度在 0.97~0.98 之间,运动黏度在 3.98~4.00 之间)施加在被检部位,渗透时间结束后,不需要清洗、干燥、显像工序,而是立即进行观察检验。

这种无色渗透剂在被检件表面自动形成一层均匀透明的薄膜(薄膜边缘除外),当入射光照射到被检件表面的这种薄膜上时,就会有反射和折射产生,进入薄膜的折射光被薄膜覆盖下的物体表面反射,再穿过薄膜到达薄膜的上表面,最后返射出来,这束光就带来了被检件表面的信息。如果被检件表面存在开口的不连续或缺陷(譬如裂纹、划伤、孔洞等),无色渗透剂就会渗进进入其中,光在这里的反射→折射→反射情况与被检件表面其他无缺陷部位的反射情况就会不一样。通过观察被检件表面的反射光和折返光(这与着色渗透检测和荧光渗透检测完全不同),就可以辨别被检件表面是否存在开口的不连续或缺陷,并且还可以根据显示的迹痕判断其大小、形状和位置。

光折射渗透检测与着色渗透检测和荧光渗透检测的一个很大的不同是省略了多余渗透剂的去除和施加显像剂的过程。

光折射渗透检测的观察不必在太阳光或强光照射下进行(着色渗透检测是有白光照度要求的),观察时的光照度只要人眼能看得清被检件表面即可,也可以使用目视检测用的辅助工具(例如放大镜)进行观察。光折射渗透检测的有关显示信息(检测灵敏度)受缺陷的直径、宽度或可见度的限定。

图 2-198 为光折射渗透剂在渗透五点标准试块上的显示。

图 2-198　光折射渗透剂在渗透五点标准试块上的显示
(上海归龙图检测技术有限公司)

2.6 利用光学特性的无损检测技术

2.6.1 激光全息照相检测

普通照相获得的是物体表面的光强分布，记录的只是光的振幅信息，不能记录相位信息，形成的是二维平面图像。激光全息照相检测基于光的干涉和衍射原理，能够记录光的振幅及相位信息，因此是一种全息干涉计量法。

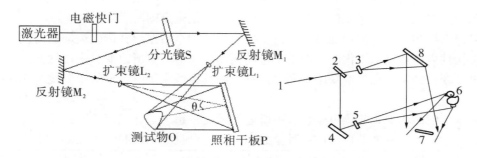

图 2-199 激光全息照相光路系统示意

图 2-199 为激光全息照相光路系统示意。激光发生器 1（如氦-氖激光器、红宝石激光器、氩离子激光器等）发出的激光束一部分经棱镜 2 反射到反射镜 4 再经透镜 5 扩束投射到试件 6 的表面（加载），试件表面反射的光波投射到全息照相感光干板 7 上（物光），另一部分激光束通过棱镜 2 再经透镜 3 扩束投射到反射镜 8，然后再反射投射到全息照相感光干板或照相机底片 7 上（参考光），带有物体表面信息的物光与参考光这两束来自同一激光光源（有固定的相位关系）的相干光波将会发生叠加干涉，从被摄试件上各点反射（或折射）出来的物光强度和位相都不相同，感光板上各点的感光程度不仅随强度也随两束光的位相关系而不同，干涉的结果是产生干涉条纹：在两个波相位相同的区域产生相长干涉，形成干涉条纹图像中的明亮条纹，在两个波相位相反的区域产生相消干涉，形成干涉条纹图像中的暗条纹，强度不同使条纹变黑程度不同，位相不同使条纹的密度、形状不同，于是构成了明暗相间的黑度、密度、形状不同的干涉条纹图像。这种包含有物波振幅（强度）与相位信息的干涉条纹图像被记录在照相感光干板（专用的涂有感光乳剂的玻璃板）或照相机底片上，经过如同普通照相的显影、定影、冲洗、干燥处理后，就是激光全息照相图。在观察这种激光全息照相图时，用一束频率（波长）和传输方向与照相使用的参考光完全相同的激光按原位照射在已处理好的照相感光干板或照相机底片的全息图上，在全息图后面将有衍射光波产生，则能把原始物光再现出来，显示出物体的三维立体再现图像。

利用激光全息照相技术进行无损检测时，通常采用抽真空（施加负压）、充气加压、加热、振动、拉伸、弯曲、扭转、冲击等方式对被检试件加载,当试件内无缺陷时,加载后试件表面的变形是连续规则的,所产生的干涉条纹形状与明暗条纹间距的变化也是连续均匀的,与试件外形轮廓的变化相协调。

如果试件内存在有缺陷,则加载后在外力作用下,与内部缺陷对应的试件表面将产生与周围不同的局部微小变形(位移),变形比周围的变形大,光程出现差异,因此对应有缺陷的局部区域将会出现有不连续的、突变的干涉条纹,亦即条纹形状与间距将发生畸变,采用激光全息照相的方法将携带有试件表面微小变形(位移)信息的物波与参考波相干涉形成的干涉条纹反差、形状和间距变化以全息图形式记录下来,与无缺陷部位的全息图形进行对比观察,就可以根据干涉条纹图形判别并检出试件内部的缺陷。携带有试件表面微小变形(位移)信息的物波与参考波相干涉形成以干涉条纹的反差、形状和间距变化形式记录试件全部信息的图形,就是全息图。

对蜂窝结构件进行振动加载时,需要使构件振动至谐振,并产生运动的时间平均全息图,构件内存在局部损伤时会使该部位的振动模态形式有所改变,采用激光全息照相系统可以获得蜂窝结构件的缺陷视图。这种方法特别适宜于蜂窝壁板中蒙皮与芯脱粘的检测。

在本章前面 2.1.4 节的声全息法中所述的激光-超声全息照相检测则是以超声波为物波、以激光束为参考波形成的一种全息图,激光全息的物波和参考波都是激光。

激光全息照相检测可用于检测蜂窝结构、叠层胶接结构、复合材料、碳纤维复合板、航空轮胎、高压容器,以及薄壁构件的裂纹、脱粘、未粘合等缺陷,其优点是与试件不接触、可遥感、显示结果直观、能给出全视场情况,可以实现快速检测,而且一次能检测的构件面积较大,检测灵敏度高(检测位移灵敏度优于半个光波波长),对试件的加工精度要求不高,安装调试方便,能得到物体的三维图像,检测对象基本不受其材料、尺寸和形状限制。缺点是对不透光物体没有穿透能力,一般只能用于厚度小的薄材料,检测能力随缺陷埋藏深度增加而迅速下降,设备较昂贵,并且在检测时受机械振动、声振动(如环境噪声)及环境光等的干扰大,要求防震,建立无振动环境等,因此需要在安静、清洁的暗室中进行检测。

2.6.2 激光散斑干涉技术

激光散斑干涉技术是在激光全息干涉技术的基础上发展起来的。激光具有高度相干性,当激光投射到具有漫反射特性的物体表面(粗糙表面)时,物体表面的漫射光也是相干光,物体表面的每一点都可以看成是一个点光源,物体表面漫反射的光在空间中与入射的相干波发生干涉,会形成随机分布的、或明或暗的斑点,这种斑点称为激光散斑(speckle)。物体运动或受力变形时,这些斑点也会随之在空间按一定规律运动变化,即带有位移信息,从而影响激光全息干涉条纹的显示密度和对比度,在同样的照射和记录条件下,一个物体的漫反射表面对应一个特定的散斑场,在一定范围内,散斑场的运动与物体表面上各点的运动一一对应,通过图像比较可以显示出斑点结构中的变化并产生相关缘纹,因此可以利用来获得物体表面运动的信息,用于测量位移、应变和应力等。

激光散斑干涉技术有单光束散斑干涉、双光束散斑干涉和错位散斑干涉三种主要测量方法。

单光束散斑干涉利用一束相干光对物体加载前（变形前）和加载后（变形后）的表面两次照射，在照相干板或照相机底片上得到带有物体表面位移和变形信息的双曝光散斑图，照相干板或照相机底片经过显、定影处理后，仍用单束激光照射该散斑图，观察图后屏幕上出现的条纹图像，根据屏幕上条纹的间距和方向进行分析。单光束散斑干涉的设备简单，操作方便，但是条纹质量一般较差，主要适用于面内位移的测量。

双光束散斑干涉利用两束准直相干光束同时对物体加载前（变形前）和加载后（变形后）的表面两次照射，两束光被物体表面反射在成像平面发生干涉而形成散斑图，在照相干板或照相机底片上得到双曝光散斑图，照相干板或照相机底片经过显、定影处理后，再以适当的光路布置显现出条纹进行分析。双光束散斑干涉能获得更精确的面内位移和离面位移条文图。

错位散斑干涉也称为剪切散斑，是在单光束散斑干涉的基础上，利用有一定角度的玻璃光楔使得成像平面上造成特定的重叠即错位效果，在照相干板或照相机底片上得到的是双曝光错位散斑图，再以适当的光路布置（例如傅立叶分析光路）显现出条纹进行分析。错位散斑干涉可以直接得到位移的一阶导数，能显现出被测试或分析表面变形的梯度，能大大改善条纹质量，提高了测量精度，对抗震要求也大大降低。

激光散斑干涉技术的优点除了同样具备激光全息干涉技术的与试件不接触、可遥感、显示结果直观、能给出全视场情况、对试件的加工精度要求不高等以外，还有对试验条件要求较低（如不需要防震）、计算方便、精度可靠、可在一定范围内选择灵敏度等特点。

激光散斑干涉技术除了可以测量物体的位移（包括面内位移）、应变以外，还可用于无损检测、物体表面粗糙度测量、塑性区测量、振动测量、纹尖位移场测量等。

激光散斑干涉技术随着计算机技术的发展，已经能够用CCD摄像机、图像采集卡和计算机系统代替照相干板来记录散斑图，特别是以双光束散斑干涉技术为基础，成为激光电子散斑干涉测量技术，也称为TV全息摄影术（TV holography）或数字全息术（digital holography），更具有实时性和高灵敏度以及防震要求更低等特点。

2.6.3　激光电子散斑剪切技术

激光电子散斑剪切技术（electronic speckle pattern interferometry，ESPI）的实质是错位散斑干涉测量技术，以CCD摄像机、图像采集卡和计算机系统代替照相干板，一束激光被透镜扩展并投射到被测量表面上，反射光与从激光器直接投射到摄像机的参考光束发生干涉，摄像机会记录一系列的斑点图像。通过图像比较可以显示出斑点结构中的变化并产生相关缘纹，它们起因于记录图像之间的表面位移与变形，利用智能软件自动分析这些缘纹并定量计算位移值。先进的ESPI系统利用若干个激光照射方向和摄像机，产生位移和变形的三维信息及轮廓信息（3D-ESPI系统），可以获得应变、应力、振动模式及更多的数值并作自动分析，已经商品化的便携式系统在工程环境条件下也能得到很好的测量结果，具有很强的实用性，适用于现场检测。

激光电子散斑剪切测量技术可用于玻璃纤维增强塑料、碳纤维增强塑料（CFRP）的复合材料、蜂窝夹层结构、光洁层面、泡沫材料，以及铝复合材料和多层粘接等复合材料的无损检测，可以检出复合材料表层下面的各种缺陷如分层、脱粘、裂纹、空隙、冲击损伤等，并且已经能够以便携式系统用于航空器（如飞机的水平尾翼、垂直尾翼、直升机旋翼及涡轮喷气发动机的耐磨密封等）的现场维修检验。激光电子散斑剪切测量技术还可用于橡胶轮胎（飞机轮胎、汽车轮胎、巨型轮胎等）检测、火药柱包覆层检测等，最新的还应用于电子真空密封器件的泄漏检测（如人造卫星、航天飞机上电子仪器中的小至绿豆大的真空密封晶体管、蚕豆大的大规模集成芯片等）。

利用激光电子散斑剪切技术可以测量材料的杨氏弹性模量、泊松比、裂纹产生与发展、实际应变/应力作用等。

在汽车工业中，利用激光电子散斑剪切技术可以用于分析底盘的疲劳行为，传动系统、发动机、齿轮箱、车轮及许多其他部件，这对于汽车安全都是高应力和关键的部件。高速的测量系统还可以获取动态的材料数值，可用于碰撞试验与碰撞模拟。

利用脉冲激光电子散斑剪切技术可以用于噪声振动研究、分析冲击事件，例如显示瑞利波（Raleigh waves）在金属或地面的传播与反射。

除了汽车工业以外，激光电子散斑剪切技术在所有的运输工业，例如铁路、海运、航空等领域也都因其具有的全视场、三维、非接触测量能力等特点而得到应用。

激光电子散斑剪切技术在铁路、海运、航空等领域也都可以利用这种具有全视场、三维、非接触测量能力的 ESPI。

激光电子散斑剪切测量技术的主要优点是非接触、无污染、不用避光、不用专门隔振、检测基本不受工件几何形状和尺寸及材料的限制、能实现实时成像（黑白或伪彩图像）、能用于现场检测、检测速度高、数字化测量缺陷尺寸与面积、检测灵敏度高（例如可检出纤维增强复合材料层板埋深 1 mm 的分层，检出蜂窝夹层结构中直径小于 12 mm 的脱粘缺陷、检出轮胎中直径小至 1 mm 的缺陷等）。缺点是检测时必须对试件加载，检测灵敏度随缺陷埋藏深度增加而迅速下降。

图 2-200 为激光错位散斑无损检测铝蜂窝夹层结构样件-飞机襟翼的检测显示（铝蒙皮厚度 4 mm，铝蜂窝芯，预置直径大小不等的圆形人工缺陷；热加载方式-热源为聚光的 PRA 灯和石英灯），使用广州华工百川科技股份有限公司的便携式 BT-1200 激光散斑无损检测系统，适合于航空航天工业中检测如像塑料、蜂窝材料、多层粘结材料和泡沫材料等复合材料，检测飞机机翼、水平尾翼、垂直尾翼及直升机螺旋桨。可将检测试件的分层、脱胶、脱粘部位及其他形式的缺陷检测出来。一次检测面积可达 $1 \times 0.8 \text{ m}^2$，检测时间小于 20 s，检测缺陷灵敏度为 2 mm。可以在短时间内提供被检测部件的信息，无需对部件做特殊处理。

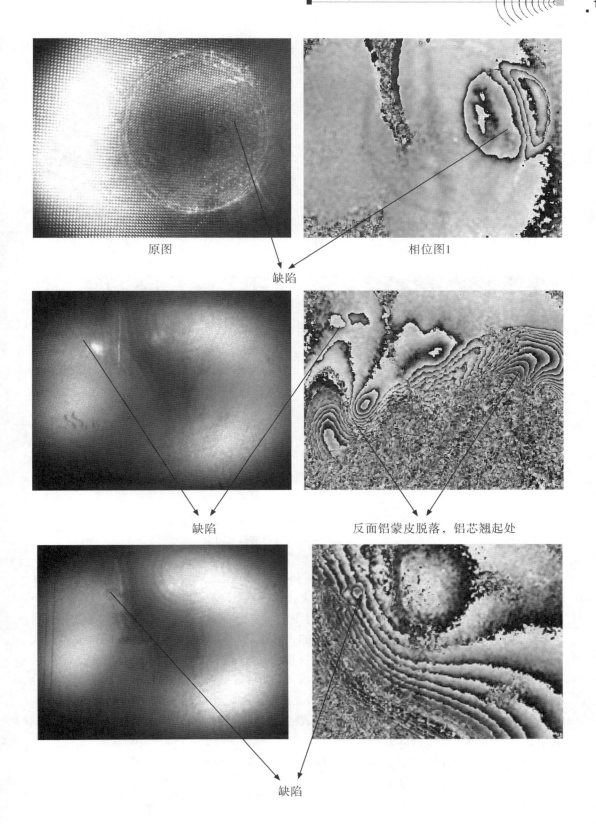

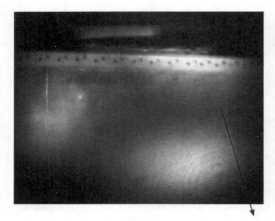 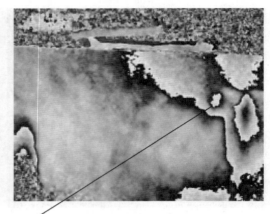

缺陷

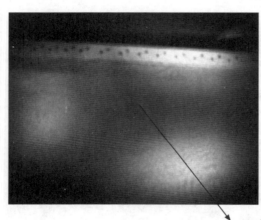 

缺陷

图 2 – 200　铝蜂窝夹层结构样件 – 飞机襟翼的检测显示
(广州华工百川科技股份有限公司)

图 2 – 201～图 2 – 203 为广州华工百川科技股份有限公司的普通汽车轮胎激光散斑轮胎无损检测仪和巨型轮胎激光散斑轮胎无损检测仪。

图 2 – 204 为广州华工百川科技股份有限公司的便携式 BT-1200 激光散斑无损检测系统,可用于复合材料的非接触式、全场的无损检测;对检测部件不造成任何破坏。该系统最适合于航空航天工业中如像纤维增强塑料、蜂窝材料、多层粘结材料和泡沫材料等复合材料的检测,用于检测飞机机翼、水平尾翼、垂直尾翼及直升机螺旋桨。可将检测试件的分层、脱胶、脱粘部位及其他形式的缺陷检测出来。一次检测面积可达 $1 \times 0.8\ m^2$,检测时间小于 20 s,检测缺陷灵敏度:2 mm。可以在短时间内提供被检测部件的信息,无需对部件做特殊处理。

图 2 – 205 为美国激光技术公司的 Laser Technology Inc.(LTI) LTI5200 系列便携式激光错位散斑检测系统及其应用。

图 2-206 为德国 Dantec Dynamics GmbH 的 Q810 型便携式激光剪切散斑干涉系统的现场应用。

图 2-201　普通汽车轮胎激光散斑轮胎无损检测仪
（广州华工百川科技股份有限公司）

图 2-202　巨型轮胎激光散斑轮胎无损检测仪
（广州华工百川科技股份有限公司）

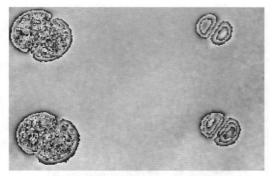

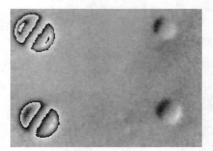
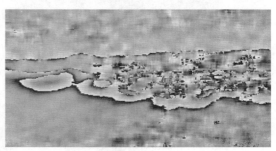

图 2-203　轮胎中缺陷的显示图形
（广州华工百川科技股份有限公司）
（左上、下：气泡；右上、下：脱层）

图 2-204　广州华工百川科技股份有限公司便携式 BT-1200 激光散斑无损检测系统

图 2-205　美国激光技术公司 Laser Technology Inc.（LTI）
LTI5200 系列便携式激光错位散斑检测系统

对波音777飞机尾翼　　在飞机机舱内进行现场检测　　在现场进行大面积检测
进行现场检测

图 2-206　德国 Dantec Dynamics GmbH Q810 型便携式激光剪切散斑干涉系统的现场应用

2.6.4 紫外成像技术

紫外成像技术主要用于电力系统远距离检测 35～1 150 kV 交流高压输变电线路及设备外部绝缘状态，其原理基于高压设备电气放电时，根据电场强度的不同，会产生电晕、闪络或电弧，在放电过程中，空气中的电子不断获得和释放能量，而当电子释放能量（即放电）时便会放射出紫外线。

图 2 - 207　紫外电子光学探伤仪
（北京畅达迅电力科技有限公司）

采用紫外成像仪（图 2 - 207）可在日光下远距离检测高压设备的电晕和表面局部放电现象，把接收到的这种设备放电时产生的紫外光讯号经处理后与可见光影像重叠，显示在仪器的屏幕上，即可达到确定电晕的位置和强度的目的，可以检测电力设备外绝缘状态和污秽程度，为尽早发现、监控电力运行设备的潜在故障提供了一种有效的检测手段，从而为进一步评估电力设备的运行情况提供更可靠的依据。

紫外电子光学探伤仪采用带通滤波技术，降低被检测对象的背景光亮度，提高光亮度放大器屏幕上表面局部放电图像对比度，同时通过微通路加强片的脉冲供电方式进一步减弱外来光源（月亮、照明器）的光亮，从而在亮度放大器屏幕上可以观察到伴随电网频率和电子光学转换器开启频率波动的表面局部放电发光的波动，依据这些波动就能可靠地把表面局部放电的发光同已被减弱的和不产生波动的外来光亮区分开来。

紫外电子光学探伤仪可用于探测：

（1）悬挂式瓷绝缘子串中的零值绝缘子。

（2）电晕放电和表面局部放电的来源。

（3）支柱式绝缘子微观裂纹。

（4）评估绝缘子的表面电导（污秽程度）。

（5）判定发电机定子线棒绝缘缺陷。

（6）检测运行中电力设备外绝缘闪络痕迹。

（7）评估验收高压带电设备布局、结构、安装工艺、设计是否合理。

（8）清晰观察到由于高压输电线路断股及线径过小而引起的电晕放电。

（9）确定干扰通信线路的高压输电线路放电部位。

（10）快速发现高压输变电设备上可能搭接的导电物体（如金属丝）。

图 2-208 示出部分紫外成像技术检测的影像。

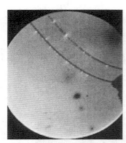 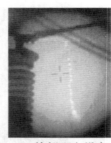 

由于两股导线距离过近及线径过小而引起的经常性电晕放电　　220kV外部配电设备的母线上搭接金属丝产生的电晕放电　　陶瓷绝缘子串因零值绝缘子而引起的表面放电产生的荧光

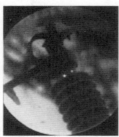  

110kV隔离刀闸支柱绝缘子顶部裂缝处的放电　　油标管处的火花放电　　500kV支柱绝缘子下部法兰盘处的微观裂纹

图 2-208　紫外成像技术检测的影像
（北京畅达迅电力科技有限公司）

2.6.5　目视检测

目视检测（visual testing，VT）也称为目视检验，包括尺寸测量（例如使用游标卡尺、千分尺、焊缝检验尺等）和缺陷检测，这是利用人眼睛的视觉直接或间接地观察被检部件的表面状况，例如整洁程度、腐蚀情况及表面缺陷，包括借助适当的辅助工具（如放大镜、反射镜、内窥镜等）。

按照观察检验方式，目视检测技术主要分为直接目视检验、间接目视检验两种。

直接目视检验是指直接依靠检验人员的眼睛进行观察检验，除了使用测量工具测量几何尺寸、表面粗糙度等以外，在检测表面缺陷时，要求眼睛离被检表面不超过600 mm，且视线与被检表面所成的视角不小于30°，遇到不利于直接观看的转角或孔穴可使用反射镜来改善观察角度以达到检验目的，必要时可借助6倍以下的放大镜帮助观察，检验时被检物表面应有足够的照度，若照度不足时可使用各种人工光源辅助。

间接目视检验是指检验人员使用目视辅助装备，如望远镜、袖珍显微镜或摄影机等适当器材及内窥镜等辅助设备来达到检验目的。

目视检测检测中应用最多的是内窥镜（也叫孔探仪、蛇形探测仪等），内窥镜是人的眼睛的延伸，可以检验观察人眼不可及的材料或部件的狭窄弯曲孔道及内腔等部位的内表面质量情况及容器的内部空间状态。因此广泛用于航空、石化、热电、内燃机、压力容器、管道等，还可以用于刑侦、反恐、防暴、消防、考古等。

按内窥镜的结构与功能分为硬管式和软管式（包括光纤内窥镜和视频内窥镜）。

硬管式内窥镜也称为硬管式光学内窥镜，以灯泡为光源、光纤传光照明，依据光学原理成像，属于第一代内窥镜。

其构造主要包括传光系统和成像系统（由一列透镜及目镜组成，物体于物镜成像后经由此列透镜将影像传至目镜，再由肉眼或照相机取像，进行检测观察）。

图 2-209 为硬管式内窥镜基本结构示意。

图 2-210 为美国雷诺克斯仪器公司（Lenox Instrument Co.）的多用途刚性内窥镜，可接长、多视角、带抓取工具、物镜旋转焦距可调目镜等。

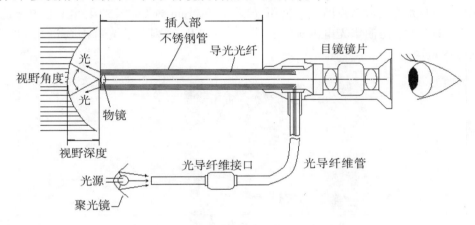

图 2-209 硬管式内窥镜基本结构示意

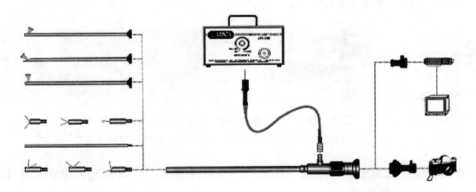

图 2-210 美国雷诺克斯仪器公司（Lenox Instrument Co.）的多用途刚性内窥镜

硬管式内窥镜的检测参数有：

工作长度——管状探头可深入工件的长度；

观察方向——大致分为直视、直角侧视、前倾侧视及后倾侧视；

视场角度 θ——其角度范围为 10°～120°，常用为 55°；

视场深度——在此范围内的物体均应同时被清晰成像；

照明系统——由一束导光纤维及光源产生器组成，光源产生的光线经由导光光纤传送并照亮检测区，使成像系统能得到所需要的影像。光源一般以产生可见光的氙弧灯为主，若配合荧光渗透检测或荧光磁粉检测时，光源将为紫外线灯（产生中心波长 365 nm 的 UA 紫外光，俗称黑光）；

调节系统——控制观察端物镜前后移动调整焦距或者使窥头（探头）沿管轴旋转以适应不同的观察方向。

硬管式内窥镜受结构所限，其工作长度有限，而且窥头（探头）直径不可能做得很小，以致难以进入内径很小的通道。

软管式光学内窥镜包括光纤内窥镜（光导纤维内窥镜）和电子视频内窥镜。

图 2-211 为美国雷诺克斯仪器公司（Lenox Instrument Co.）的柔性工业内窥镜。

图 2-212 为上海澳华光电内窥镜有限公司的 FIE 系列工业光纤内窥镜和 FIP 系列工业硬管内窥镜。

图 2-211 美国雷诺克斯仪器公司（Lenox Instrument Co.）的柔性工业内窥镜

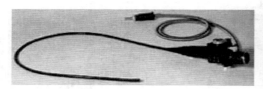 

图 2-212 上海澳华光电内窥镜有限公司
FIE 系列工业光纤内窥镜和 FIP 系列工业硬管内窥镜

视频内窥镜又称电子式内窥镜，其构造包括成像系统、照明系统与调节控制系统。

图 2-213 为视频内窥镜基本结构示意。

图 2-214 为 GE 检测科技集团－美国韦林工业内窥镜公司（Everest VIT）的一体化手持式工业视频内窥镜，视频探头可上、下、左、右弯曲。

图 2-215 为北京国电电科院检测科技有限公司四方向导向工业内窥镜，视频探头可上、下、左、右弯曲。

第二章 无损检测技术原理及其应用简介

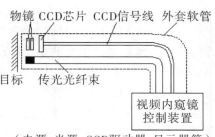

图 2-213　视频内窥镜基本结构示意

图 2-214　GE 检测科技集团-美国韦林工业内窥镜公司（Everest VIT）一体化手持式工业视频内窥镜

图 2-215　北京国电电科院检测科技有限公司四方向导向工业内窥镜

　　光导纤维内窥镜采用冷光源，光纤导光，像纤成像，属于第二代内窥镜，已扩展有黑光内窥镜（光源为长波紫外线），红外内窥镜（接收元件为红外接收器）。

　　电子视频内窥镜采用冷光源，光纤导光，固体 CCD 元件摄像，电缆传讯号经变换器进入监视器成像，属于第三代内窥镜，已扩展有荧光电子内窥镜、红外光电子内窥镜（即不可见光视频内窥镜）。

　　内窥镜中应用的主要元件之一是光导纤维，由石英、玻璃等材料制成，具有柔软可弯曲、集光能力强等优点，既能导光又能传像。

　　光导纤维多为圆柱形（横截面为圆形），由具有较高折射率的芯体和有较低折射率的涂层组成。

　　光从一种介质进入另一种不同介质时，在交界处返回原介质的现象称为光的反射，光反射时入射角恒等于反射角，光从一种介质进入另一种不同介质时，其前进方向会改变，这种现象称为光的折射，光线从光速快的介质射入到光速较慢的介质时，折射角小于入射角，反之亦成立。当光线由高折射率介质进入低折射率介质（$n_1 > n_2$）时，折射角一定会大于入射角（$\theta_2 > \theta_1$），当入射角逐渐增大至折射角恰好为90°时，光线到达界面时不会进入介质2，而是全部反射回介质1，这时称为光的全反射，此折射角为90°时的入射角称为临界角，光纤的传光原理就是基于光的全反射现象：光线以θ角入射到光纤的入射端面上，经折射以θ_1角进入光纤后到达芯体与涂层间的光滑界面上，当入射光线满足全反射条件（入射角大于临界角）时，便会在界面上发生光纤内的全反射，全反射光线又以同样的角度在相对界面上发生第二次、第三次……若干次全反射，也就是光线在光纤内形成导波，直到从光纤的另一端面（即出射端面）射出，完成传光过程，达到传光的效果。如果将许多单根的光纤细丝整齐地排列成光纤束，使它们在入射端面和出射端面中一一对应，则每根光纤的端面都可看成是一个取像单元，这样，经过光纤束就可以把图像从入射端面传送到出射端面，起到传像的作用。

光纤内窥镜一般由成像部分、传像部分和观察部分及照明系统、调节控制系统组成，成像部分即光纤内窥镜的物镜，称为窥头（探头），被观察部分的图像由此摄入，传像部分是导像光纤束，物体于物镜成像后经由导像光纤束将影像传送到供检验人员观察的目镜位置，导像纤维的构造同导光纤维，只是为了提高影像的鉴别率，纤维直径较小，并且物镜端与目镜端的纤维排列必须相对应，不致使影像错位而失真，观察部分就是光纤内窥镜的观察目镜，它可配置照相机进行摄影记录，还可配电视摄像供多人同时观察，照明系统的结构与功能与硬式内窥镜基本相似，调节控制系统除了可调节物镜焦距外，还可控制窥头（探头）观察端的上下左右偏转，有些调节控制系统还可控制内窥镜配备的抓取工具动作。

视频内窥镜的成像系统由物镜、电荷耦合器（简称CCD）及视频监视器组成，电荷耦合是由数千个排成阵列的细小的光敏元件组成的一只位于探测头端部的非常小的固态传感器，固定焦点的物镜成像收集由探测区反射回来的光线聚焦后储存到电荷耦合器表面，这种电荷耦合器件如同一部小型摄影机将光学影像转化为电子模拟信号，经由导线传入信号处理器进行放大、滤波及时钟分频，由图像处理器将其数字化并加以组合，最后以电子图像显示在视频监视器上或者直接输出给录像设备或计算机，简单来说视频内窥镜的成像系统就是包括了探测头，图像处理器和用于显示图像的视频监视器在内的三部分；照明系统利用发光二极管LED或光纤光导（视所用检测探测头而定，黑白探测头使用LED，彩色探测头使用光纤光导）将光线送入检验区；调节控制系统（除了可调节焦距外，还可控制窥头观察端的上下左右偏转及调节亮度使探测区获得最佳的照明水平，还可进一步将图像的黑暗部分的细节加以放大）。

从成像清晰度来说，光纤内窥镜的分辨率、图像清晰度均不如视频内窥镜，这主要是由光纤传像束的固有结构特征造成的，因为在光纤内窥镜传像束中，每一根光纤都为目镜传送一部分检测图像（像素），在各个圆形截面的光纤之间不可避免地存在有一个很小的空隙，成为任何图像的空档，这些细小的黑暗空隙会造成一个个"蜂房"或网格图形，因而增加了目镜图像的颗粒状，以致图像模糊不清，另外光纤内窥镜传像光纤束的长时间固定弯曲，也会使一些光纤丝折断，他们所载送的像素就会消失，因而出现黑点，称为"黑白点混成灰色效应"，使图像区域出现空档，分辨率下降。

视频内窥镜可得到高分辨率、高质量的数字化真彩图像或黑白图像，图像显示光亮清晰、轮廓鲜明，显示屏幕能自动显示聚焦的图像，因此视频内窥镜能提供比光纤内窥镜更清晰、分辨率更高的图像，而且能够具备精确的（距离、深度、斜面）的立体三维测量功能，并能带有功能完备的图像数字化存储管理系统，为探测技术提供更大的灵活性。

先进的视频技术，已经突破了物镜的一人观察，可以在监视器上多人同时观看，也可以一人戴上液晶显示眼镜观看、指挥操作，同时用无线的方式发射到接受监视中心观看、指挥、存档。

内窥镜使用的人工光源主要有可见光光源和不可见光光源，前者例如钨丝白炽灯、碘钨灯、溴钨灯等温度辐射光源，钠灯、汞灯、氙灯、荧光灯等气体放电光源，发光二极管（固体放电光源）及红宝石激光等激光光源，后者如红外光源、紫外光源。

综上所述，目视检测的优点是快速、简单方便、直观、经济、检查位置较不受限制、对表面缺陷检出能力强、可立即知道结果。缺点是仅限于检测表面缺陷、检验人员的视力影响检验结果、容易受人为因素影响、必要时需要对检测表面进行清理。

图2-216为内窥镜下观察到的各种缺陷。

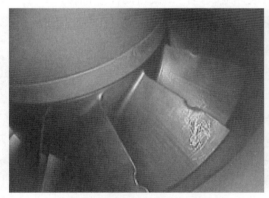
飞机发动机涡轮叶片冲击缺损

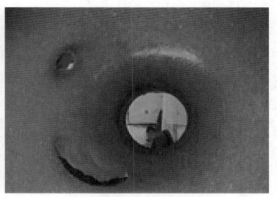
热电厂锅炉联箱管道破损

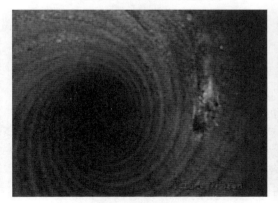
冷凝器内螺纹管腐蚀

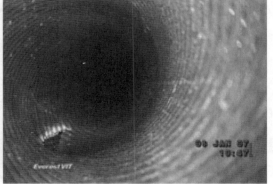
冷凝器内螺纹管破损

图2-216　内窥镜下观察到的各种缺陷
（上面两张来自网络，下面两张来自香港安捷材料试验公司黄建明）

2.6.6 荧光测温

荧光测温的物理依据是某些稀土材料受光激励时能够发光的现象，荧光物质在受到一定波长（受激谱）的光（目前常用的是中心波长356 nm的紫外光，也有采用激光）激励后，因为受激辐射而发出荧光，当光激励被撤销后，荧光余辉的持续性（荧光寿命）与荧光物质的特性、环境温度等因素相关。这种受激发荧光的强度通常是按指数方式衰减的（ns级），我们称衰减的时间常数为荧光寿命或荧光余辉时间（ns）。在不同的环境温度下，荧光余辉衰减的时间常数不同，荧光的发光强度会随温度而精确变化，大多数荧光物质会随温度升高而荧光效率下降，荧光强度减弱。通过测量荧光余辉时间的长短，就可以表征当时的环境温度。

利用荧光的这一温度效应，可制成荧光式光纤测温系统（荧光温度计），其核心构成是由多模光纤和在其顶部安装的荧光物体（膜）组成的荧光式光纤温度传感器（探头），从仪器主机的紫外光源发出的紫外线经过滤光器和多个分色镜去除激励光束中的可见光后，通过棱镜聚焦到紫外线光导纤维上，通过光纤导光传递到探头顶部的荧光膜，探头处于待测温度环境内，如把探头浸入液体或气体内，或与固体表面接触，或深入固体内腔等，荧光膜受紫外线辐射激励后发出荧光，由相同的光导纤维反馈给仪器，核心技术在于其荧光物质和相应的模拟算法。通过荧光膜激发的荧光强度和去除激励光束后的荧光余辉时间即可得知温度信息。

荧光式光纤测温系统的温度测量范围一般为 $-50\ ℃ \sim +200\ ℃$，精度可达到 $0.1\ ℃$。

荧光式光纤测温系统的特点包括抗电磁干扰、高压绝缘、安全、稳定可靠、精度高、灵敏度高、探头和光缆尺寸小、使用寿命长，以及耐腐蚀、适应性好、易于安装及维护等，非常适合应用于高电压、强电磁等特殊工业环境中的温度监测及拓扑结构复杂的多点温度监测应用领域。

2.7 泄漏检测技术（leak testing，LT）

工业器件上的泄漏可以发生在制造过程或在役过程中，其危害性包括：破坏真空设备或真空器件的工作真空度导致设备器件失效、破坏仪器设备内部的工作压力（气压、油压、水压等）导致无法正常工作，使储存的高压气体或燃料损失、外部环境中的有害气体或液体进入设备内部造成污染、储存的易燃易爆或有害物质泄漏到外部污染环境甚至危害人身健康与生命安全、造成产品失效等。

泄漏检测技术俗称检漏，就是采用一定的方法和仪器寻找泄漏部位（漏孔）及测量漏率（压强差和温度一定时，单位时间内通过漏孔的示漏介质的数量）的大小，泄漏检测对象的形态可以是气态、液态。漏孔类缺陷是指封闭壳体壁在压力作用下或者壁的两侧存在浓度差时，气体或液体通过它能够由一侧到达另一侧的孔洞或缝隙，称为穿壁缺陷。泄漏检测技术主要用于对真空容器、压力容器或储液容器等探测，例如漏孔、裂纹等穿壁缺陷及气密缺陷，以防止发生泄漏而酿成安全事故，避免能源、资源的损失与污染环境等。

泄漏检测技术应用的方法很多，基本原理主要是利用示漏介质（气体或液体）来判断有无穿壁缺陷（漏孔）存在，并根据示漏介质的漏率，可以测定漏孔的大小。泄漏检测评价的基准是标准漏孔，这是指在温度为 (23 ± 7) ℃、露点低于 -25 ℃ 的干燥空气中，保持漏孔一端压强为 100 kPa $\pm 5\%$，另一端压强低于 1 kPa 的状态下，经过校准后确定漏率的漏孔。常用的标准漏孔有玻璃毛细管漏孔、薄膜渗氦漏孔、玻璃-白金丝漏孔、金属压扁漏孔、多孔金属或陶瓷漏孔和放射性漏孔等。

利用示漏介质的检漏方法：根据所用示漏介质的种类、示漏介质通过漏孔的方式及示漏介质的检测装置等，可以分成许多种检漏方法，大体上可以分为真空检漏（负压检漏）、充压检漏、背压检漏及常压检漏四大类。在每一类中又各自有多种具体方法。

泄漏检测常用的示漏介质包括：水、油、着色剂、荧光物质、煤油、空气、氦气及氩气等惰性气体、氟利昂、氨气、二氧化碳气体、氢气、丙酮、放射性同位素（如氪85、碘131、同位素氚）、丁烷气、甲烷气、氧气、天然气等。

泄漏检测的方法有：目视法、利用渗透现象为基础的压力渗透法（液压法）、常压下的渗透检验法（例如使用煤油+白粉，称为白垩粉法），还有听音法、火焰飘动法、气泡法、皂泡法、氟油法等气密性试验方法，以及压力变化法、质谱检漏法、卤素检漏法、气体显色检漏法、气体放电法、放射性同位素法、真空计检漏法、超声检测与声发射检漏法、气敏检漏法、离子泵法、激光快速检漏法、氮光谱法、漏气望远镜法、热阳极检漏法等。

各种检漏方法有各自不同的检漏灵敏度，并且各自的检测费用、成本也不相同。泄漏检测的特点是一般要求能够接触试件内外两个侧面，因此通常适用于薄壁容器，可涉及的产品种类非常广泛。但是试件表面的涂层或污染会妨碍探测，因此在检测时必须清除干净。此外，对于需要定量测定泄漏率的方法则需要有参考试样或标准试样。

下面简单介绍一些泄漏检测的方法。

（1）目视检测法。

例如，充油容器的密封连接处发现有油迹时，此处即可能有渗漏点。或者对压力容器或密封装置进行水压试验时，观察设备或密封装置周围有无水漏出来。

（2）气泡检漏法（leak detection by bubbles）。

气泡检漏法适用于承受正压的容器、管道、密封装置等的气密性检验。当漏孔两侧存在压力差时（人为制造如充气、抽真空，或者容器本身储存高压气体），示漏气体（或者容器内储存的高压气体）通过漏孔从高压侧向低压侧流动，漏孔处将会使低压侧涂布或浸没的显示液体（如肥皂液或专用起泡液、水、氟油、无水乙醇等）吹起气泡，气泡形成的地方显示出漏孔位置并可根据气泡形成的速率，气泡的大小及所用气体和液体的物理性质评估泄漏率的大小。一般用这种方法最小可检漏率为 5×10^{-3} Pa·L/s 的漏孔。最简单的方法是将充气的零部件浸在清净的水槽中，气泡形成处便是漏孔位置。用水槽显示漏孔，方便可靠，并能同时全部显示出漏孔位置。如气泡小、成泡速度均匀、气泡持续时间长，则为 $1.3 \times 10^{-2} \sim ^{-13}$ Pa·L/s 漏率的漏孔。如气泡大、成泡持续时间短，则为 $13 \sim 10^3$ Pa·L/s 漏率的漏孔。也可以将空气或氮气压入被检容器达到一定压力（例如大于 0.1 MPa 或 $10 \sim 20$ kg/cm³），然后将其浸入水中或者对其可疑表面涂上肥皂液（适用于不太方便放到水槽内的管道，容器和密封连接），观察气泡确定漏孔位置，冒泡处即为渗漏点。利用肥皂液的气泡检漏法也称为皂泡法，适用于例如阀门、油箱、浮筒等。在日常生活中自行车内胎修补前寻找漏孔位置和修补完成后检查修补质量最常用的方法是将内胎打气充满然后浸入水盆中观察，这就是气泡检漏法。

(3) 氨检漏法 (leak detection by ammonia)。

把允许充压的被检容器或密封装置抽成真空，在容器外壁或密封元件外面怀疑有漏孔处贴上具有氨敏感的 pH 指示剂（例如溴代麝香草酚蓝、溴酚蓝或复合涂料）的试纸、试布或涂敷显色剂，用透明胶纸封住，然后在容器内部充入压力高于 0.1 MPa，通常为 $(1.5 \sim 2) \times 10^5$ Pa 的氨气或氨气-空气的混合气，当有漏孔存在时，氨气通过漏孔逸出与显色剂相遇，由于发生化学反应而导致试纸、试布或涂敷的显色剂改变颜色（溴酚蓝试纸为蓝斑点），由此可以找出漏孔的位置，根据显影时间，变色区域的大小可大致估计出漏孔的大小。用这种方法可检漏率为 $7 \times 10^{-4} \sim 7 \times 10^6$ Pa·L/s 的漏孔。

(4) 压力变化检漏法。

压力变化检漏法之一是静态压力升高检漏法 (leak detection of rise pressure)，将被检容器抽真空到一定负压，关闭阀门使被检容器与真空泵分离，如果容器存在泄漏，则容器中的压力会随时间而上升，利用真空计测量相隔一定时间内的压力上升值来评估总漏率；另一种方法是静态压力降低检漏法，将被检容器或密封装置充入氮气或其他干燥气体达到一定压力，停止加压，同时关闭阀门（隔断气源），利用压力计测量相隔一定时间内被检容器内压力下降值来评估总漏率。

(5) 渗透检漏法。

利用毛细现象，将渗透探伤使用的渗透剂（着色渗透剂或荧光渗透剂）或者具有强渗透能力的化学示踪物涂敷在被检试件一侧表面，如果试件存在穿透性（贯穿性）缺陷，渗透剂将穿越缺陷渗出到试件另一侧表面通过显示剂显示出漏孔位置（荧光渗透剂需要使用黑光灯照射才能观察到荧光剂特有的黄绿色荧光）。根据使用渗透材料的不同，有着色渗透检漏法、荧光渗透检漏法 (fluorescence leak detection)、变色渗透检漏法（渗透剂与显色剂发生化学反应产生颜色变化而显示出漏孔位置），最简单的渗透检漏法是白垩法，即在容器外侧表面涂敷白色粉末，容器内侧表面涂敷煤油或对容器进行加压充填煤油，煤油穿越贯穿性缺陷渗出到试件另一侧表面将使白色粉末被润湿变色出现油渍，从而显示出漏孔位置。

还有一种荧光检漏法是将被检零部件浸入含有荧光染料的溶液（二氯乙烯或四氯化碳）中，经一定时间后取出并清洗、烘干表面，漏孔内会留有荧光溶液，在容器壁另一面用紫外线照射，发出荧光处即为漏孔位置。

(6) 声波检漏法。

当充有气体的容器发生泄漏时，气体穿过漏孔会形成湍流，能激发出可以直接靠人耳鉴别的可闻声波或者连续谱的宽带超声波在空气中传播，其大小和频率与泄漏率的大小，两侧的压力，压差和气体的种类等因素有关。声波检漏法是将被检零部件内腔充以气体（一般为空气），充气压力的高低视零部件的强度而定，一般为（2～4）×10⁵ Pa。充压后的零部件如发出可听见的明显的嘶嘶声，音响源处就是漏孔位置。用这种方法可检出最小漏率为 5 Pa·L/s 的漏孔。如不能用声音直接察觉漏孔，则用皂液涂于零部件可疑表面处，有气泡出现处便是漏孔位置。

超声波检漏仪则利用定向超声波接收器，可检测到漏孔发出的超声波信号并可判断漏孔位置（越接近泄漏点，超声波信号越明显），根据超声波信号强度大小及频率可判断漏率的大小。检测结果可以用扬声器或耳机以可闻声指示，或者由指示仪表显示（现代化的数字式超声波检漏仪已经能将泄漏率大小直接数字化显示）。

图 2-217 为超声波检漏仪及其现场应用。

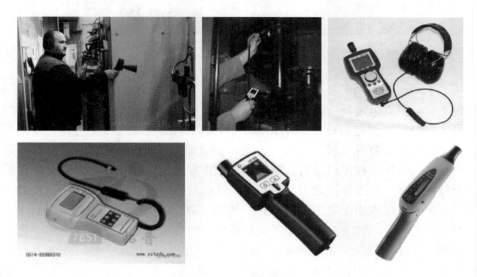

图 2-217　超声波检漏仪
（图片来自网络经整理）

此外，还可以利用声发射检测的原理进行检漏，当漏孔内外存在较大压差时，气体通过漏孔产生的应力波沿容器壁传播，用声发射换能器耦合置于容器壁上接收这种应力波并转换成电信号，在检漏仪上显示出来，可根据接收到的应力波信号强度大小判断漏率大小，用多个声发射换能器同时接收并按几何位置关系可以判断漏孔的位置。

对于容器内没有压力的情况，也有采用超声波信号发生器（人造声源、颤声发生器）置于容器内部或一端，发射器上由微处理器控制的超声波信号会充满待测设备内部各个角落，并穿透任何泄露位置。容器外部采用定向超声波接收器扫描探测逸出的超声波信号，即可查找出泄漏的具体位置。通过比较显示数值大小和超声波信号强弱级别即可判断密封状况、评估泄漏级别（一般以 dB 为单位）。也有直接采用超声波检测缺陷的方法来探测。

（7）直流电火花防腐层或绝缘层检漏。

所用检测仪器称为电火花检漏仪、绝缘层检测仪、直流电火花检测仪、电火花检测器、电火花检漏器等（图2-218）。

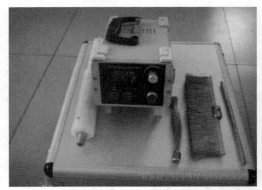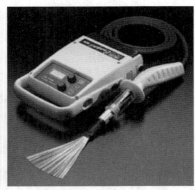

图2-218 电火花检漏仪
（图片来自网络经整理）

绝缘防腐层属高电阻物质，金属管道属低电阻物质，通过对各种导电基体上的非导电防腐层或绝缘层表面施加一定的高压电脉冲，如果防腐层或绝缘层过薄、漏出金属或有涂层孔隙或微孔（针孔、砂眼、气泡、裂纹和缝隙），这些位置的电阻值和气隙密度都很小，当高压电脉冲探极经过时，就形成气隙击穿而产生火花放电，同时给报警电路送去一个脉冲信号，使报警器发出声光报警，达到对防腐层检漏的目的。这种方法可检测金属表面绝缘覆层中肉眼看不到的针孔、气隙、裂纹等缺陷，可用于金属储罐、油气管道、电缆、搪瓷、船体等金属表面防腐绝缘层的涂敷施工质量检测和覆层老化及腐蚀造成的微孔、气隙检测，例如玻璃钢、搪玻璃层、漆层、氟塑层、环氧煤沥青和橡胶衬里等涂层的质量检测。应用范围涉及石油化工、医药化工、农业化工（农药、化肥）、精密化工、橡胶、啤酒、食品及日用搪瓷工业等各个方面。

电火花检漏仪的使用很简单，一头与被检件的金属基体相连并接地，另一头是探极，把探极贴在绝缘层表面进行扫查检测（探极形式很多，可以适用于不同的工作环境和工件，常用的有碳刷型、圆圈弹簧型、平板橡胶型、金属丝刷型），仪器给探极施加直流高压电（多分为15 kV和30 kV两种，用来测量不同厚度的涂层），当探极经过有缺陷的涂覆层表面时，仪器会自动发出声光报警。仪器大多自身配备可充电电池，方便在工地、车间使用。

仪器通常附带计算表格，可以根据涂覆层的厚度计算出施加电压大小，若采用电压过高则会击穿涂覆层，反而导致涂覆层被破坏，若采用电压过低则无法检测出针孔等缺陷的具体位置。

在使用该种仪器时，应注意探极带有高电压，因此一定不能接触人体，以免造成人员伤害。

(8) 卤素检漏法。

卤素是指包括氟（F）、氯（Cl）、溴（Br）、碘（I）和砹（At）在内的非金属元素，卤素检漏法是利用其化合物为示漏气体，常用的如氟利昂R12（由于其属于氟氯烃类物质,对大气臭氧层有破坏作用,因此现在已被淘汰)、氢代氟烃和氢代氯氟烃(氟利昂的替代物,如氯二氟甲烷、二氟三氯甲烷、二氟乙烷、二氯氟乙烷、四氟乙烷等)、六氟化硫、氯仿、碘仿、四氯化碳等。卤素检漏仪的工作原理是依据"卤素效应"(金属铂阳极筒和不锈钢阴极筒构成一个间热式二极管,当加热丝将铂阳极加热到800～900 ℃时,铂会产生正离子发射,发出的正离子在负电场下到达阴极形成离子流。当遇到卤素气体时,在卤素气体的催化作用下,正离子的发射会急剧增加),检漏时将卤素检漏仪的规管(传感器)接到被检容器内部,并将被检容器内抽真空达到9～2 Pa,以卤化物气体为示漏介质,用喷枪把卤化物气体喷向被检容器可疑外表面处,卤素检漏仪上有引起离子流值急剧增加时的位置即是漏孔位置。渗漏的卤化物气体浓度越大,在卤素检漏仪的加热电极间产生的正离子数量越多、离子流越大,电极间的电导率越高,经放大电路处理后,可以利用电表指示或音响表示漏率大小。

卤素检漏法有外－内式(在容器内部适当位置安置连接到卤素检漏仪的传感器,容器内抽真空到一定程度,用喷枪贴近容器外部移动,同时施放卤化物气体,如有漏孔,则卤化物气体渗入容器内部,在传感器中产生反应,从而被卤素检漏仪检出,根据喷枪所在位置还可以确定漏孔位置)和内－外式[向容器内充入高于大气压力的卤化物气体,用带有传感器的吸枪(探测枪)贴近容器外部移动扫描搜索,当吸枪遇到漏孔时,就会将泄漏出来的卤化物气体吸入传感器产生反应,引起卤素检漏仪上的离子流值急剧增加,从而被卤素检漏仪检出,根据吸枪所在位置还可以确定漏孔位置]。

用这种方法可检出最小漏率为 $10^{-3} \sim 10^{-4}$ Pa·L/s 的漏孔。

(9)氦质谱检漏法。

利用带电粒子速度与电场方向的关系能构成一定运动轨迹的原理,将电场中运动的不同质量的粒子按质量大小依次分开排列而成的就是质谱。质谱检漏仪应用最多的是利用氦作为示漏气体(惰性气体氦不会与被检容器壁发生化学反应,使用安全,特别是它的质量小,易于穿过很小的漏孔),以磁偏转质谱计作为检漏工具,因此称为氦质谱检漏仪。氦质谱检漏仪使用的磁场和加速电压基本上是固定的,因为它只检测氦离子。这种检漏仪具有结构简单、灵敏度高、性能稳定、操作方便等优点。

在检漏时,用氦气在被检容器一侧可疑部分表面喷吹,一旦遇到漏孔,氦气将通过漏孔进入被检容器的另一侧,被氦质谱检漏仪的取样探头(吸枪)吸入检漏仪,通过质谱室使所吸入的不同质量的气体被电离成离子并在电场中分开,使同质量的离子在电场中聚集在一起,仅仅让氦离子的运动轨迹对正特定狭缝通过形成氦离子流,经过检测、放大、测量,根据氦离子流大小得到检漏结果,根据喷枪位置判断漏孔位置。

喷吹法的检测效率较低,还可以使用氦室法,适用于大容器检漏,将可疑部分用氦室罩上充入氦气,同样在另一侧使用取样探头检测,检测效率较高,但只能找到漏孔的大致范围,不能精确确定漏孔位置。对于微小漏孔,可采用累积法,即先用氦室对可疑部分充入氦气,再将检漏仪节流阀关闭,积累一定时间,打开节流阀,观察离子流的变化。这样,检漏灵敏度可提高1～2个数量级。

其他方法还有吸收法、背压法等。对于容积大、放气量大、漏率大的容器可采用反流检漏法,即将被检容器接在真空系统的扩散泵和机械泵之间,利用扩散泵的反流作用，使氦气反流到质谱室而进行检漏。

氦质谱检漏仪的主要技术指标有：①灵敏度，又称最小可检漏率，单位为$Pa \cdot m^3/s$；②反应时间与清除时间，单位为 s；③工作压强与极限压强，单位为 Pa。

（10）高频火花检漏法。

这种方法主要用于玻璃容器检漏，高频火花检漏器利用激励线圈、电容器和谐振线圈、感应线圈产生高频脉冲电压，在放电簧上产生高频火花，以火花尖端在已抽成真空的玻璃容器外表面移动，没有漏孔时放电火花束呈杂乱分散状态，当遇到漏孔时，火花会集成一条细束穿过漏孔进入玻璃容器的真空腔内，由于漏孔内空气电离率远远大于玻璃，在漏孔处将形成一个亮点，从而可以判断漏孔所在位置。或者也可以在已抽成真空的玻璃容器外表面涂敷易挥发的有机溶剂（如乙醚、乙醇、汽油等），当遇到漏孔时，有机溶剂的蒸气通过漏孔进入玻璃容器内，利用低真空气体在高频火花激发下产生辉光放电，其放电颜色与所用气体种类有关，从而根据气体辉光放电颜色的变化判断漏孔的存在及其位置。

（11）真空规法。

利用适应不同示漏气体的多种真空计（如热传导真空计、电离真空计等）测量抽真空系统的真空度变化来判断是否有泄漏存在。真空计的工作压力范围就是检漏适用的压力范围。检漏时在外部可疑处喷吹示漏物质（如氢、二氧化碳、乙烷、丁烷）或用棉花涂以丙酮、乙醚、乙醇、甲醇等（进入系统后挥发为蒸汽），示漏气体进入系统后会引起真空计读数的突然变化。热导真空计可检出漏率 $10^{-3}\ Pa \cdot L/s$ 的漏孔，电离真空计可检出漏率 $10^{-4} \sim 10^{-5}\ Pa \cdot L/s$ 的漏孔。

此外还有对于充气容器外壁用真空罩局部抽真空观察罩内真空度变化等方法。

（12）离子泵检漏法。

利用离子泵对容器抽真空，容器外用喷枪喷吹如氩气、氢气或氧气，当有漏孔存在时，示漏气体进入容器，离子泵的离子流指示将发生变化，从而达到检漏目的。

（13）放射性同位素检漏方法（radioactive isotope leak detection）。

在被检容器或零件内，装入含有适当半衰期的放射性同位素的气体或液体，利用放射性检测仪测定从漏孔穿出的放射性同位素的放射能来确定漏孔位置。

（14）激光全息光学检漏。

激光全息光学检漏的检测原理：基于真空密封元件漏率国际标准计算方法，利用激光全息 3D 成像技术，通过给真空密封元件外部施加不同的压力，实时精确检测元件体积随内外压差的变化，并根据工件自身的其他特性参数（如元器件材料刚度、空腔体积等）与形变的相关性，通过软件分析计算而获得元器件的漏率数据。使用的加压气体可以为：空气、氮气、氦气等。密封元件有泄漏时，外加气体压力作用下会有外加气体通过漏孔进入密封元件内并反过来从里向外抵抗外加气体造成密封件外壳的变形，没有泄漏的密封元件和有泄漏的密封元件在同样的外加气体压力下，其外壳变形程度有差异，在激光干涉条纹图形上就可看出差异，从而可以判断被检测的密封元件有无泄漏。

应用范围：适合各种封装电子元器件。

图 2-219～图 2-221 为美国诺康公司（NorCom Systems Inc.）的激光全息光学检

漏系统及其适用的检测对象。

图2-219 美国诺康公司的NorCom 410激光全息光学检漏系统

图2-220 美国诺康公司的JECO-2020激光全息光学检漏仪

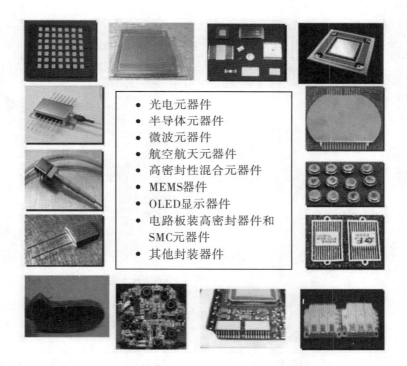

图2-221 美国诺康公司激光全息光学检漏的检测对象

2.8 结 束 语

在本章中介绍和提及的无损检测方法已有七大类数十种,然而还有许多方法尚未列入,其实无损检测技术的方法与应用范围还存在着极大的潜力,随着物理学研究的不断深入，测试技术与电子技术的不断发展，计算机技术应用的不断深入与提高，以及工业生产和其他广大领域对无损检测技术的需求不断增加，对无损检测技术本身的要求还将日益提高，还将会出现更多更新的无损检测方法，这是必然的趋势。

此外，就无损检测技术自身而言，除了检测工艺的不断完善与创新，对使用的无损检测仪器设备也要求向多功能、自动化、智能化发展，进一步提高无损检测的可靠性、准确性、效率及经济效益，进一步扩大应用范围等，亦即需要继续深入探索研究和开拓的领域还很多，有待广大无损检测技术人员去努力发掘。

第三章 无损检测人员的技术资格鉴定与认证

3.1 对无损检测人员技术资格鉴定与认证的理由

无损检测技术的理论基础是材料的物理性质，即利用材料的物理性质会因为存在缺陷或其他变异而发生变化，材料内部组织结构及材料几何形状的差异或改变都会引起某些或某种物理量的变化，通过用物理的方法测定这些变化，可以评估材料内部组织结构或材料几何形状的变化、判断是否存在缺陷，进而可以对材料的质量、适用性做出评价。因此，无损检测技术的发展与材料物理性质研究的进展是同步的。目前的无损检测技术所利用的材料物理性质已有很多种，如材料受射线辐照时呈现的性质及它们之间的相互影响，弹性波与材料的相互作用及所呈现的性质，材料的电学性质、磁学性质及在电场、磁场或电磁场中的表现，材料的热力学性质，材料的光学性质，以及与光相互作用所呈现的性质，材料表面能量性质等。

无损检测技术的方法基础与测试技术、电子技术及计算机技术等密切相关，即需要弄清材料的物理性质并以适当的方法和手段测量、分析这些物理性质的微小变化。从理论上讲，测量分析的结果和评估有时未必能完全符合真实情况，因为物理量变化的影响因素是非常复杂的，和材料的内部异常并不一定完全对应，而且这些内部异常也未必能使所有的物理量都发生变化，这是必须注意的。因此，往往还需要综合考虑若干种物理量的变化情况，才能对材料的内部异常做出比较正确的判断，亦即有时需要使用多种无损检测方法得到的结果来进行综合的判断与评价，对于这一点，许多无损检测技术人员已经有了充分的认识。

因此，作为一名无损检测技术人员，首先必须具备扎实的物理知识基础。

此外，为了对材料、产品、构件等选择最适合的无损检测方法和确定最适当的检测时机，无损检测人员还必须掌握各种加工方法所可能产生的缺陷，以及缺陷在后续加工与使用过程中的变化与发展，缺陷的特征、形成时间与缺陷的成因（形成机理）、缺陷对材料的使用性能影响，还有缺陷的冶金分析方法等，因此，必须对各种生产制造过程和制造工艺，以及使用环境与使用条件、状况等具有广泛的知识和比较充分的、足够的了解。

因此，这就意味着无损检测技术人员还应掌握有关材料科学方面的广泛知识。

综上所述，作为一名无损检测技术人员，其不仅应当熟知有关无损检测技术本身的理论、方法、检测工艺等内容，还必须对有关的设计、制造工艺、材料的应力与强度（包括断裂力学、损伤容限设计等），以及冶金等各方面的知识有较多的了解，才能正确选择无损检测的方法、检测时机与检测工艺，并能根据无损检测的结果正确判断和评价材料、产品、构件等能否满足使用性能的要求，确定适当的无损检测验收标准等。

尽管这些要求对于一名无损检测技术人员来说似乎过于苛刻，但是确实是必需的，否则将难以胜任和适应对无损检测技术日益增长的需求。正是因为全面、广泛并尽可能深入地了解和掌握这些知识存在极大的困难，所以，无损检测人员必须尽可能地与设计人员、生产制造人员、冶金分析与测试人员，以及使用人员、管理人员等取得密切的合作，也必须密切注视无损检测技术和相关学科领域中的研究发展动态。

对于非从事无损检测技术专业的技术人员，如设计人员、生产制造人员、使用人员，以及冶金分析与测试人员、生产质量管理人员等，也应该对无损检测技术的物理基础、应用方法、检测工艺及管理方面有基本的了解，才能在他们自身的工作中很好地考虑如何充分运用无损检测技术来保证设计制造的产品质量和产品使用的可靠性，并提高劳动生产率，降低制造成本，达到提高经济效益的目的。

例如，在设计产品时，应考虑如何采用无损检测技术以及使需要检测的部位适合无损检测方法的实施（笔者曾经遇到过工艺人员要求对铝合金锻件使用磁粉检测、把铝合金锻件要求按铝合金铸件标准实施X射线照相检测的错误例子）。又如在制造工序的安排上应考虑适合无损检测的实施，考虑在役部件实施无损检测的方法与检查周期，选用合理适当的无损检测方法与验收标准（笔者曾遇到过工艺人员要求铝合金锻件上不得有"任何"裂纹而没有任何验收标准的情况），在经济核算、质量管理、生产经营中也应该考虑无损检测的因素（笔者曾遇到过某工厂选择的无损检测方法费用高达材料成本50%以上的情况，还有计算产品成本时没有把无损检测费用计算进去的情况等）。

总而言之，无损检测技术是一门涉及多种技术学科的综合性工程应用学科，决不能把它孤立看待，无损检测技术只有在综合应用中才能充分发挥其优势和获得更大更迅速的发展。

无损检测技术大多采取相对测量或间接测量的方法，由无损检测人员执行检测过程的实施和对检测结果做出判断、解释、分析、评定。在检测过程与判断、评定检测结果时，存在着各种干扰影响因素，例如实施检测的工艺过程的严格性、测量精度受测试技术的重复性和所使用的物理参考标准、标样的限制，检测设备的精度受测试装置的灵敏度与分辨力等限制，以及被检测对象中各种未补偿的内在因素影响等。也就是说，无损检测的可靠性与准确性涉及了设备变量、工艺变量及应用变量等诸方面因素的影响，但是最重要的是受无损检测人员主观因素的影响，这包括了检测人员自身的技术水平、实践经验、理论基础、知识面与身体条件（如视力、辨色能力、身体以至精神状态、疲劳程度等）的影响。

因此，为了保证无损检测技术得以正确实施，能够得到可靠、准确的检测结果，从而得出正确的判断和评价，就要求从事无损检测的人员必须具备和保持一定的技术水平和实践经验，应能在统一的标准或规范指引下，使用标准化的检测设备和检测材料，正确实施无损检测，获得相同的、能复现的检测结果，尽可能地防止因为错误的检测操作、错误的判断与评定导致不符合使用性能要求和质量标准的产品在使用中造成提前破损失效，导致重大的经济损失甚至危及人身安全，或者避免把能够满足质量要求的产品误判为不合格而造成不必要的浪费。

应当特别强调的是，由于无损检测技术的最大优点是能对产品作百分之百检查，因而对产品质量控制的责任是非常重大的，它与常规的破坏性试验（如金相分析、化学分析、力学性能试验等）有着很大的不同，这些破坏性试验是抽样检查，测试结果仅对试样负责，以概率评估整批产品的质量，而无损检测则往往是以百分之百实际检测的结果对每一件产品的质量负责。

随着工业生产的不断发展，对无损检测技术的需求越来越大和要求越来越高，应用的无损检测仪器设备也越来越先进，因此无损检测人员本身必须不断提高技术水平，才能保证正确实施无损检测，保证检测结果的可靠与准确，保证正确的判断和评定等要求。此外，无损检测人员必须具有良好的职业道德，不能伪造和虚报检测结果，在检测作业中不但要注意自身安全，还要顾及自然环境和公众的健康安全。

由上述可见，对无损检测人员进行定期的技术资格鉴定与技术考核认证，确认其是否具备相应的技术水平，就非常必要了。这一点，已经得到世界各国的认同，我国自 20 世纪 80 年代也已经开始把无损检测人员技术资格鉴定与认证纳入了国家标准。

3.2 对无损检测人员技术资格鉴定与认证的要求

3.2.1 分类与职责

世界各国把无损检测人员技术资格鉴定与认证按检测方法分类，并在每一类别中划分为 1 级（初级）、2 级（中级）和 3 级（高级）三个等级，各有不同的技术水平要求和职责要求。

除了有不同国家标准的无损检测人员技术资格鉴定与认证要求外，许多行业甚至一些大的企业还根据自身行业、企业的特点要求也提出了各自的无损检测人员技术资格鉴定认证要求。例如国际标准化组织有 ISO 9712 *Qualification and Certification for Nondestructive Testing Personnel*（《无损检测人员资格鉴定与认证》），在美国有美国无损检测学会（ASNT）的无损检测人员技术资格鉴定认证标准，可作为各行业、企业无损检测人员技术资格鉴定的基础，还有美国机械工程师协会（ASME）、美国军用标准（MIL）、美国航空与宇航标准（NAS）、美国石油协会标准（API）、美国波音公司（BAC）等都有适合自身行业要求的无损检测人员技术资格鉴定认证条例。其他还有如欧洲标准化委员会标准（EN 473）、日本非破坏检查协会标准（NDIS）、法国标准（NF）、德国标准（DIN）、英国标准（BS）等。

我国目前现有的主要无损检测人员技术资格鉴定与认证种类有：

中国机械工程学会无损检测学会无损检测人员技术资格鉴定与认证（纳入国家标准的《GB/T 9445 无损检测　人员资格鉴定与认证》，并已得到国际互认）；

国防科技工业系统的无损检测人员技术资格鉴定与认证（《GJB 9712 无损检测 人员的资格鉴定与认证》）；

航空工业系统的无损检测人员技术资格鉴定与认证；

航天工业系统的无损检测人员技术资格鉴定与认证；

海军航空兵无损检测人员资格鉴定与认证；

空军无损检测人员资格鉴定与认证；

中国民航系统的无损检测人员技术资格鉴定与认证（《MH/T 3001 航空器无损检测人员技术资格鉴定规则》）；

中国船级社无损检测人员技术资格鉴定与认证（船舶工业系统）；

核工业无损检测人员技术资格鉴定与认证；

民用核安全设备无损检测人员技术资格鉴定与认证；

民用核承压设备无损检测人员技术资格鉴定与认证；

国家质量监督检疫总局系统的特种设备无损检测人员技术资格鉴定与认证；

铁道系统无损检测人员技术资格鉴定与认证；

冶金系统无损检测人员技术资格鉴定与认证；

电力工业无损检测人员技术资格鉴定与认证；

建筑工程结构无损检测人员技术资格鉴定与认证；

石油管材无损检测人员技术资格鉴定与认证；

水利电力无损检测人员技术资格鉴定与认证；

台湾无损检测人员技术资格鉴定与认证。

在中国可报考的国外无损检测人员技术资格鉴定与认证主要种类：

ASME 无损检测人员技术资格鉴定与认证（美国机械工程师学会，主要面对锅炉压力容器行业）；

ASNT 无损检测人员技术资格鉴定与认证（美国无损检测学会，主要面对机械行业，并且是其他各行业的基础认证）；

关于要求实行无损检测人员资格鉴定与认证的无损检测方法，我国的国家标准《GB/T 9445—2008/ISO 9712：2005 无损检测 人员资格鉴定与认证》中已规定有：超声检测（UT）、射线照相检测（RT）、渗透检测（PT）、磁粉检测（MT）、涡流检测（ET）、声发射检测（AT 或 AE）、红外热成像检测（TT）、泄漏检测（LT，不包括水压试验）、应变检测（ST）、目视检测（VT，不包括直接目视检测及应用其他无损检测方法时所采用的目视检测）10 项，我国的国防科技工业系统还增加了计算机层析成像检测（CT）、激光全息干涉和（或）错位散斑干涉检测。此外，超声 TOFD 检测、工业 X 射线实时成像检测（RRTI）、超声相控阵检测（PAUT）也已列入鉴定项目。在欧美国家还把中子射线照相检测（NRT）也纳入了无损检测人员资格鉴定与认证的无损检测方法项目。

对于无损检测人员资格鉴定与认证的要求，在不同国家、不同工业系统甚至一些大型企业，在具体的要求上往往带有各自的特点和具体要求，但是在规定执行不同无损检测任务的无损检测人员必须具有相应的技术资格等级及职责方面可以说是大同小异的。

下面以《GB/T 9445—2008/ISO 9712：2005 无损检测　人员资格鉴定与认证》中的表述为例（引自标准原文）：

无损检测人员的资格等级划分为3级：

1级持证人员应已证实具有在2级或3级人员监督下，按NDT作业指导书实施NDT的能力。在证书所明确的能力范围内，经雇主授权后，1级人员可按NDT作业指导书执行下列任务：

a）调整NDT设备；
b）执行检测；
c）记录和分类检测结果；
d）报告检测结果。

1级持证人员不应负责选择检测方法或技术，也不对检测结果作评价。

2级持证人员应已证实具有按已制定的工艺规程执行NDT的能力。在证书所明确的能力范围内，经雇主授权后，2级人员可：

a）选择所用检测方法的NDT技术；
b）限定检测方法的应用范围；
c）根据实际工作条件，把NDT规范、标准、技术条件和工艺规程转化为NDT作业指导书；
d）调整和验证设备设置；
e）执行和监督检测；
f）按适用的规范、标准、技术条件或工艺规程解释和评价检测结果；
g）准备NDT作业指导书；
h）实施和监督属于2级或低于2级的全部工作；
i）为2级或低于2级的人员提供指导；
j）编写NDT结果报告。

3级持证人员应已证实具有其认证内容执行和指挥NDT操作的能力。在证书所明确的能力范围内，经雇主授权后，3级人员可：

a）对检测设施或考试中心和员工负全部责任；
b）制定和验证NDT作业指导书和工艺规程，审核其在编辑和技术上没有差错；
c）解释规范、标准、技术条件和工艺规程；
d）确定所采用的特定的检测方法、工艺规程和NDT作业指导书；
e）实施和监督各个等级的全部工作；
f）为各个等级的NDT人员提供指导。

3级人员应已证实具有：

a）用现有的规范、标准、技术条件和工艺规程来评定和解释结果的能力；
b）在选择NDT方法、确定NDT技术以及协助制定验收标准（在没有现成可用的情况）时所需的有关原材料、制成品和加工工艺等方面的丰富实际知识；

c) 一般地熟悉其他 NDT 方法。

3.2.2 无损检测人员资格鉴定与认证的报考条件

申请进行无损检测人员资格鉴定与认证的人员需要具备一定的学历（一般要求至少高中毕业以上）、接受培训的课时（见表 3-1）、一定时间的工业经历（见表 3-2）和身体状况（主要指视力）四方面的基本条件。一般要求先从报考 1 级资格人员开始，报考 2 级资格的人员应有 1 级资格证书，直接报考 2 级资格的人员应有大专（3 年制理工科专业）学历，并有 1 年专业实践工作经验，若有本科学历则需要有半年专业实践工作经验。

1. 视力要求（适用于各个等级）

《GB/T 9445—2008/ISO 9712：2008 无损检测　人员资格鉴定与认证》中的表述为：

报考人应提供符合下列要求的视力合格书面证明文件：

a) 无论是否经过矫正，在不小于 30 cm 距离处，一只眼睛或两只眼睛的近视力应能读出 Times New Roman 4.5 或等同大小的字母（Times New Roman 4.5 点的垂直高度，每 1 点为 1/72 英寸或 0.352 8 mm）；

b) 报考人的色觉应能足以辨别雇主规定的 NDT 相关方法所涉及的颜色间的对比。

认证后，视力应由雇主或责任单位负责每年进行一次检查和验证。

2. 培训要求

申请 1 级和 2 级认证的人员需要接受认证机构规定的专门培训并经考试合格。申请 3 级认证的人员可以通过参加培训班、学术会议或研讨会，研读有关文献资料等多种方式并经考试合格。（表 3-1）

表 3-1　GB/T 9445—2008 规定的最低培训要求　　　　　　单位：小时

NDT 方法		1 级	2 级（含 1 级）	3 级（含 2 级）
AT		40	104	150
ET		40	104	150
TT		40	120	160
LT	A 基础方法	8	24	36
	B 压力方法	14	45	66
	C 示踪气体法	18	54	78
MT		16	40	60
PT		16	40	60
RT		40	120	160
ST		16	40	60

续表 3-1

NDT 方法	1 级	2 级（含 1 级）	3 级（含 2 级）
UT	40	120	160
VT	16	40	64

注：关于培训学时要求的详细说明与注释请见该标准原文。

3. 工业经历要求

对于无损检测人员来说，工业经历即是其从事专业检测实践工作的时间，要求在申请鉴定认证前应该具有一定的无损检测专业实践工作经验。（表 3-2）

表 3-2　GB/T 9445—2008 规定的最低工业经历要求　　　　　　（单位：月）

NDT 方法	1 级	2 级（含 1 级）	3 级（含 2 级）
AT　ET　TT　LT　RT　UT	3	12	30
MT　PT　ST　VT	1	4	16

注：关于工业经历要求的详细说明与注释请见该标准原文。

3.2.3　无损检测人员的资格鉴定考试

无损检测人员的资格鉴定考试是由国家认证机构建立的或经其批准的考试中心负责进行的。

按照 GB/T 9445—2008 的规定：

1 级无损检测人员的资格鉴定考试按照给定的 NDT 方法和应用的产品门类或工业门类进行考试，考试内容包括通用考试、专业考试、实际操作考试。

2 级无损检测人员的资格鉴定考试按照给定的 NDT 方法和应用的产品门类或工业门类进行考试，考试内容包括通用考试、专业考试、实际操作考试、作业指导书编写。

3 级无损检测人员的资格鉴定考试按照给定的 NDT 方法和应用的产品门类或工业门类进行考试，考试内容包括基础考试（包括材料科学、加工工艺和不连续类型等技术知识，有关无损检测人员资格鉴定与认证体系的知识，至少 4 种 NDT 方法相当于 2 级要求的通用知识，并且至少包括 UT 或 RT）、主要方法考试（包括所申请检测方法有关的 3 级知识，NDT 方法在相关门类中的应用，包括应用规范、标准、技术条件和工艺规程，编写 NDT 工艺规程）。

注：GB/T 9445—2008 中规定的产品门类是：铸件（铁和非铁材料），锻件（所有类型的铁和非铁材料的锻件），焊缝（所有类型的焊缝，包括钎焊、铁和非铁材料），管子和管道（无缝、焊接、铁和非铁材料，包括焊接管用的平板产品），除锻件外的型材（板材、棒材、条材）。

工业门类是一些产品门类的结合体，包括所有和若干产品或某些特定材料（如铁和非铁材料，非金属材料如陶瓷、塑料和复合材料）。其中包括：制造中的材料与产品、役前检测和在役检测等。

3.2.4 无损检测人员资格的证书有效期

按照 GB/T 9445—2008 的规定：无损检测人员取得的资格认证证书有效期不超过 5 年，在第一个有效期满前，如果持证人能证明其视力合格并且连续从事与认证相应的工作没有重大中断，则允许申请延长一个相同年限的有效期，当第二个有效期满或至少每隔 10 年，则需要重新认证。

第四章 无损检测技术的组织管理、质量控制与技术经济分析

无损检测技术的管理包括了人员管理、组织管理、质量控制与管理、经济管理四大部分,其中人员管理已在第三章中阐述,本章主要阐述后面三部分。

4.1 无损检测技术的组织管理

目前,涉及无损检测技术应用的国内各工业系统企业单位中,对无损检测人员与技术的管理机构有多种形式,但是基本上可以归入三种管理模式:

(1) 质量管理渠道。

视各企业单位的编制、规模不同,把无损检测业务的人员、设备及技术管理以无损检测中心、探伤科、探伤站或探伤室、探伤组等形式隶属于质量管理部门(如质量部或质量管理部、质量处或质量检验处、检验科或质量管理科,外资企业也有称为品质部、品质科或品质课等),甚至还有的采取直接隶属总检验师管辖,这些机构中配备有无损检测技术人员负责处理技术业务问题,而由无损探伤工具体执行生产第一线的检测任务。

(2) 冶金工艺管理渠道。

把无损检测业务的人员、设备及技术管理以无损检测中心、探伤科、探伤站或探伤室、探伤组等形式隶属于冶金工艺管理部门(例如冶金处、工艺处、理化科或理化试验室),甚至还有的采取直接隶属总冶金师管辖,这些机构也同样配备有无损检测技术人员负责处理技术业务问题,而由无损探伤工具体执行生产第一线的检测任务。

(3) 双渠道管理模式。

在企业中还有一种较常见的管理模式,就是把具体执行生产第一线检测任务的无损探伤工在行政上归入质量管理或检验部门管辖,而把无损检测技术人员归入冶金工艺部门管辖,负责对无损探伤工实施技术业务方面的领导、制定检测工艺规程及承担故障分析、新产品探伤方案试验等任务。

对无损检测工作不同组织管理模式的优缺点分析:

按质量管理渠道管理的优点是无损检测技术人员和探伤工人直接在质量管理系统内参与产品从原材料、半成品至成品出厂的全过程质量控制,有利于保证产品质量。缺点是一般质量管理部门大多缺乏冶金分析实验手段,以致无损检测结果及评价与冶金故障

分析研究的联系不够紧密,通常需要委托给有关的冶金工艺部门做实验分析而不能直接参与,因而不利于无损检测技术在产品质量控制的应用上深入发展及影响无损检测人员技术水平的提高。

按冶金工艺管理渠道管理的优点是冶金工艺部门一般都具备较齐全的冶金分析实验手段(中心实验室、理化试验室一般隶属于冶金工艺部门),有利于尽快对无损检测结果通过破坏性试验进行验证与分析,由于无损检测与冶金分析试验同属一个系统而在管理操作上比较方便,并且能紧密联系到冶金设计与工艺的改进,通过参与分析研究与试验对提高无损检测人员的技术水平也很有好处。但是,由于产品的无损检测是由质量管理或检验部门委托进行,而不是直接对产品质量进行管理控制,因而容易受到生产行政管理方面的干预影响。

至于把具体执行生产第一线检测任务与技术业务领导分属两个管理部门的双渠道管理形式,虽然能将两者的优点结合起来,但是很容易使两个管理渠道之间因为各种原因而在管理效率、行政管理、技术管理、经济核算以至成本费用管理与使用等方面有矛盾发生,从而影响对产品质量控制与管理的顺利实施。

以上情况是我国目前企业中常见的无损检测技术的组织管理现状,显然各有利弊。从国外情况来看,以质量管理渠道对无损检测工作进行全面管理,并在该系统内设置冶金分析试验手段(如把理化试验室归入质量管理部门领导,或者单独建立无损检测实验室等),从而达到在本系统内即能全面控制无损检测工作的实施、对无损检测的结果和评价进行分析研究与验证。笔者认为这种管理模式是比较理想的。

随着中国加入 WTO(世界贸易组织),中国的许多方面都正在逐步与国际接轨,许多企业也正在或已经进行着体制改革方面的摸索,作为脱离生产企业的第三方检验模式的专业无损检测技术服务公司也应运而生并正在迅速发展。但是就目前的形势而言,许多这种从事第三方检验的专业无损检测技术服务公司往往局限于具体的无损检测任务的实施,专业面比较狭窄,缺乏自己内部的冶金分析试验手段和深层次的研究开发能力,从而在进一步对无损检测的结果和评价进行分析研究与验证及无损检测新技术的开拓创新方面还存在着较大欠缺,这对于这种专业服务公司自身的提高与发展是不利的。

当然,根据我国的实际情况,就无损检测工作而言,究竟采用何种组织结构形式更能适应工业生产高速发展对产品、原材料,以及制造过程和在役使用的质量控制与管理的需求,尚需要做许多的探索。

4.2 无损检测技术的质量控制与管理

无损检测技术的质量控制与管理主要涉及四个方面:
(1)无损检测方法的选择原则。
1)无损检测方法的适用性:
选用的无损检测方法应能适合检测对象的自然条件,如材料或产品的规格尺寸、材料性质和种类、材料冶金状态、材料表面状态、产品批量大小、加工工序要求等,应能适合检出要求发现的缺陷及满足验收标准要求。

例如，检测表面或近表面缺陷，对于铁磁性材料首先考虑的是采用磁粉检测，而对于非铁磁性材料则要考虑采用渗透检测方法，对于导电材料还可采用涡流检测方法。但是上述方法都要求被检测面具有可接近性才能实施，即检测装置或检测人员进行的观察评定能够到达被检测面。如果被检测面为不可接近的，例如管道的内壁面、原位紧固螺栓的底部、铆钉颈部或内头、压力容器的内壁面等，则需要考虑采用超声检测方法或内窥镜检测，也可能要采取例如红外检测或其他无损检测方法。

检测产品或构件的内部体积型缺陷，如铸件或焊缝的气孔、夹渣、疏松等，采用射线照相检测方法（X 射线或 γ 射线，甚至是利用加速器产生的高能 X 射线）或者 X 射线实时成像检测方法是比较适合的，但是如果被检件的厚度很大以至射线能量达不到检测灵敏度要求，或者被检件的结构形式限制，则只能考虑采用超声检测方法。

又如超声检测方法对于面积型缺陷，特别是裂纹类的危险性缺陷有着较高的灵敏度，而射线检测对于体积型缺陷有着良好的检出能力，因此在对于重要的压力容器焊缝考虑无损检测方法时，就应选择采取超声检测与射线检测两种方法并用，以利于相互弥补不足，更好地保证焊缝的内在质量。

总之，在考虑选用适当的无损检测方法时，必须考虑被检对象的材料特点、检测面的可接近性、检测缺陷的类型和要求达到的检测灵敏度、被检件的规格尺寸及所采用的无损检测方法的局限性等。

因此，在选择无损检测方法时最重要的原则首先就是无损检测方法的适用性。

2）无损检测方法的可行性：

为了实施选定的无损检测方法，需要考虑所应用的检测设备、检测材料（如超声探头、涡流检测线圈、渗透剂、磁粉、胶片等），以及辅助器材与设施等的性能指标或技术参数应能满足检测技术条件和验收标准要求，还包括进行该项无损检测的人员是否具有相应的技术水平、经验和判断能力，其具有的技术资格是否能胜任该项检测的要求。

例如，对某项产品选定采用水浸法超声半自动检测，显然首先必须具备这样的检测设备系统。又如对某项材料选定采用 X 射线照相检测，可是检测人员却不相应具备这种检测方法的技术资格，显然这样进行的检测其结果的可靠性是无法信任的。

笔者曾遇到过一个工厂采用超声波检测方法检验焊接产品，但检验人员完全没有经过该专业检测方法的培训，也不具备相应的技术资格，结果发生误检率高达 90% 的情况，给工厂带来了严重的经济损失。

因此，检测条件、人员条件等都是考虑无损检测方法可行性时必须注意的问题。

3）无损检测方法的可靠性：

为了保证所选定的无损检测方法能可靠地检出要求发现的缺陷或达到所要求的检测目的，除了对实施无损检测的人员有相应的技术水平要求外，还应该对所选用的无损检测方法建立严格的质量保证体系，包括实际可行的管理制度及相应的技术工艺文件，以确保正确地实施检测，对检测结果能做出正确的判断和评定。

这一点是极其重要的，如果所使用的检测设备和检测材料没有标准的校验手段与校验方法并以制度加以规定，以致由于检测设备、检测材料的性能不稳定造成检测结果的重复性差，或者没有统一的标准操作程序或实施方法，不同的检测人员操作有不同的检测结果，也同样会使检测结果难以达到稳定和可重现性，这样的检测结果显然是不可靠的，甚至会失去检测的意义。因此，在无损检测质量保证体系中应该包括制度化的新购检测设备验收与在用检测设备定期校验，新购检测材料的入厂检验和使用过程中的校验，制定正确的无损检测工艺规程等行之有效的措施。

4）无损检测方法的经济性：

在保证满足检测要求的条件下，应尽量选择检测效率高、操作简便并且检测费用低的无损检测方法，力求获得最大的经济效益。

例如，汽车轮毂一般为铝合金压铸件，汽车轮毂制造厂基本上都是采用工业 X 射线实时成像检测系统进行检测，因为铝合金铸造汽车轮毂的质量要求是逐件（100%）射线检测，这类制造厂的生产效率一般达到至少年产 100 万只以上才能维持，采用 X 射线照相检测不仅效率过于低下，而且涉及的胶片、药品的消耗及检测工时费用等都将极其高昂，只有采用工业 X 射线实时成像检测系统才能满足高效率检测的要求（目前国外最先进的工业 X 射线实时成像检测系统对铝合金铸造汽车轮毂的检测速度已经能够达到 20 秒/件），同时极大地降低了检测成本。

即便是同一种检测方法（例如超声检测），也应该力求在保证检测质量的前提下充分考虑到经济效益。

例如，目前国产数字式超声波探伤仪价格一般在 3～8 万元/台，而模拟式超声波探伤仪的价格则在 1.5 万元/台以下，如果被检测对象的质量要求、检测效率要求不太高，使用模拟式超声波探伤仪就已经完全能满足检测要求时，显然使用后者将会大大减少检测的投入费用，也就是无须盲目追求"名牌""最先进"的仪器设备，没有必要大材小用。

（2）实施无损检测的时机（检测工序）的选择。

无损检测的对象是危及产品、材料、构件使用性能与安全运行的缺陷，显然首先必须了解这些缺陷于何时产生并且其形态最容易被选定的无损检测方法所检出，然后才能正确选择检测时机，以保证能够尽早地、及时地发现隐患，防止危害现象的发生。

我们习惯上把缺陷大体上分为固有缺陷（也称为冶金缺陷）、加工缺陷（也称为制造缺陷）和使用缺陷三大类。

对于固有缺陷，是指原材料中已经存在的缺陷，应该在原材料投入加工或使用之前进行检测，例如棒材、管材、板材、型材、锻坯、铸锭等，防止后续加工中不能去除甚至在加工过程中因为缺陷的进一步扩展造成产品报废或早期破损，导致人力、物力、财力及时间等方面的浪费，因此，原材料入厂检验是非常重要的。但是，有些固有缺陷在原材料状态下是不容易用一般的无损检测方法发现的，例如铝合金铸锭中的氧化膜（成分为三氧化二铝），其厚度极薄（达微米级）且分布与取向无规律，无论用 X 射线照相或超声波检测方法都难以发现，只有在经过压力加工变形并经过热处理后，其分布取向有了一定的规律（沿金属流线方向分布）并因为应力的影响使其开隙度有所增大，然后才有利于采用超声波检测方法检测出来。

又如钢锻件中的白点（又称为发裂）缺陷，其成因是铸造钢锭时未逸出的氢原子在锻压热变形过程中聚合成氢分子,因而体积骤然膨胀产生较大的内应力,并且加上锻造变形应力及锻后冷却过快时的组织应力联合作用下才形成开裂,因此对其检测的时机应选择在锻制完成并经热处理后采用超声检测方法最为有利。

加工缺陷,这里不是指固有缺陷在加工过程中发生变化或扩展的情况,而是指加工过程中由于加工工艺不当而产生的缺陷,例如锻造折叠、锻造裂纹、过热或过烧,铸件中的冷隔、气孔、夹渣,热处理中的淬火裂纹或回火裂纹,机械加工中的磨削裂纹,焊缝中的热裂纹、冷裂纹、延迟裂纹、再热裂纹等。因此,首先应当了解某种加工工艺(或加工工序)容易产生何种缺陷,对这些缺陷的检测时机显然应该选择在该工序后最便于检测的情况下进行检测。

必须注意,有些缺陷并不是在可能产生这种缺陷的工序后立即形成,如某些高合金钢焊缝在焊接完成并经过一段时间后才产生裂纹(延迟裂纹),对于有延迟裂纹倾向的合金钢焊缝,一般要求在焊接完成48～72小时后进行X射线照相检测或超声检测才是适当的。

使用缺陷,主要是指疲劳裂纹、应力腐蚀裂纹和应力腐蚀疲劳裂纹,也包括非正常使用导致的过载断裂等,显然,它们是要经过一段使用时间后才会形成和发展。因此对于使用中的零部件、构件等需要定期进行在役无损检测,例如铁路机车、客货车的车轴、路轨,目前国内以5年或者一定的运行公里数作为一个检修周期,锅炉压力容器则根据投入运行后的时间每6年、3年、2年甚至每年检测一次;又如飞机和航空发动机以一定的飞行小时(工作时间)或起落次数作为确定检修周期的依据。

总之,在制造时要杜绝有缺陷的材料、零部件半成品、成品流入后续的加工或投入使用后造成隐患,影响使用安全,在产品投入使用后根据其承载情况定期检测可能出现的缺陷,这都必须充分了解缺陷的形成时机,正确选择实施无损检测的时机,以保证能及时有效地发现缺陷。

(3) 无损检测验收标准选用或制定的原则。

无损检测验收标准直接关系到材料、零部件、构件的质量要求和安全性。对于无损检测验收标准的选用或者制定无损检测验收标准时所应遵循的原则主要有如下三个方面:

1) 无损检测验收标准选用或制定的依据基本上有三个来源:

第一,前人的经验总结,包括现行的国内外同类或相近产品、材料的无损检测验收标准、技术规范及有关的技术资料与文献等,可以作为参考、借鉴或选用。

第二,以往的故障实例、事故案例、经验教训与分析总结等,可用于借鉴并作为制定合适的验收标准的依据。

第三,针对具体检测对象的使用性能要求进行相应的试验研究,甚至采取模拟实际使用条件的试验或跟踪观察试验,将检测的结果与冶金分析试验的结果进行对比分析等,通过这些实验数据的积累和研究来制定符合使用性能要求的验收标准。例如,笔者曾利用超声波检测钛合金的杂波水平与金相分析及机械性能试验的结果相对比来确定钛合金超声检测中杂波水平指标等级的确定标准,利用超声波检测热作模具钢时的底波损失与金相分析粗晶程度以及实际投产跟踪统计模具寿命来制定对热作模具钢超声检测时的底波损失验收指标；又如有的国外航空发动机厂利用超声检测发现了高温合金涡轮盘上的单个缺陷，然后用该涡轮盘投入发动机试车直至损坏来确定对单个缺陷的超声波探伤验收标准等。

诚然，这种方法将会涉及较大的人力、物力与财力的耗费，需要较大的科研投资，有时还会因为实验条件的限制而影响试验结果的准确性、代表性、广泛性等，但是必须承认这是最能切合具体检测对象实际的方法。

2）无损检测验收标准的可行性（合理性）：

选用或者制定的无损检测验收标准首先应该能满足产品质量的要求（笔者曾遇到过某企业采用普通承压设备的超声检测验收标准检验出口的重要的钢结构件以致遭到国外客商拒收的事例），而且应该是产品或材料当前的制造工艺水平能够达到，并且实际应用的无损检测方法、检测设备仪器性能也能够达到，否则仍然只会是纸上谈兵，无法实现。

3）无损检测验收标准的经济性：

无损检测验收标准应以满足产品使用性能要求为目标，如果验收标准过严，超过了产品的使用性能要求，称为"质量过剩"，这样不必要的过高指标将导致产品的不合格率增高，造成资源和人力的浪费，降低了生产效率和经济效益。相反，如果验收标准过低，则使检测判定合格的产品其实并不能满足使用性能的要求，亦即"质量不足"，在使用中会导致产品提前破损或失效，甚至酿成灾难性事故，造成巨大的经济损失，严重危及生命财产的安全。在社会上有些企业片面追求产值和利润，随意降低产品验收标准，甚至弄虚作假，以致造成重大人身伤亡和经济损失，这样的事例也是不少的。

因此，确定无损检测验收标准是一件非常严肃的事情，决不能掉以轻心，必须慎重处理。

图 4-1 展示了确定无损检测方法与验收标准的基本流程。

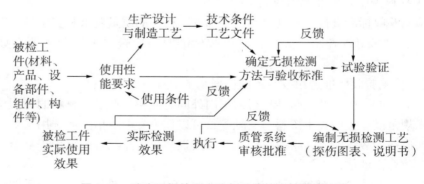

图 4-1　确定无损检测方法与验收标准的基本流程

(4) 无损检测技术的质量管理。

无损检测技术的质量管理主要表现在以下三个方面：

1）人员质量的保障。

无损检测技术是通过无损检测人员来具体操作实施的，操作者的技术水平、经验与能力、健康状况对无损检测方法、技术规范与验收标准的正确贯彻，正确操作，检测结果的判断、解释与评定的正确与否等都有极大影响，因此对无损检测人员技术资格的定期鉴定与认证、无损检测人员的能力考核、培训计划、身体条件，以及无损检测实施过程的安全保障与管理等必须有一整套完整的管理制度作为无损检测质量保证体系中的重要环节（关于无损检测人员的技术资格鉴定见前面第三章）。

2) 保障无损检测技术可靠性的质量控制与管理。

大多数无损检测技术采用的是间接测量或相对比较的方法，因此，所涉及的检测仪器与设备、检测材料或检测介质、辅助器材、标准试块与参考试样、对比试样等的计量标准化以及校验、校准，对保证检测结果的一致性、复现性，亦即准确性与可靠性，有着绝对重要的意义。对于检测仪器与设备、检测材料或检测介质、辅助器材、标准试块与参考试样、对比试样等的性能参数指标、测试与鉴定方法、验收标准、校验周期与校验方法，以及有关的计量标准传递程序等，必须建立一系列完整、严密可行的管理制度作为无损检测质量保证体系中的重要环节，并严格执行，必要时还可建立专用的标准或包括在无损检测技术规范、工艺规程或操作指导书中。

例如：

无损检测设备及器材的管理包括建立设备台账和设备使用卡及设备的周期检定制度，记录设备的购入日期和性能、价值及附件情况，检修和零件更换情况以及设备周期检定情况，设备应有专人负责维护保养，对于关键设备应记录其使用的频度以分析设备利用率。应制定设备安全操作规程，要求严格按照操作规程进行操作，设备发生损坏或故障，应分析发生原因和找出责任者。

在无损检测工艺的管理方面，所制定的无损检测工艺应符合有关规范、规程和标准的要求，并随这些标准的变化，按年号修订并按新颁标准制定相应的工艺规程。对于具体产品还应建立工艺卡，作为检测人员具体操作的指导性工艺文件。

3) 无损检测方法的标准化。

对于同一个被检测的对象，即使采用同一种检测方法（例如超声检测），如果实施的具体方法、程序不同或有差异（例如起始灵敏度调整、扫查方式、定量与定位评定方法等），则检测结果将会存在差异甚至有很明显的不同，显然，这样将无法对被检测的对象做出准确可靠的评价。因此，在无损检测质量保证体系中必须注意到无损检测方法本身的标准化，包括技术条件、无损检测工艺规程、无损检测作业指导书或检测工艺卡等技术文件的系列化与完整性，使得不同的检测人员，只要具有相同的技术资格水平，按照统一的检测技术文件实施检测，都能得到一致的检测结果，这样才能保证无损检测技术的可靠性。在这方面，我国的无损检测标准化建设工作尚在不断的完善与建设中。

概括而言，对于无损检测质量保证体系，即无损检测技术的质量管理大体上包括了对人、物和方法三个方面的质量控制内容，也可以归纳为检测人员、检测仪器设备、检测材料、检测标准与技术文件、检测操作和检测环境六大要素。

我国虽然在建立无损检测质量保证体系方面已经做了大量的工作，但是应该承认这些工作还很不完善，这也与整体的技术、行政和经济管理有关，因此尚有大量的工作有待深入进行。

4.3 无损检测技术的经济管理

4.3.1 无损检测技术的经济意义

无损检测技术对控制和改进生产过程中材料和产品质量，保障产品的使用可靠性与安全性起着关键性的作用。由于避免了不合格材料或半成品流入后继生产工序造成人力、物力、财力、工时及能源的浪费，避免了不合格产品在使用中因为早期破损或失效而导致经济损失甚至危及生命财产安全，并能有助于改进生产工艺、降低产品不合格率和返修率、减少退货等，从而起到了节约资源和能源、降低制造成本、提高劳动生产率、获取重要经济效益的作用，这是无损检测技术所表现的直接经济效益，但这仅仅是它的一个方面。

另一方面，由于采用了无损检测技术，提高了产品质量和使用可靠性，从而在市场竞争中增强了信誉、增强了竞争能力（例如现在的汽车轮毂制造厂、承压钢管制造厂、钢瓶制造厂等已经把是否具备工业 X 射线实时成像检测设备对产品进行 100% 无损检测作为能否参与投标竞争的必要条件之一），在进出口产品检验、新材料或新产品研发过程中的质量保证措施等方面，也都体现了无损检测技术具有潜在经济效益的优势。

因此，尽管采用无损检测技术必然需要花费一定的资金投入，有些无损检测方法的应用甚至需要较高的初始投入（例如 X 射线实时成像检测系统、工业 CT 检测系统、超声 TOFD 及相控阵仪器、自动化检测系统等），但是从长远和宏观来看，显然是非常合算的。

当然，就无损检测技术本身的应用与实施而言，同样存在投入产出的技术经济分析，必须考虑正确分配投入无损检测的人力、物力和财力，使得既能保证产品质量，达到无损检测技术应用的目的，又能做到以最少的投资获取最大的经济效益。也就是说，在选择无损检测方法、选用检测设备、检测材料、制定检测程序、确定检测时机、确定检测工作量等的时候，除了必须考虑检测对象的种类、数量、检测效率要求、检测时机、所需测定的物理参数及检测验收标准等以外，还应该力求以适当的技术与经济条件和有效的时间周期，按检测要求的精确度正确无误地获得尽可能多的检测信息，以满足检测的需要和减少不必要的浪费。

本节的无损检测技术经济分析就是从这个目的出发，以上述原则为基础，对无损检测技术的费用进行经济核算的尝试。

4.3.2 无损检测技术费用的经济核算

目前我国的无损检测技术经济分析和成本核算、检测服务价格方面处于比较复杂甚至可以说是比较混乱的局面，笔者知道不少漫天要价的例子。例如，数年前某地曾有一项焊缝 X 射线照相检测工程，拍片数量高达上万张，在招标报价时，一张 X 射线照相胶片（300 mm×80 mm 规格）的报价就有 30 元/张和 80 元/张甚至 120 元/张的巨大差距。又如某厂球墨铸铁模具毛坯的进厂价一件才 400 多元，可是委托某单位进行批量毛坯 X 射线照相检测时，每件毛坯需要拍一张 14 英寸×17 英寸的胶片，其报价高达 200 元/张（当时该规格的国产胶片零售价为 720 元/50 张，进口胶片零售价为 1 500 元/100 张）。笔者认为这都是不正常的，无损检测技术应用的经济成本核算其实是有规律可循的，无论是开展无损检测技术应用的制造企业核算产品成本以确定产品价格，还是从事第三方检验的专业无损检测技术服务公司承接检测工程的报价，都应该实事求是地进行具体的经济核算与分析，得出合理的价格，才有利于无损检测技术应用的正常发展。

笔者认为，无损检测技术费用一般应至少包含以下四个方面的内容：

1. 实际消耗费用

这里指检测设备、场地等固定资产的投入（一般以折旧费分摊，在国外也有把为一项大型工程购买的检测设备作为一次性投入，工程结束后就把这些检测设备报废，下一项大型工程再重新购买检测设备），检测人员的工资与福利费用，检测材料与辅助器材等的消耗性材料费用（例如胶片、化学药品、探头磨损、渗透检测或磁粉检测的耗材等），能源消耗（如水、电消耗），以及行政与辅助人员的管理费用、办公费用等，这将在后面通过实例进行详细的分析说明。

2. 技术经验与技术培训费用的补偿

无损检测人员与一般的检验或生产人员有一个很大的区别，即他所执行的任务是采用非破坏性的检查手段，对产品或材料进行百分之百检查，要对非直观的检测结果（大多数都不是直观的结果）做出正确的判断、解释、分析与评定，做出正确的结论性评价，并直接对产品或材料的质量和安全使用负责。

因此，对从事无损检测工作的人员，必须对他们进行经常性的技术培训，需要经过一定时期的实际工作以积累实践经验，还要定期到国家认证机构建立或经其批准授权的考试中心进行考试，取得国家认证机构或经授权的资格鉴定机构批准授予有一定有效期的无损检测人员技术资格等级证书，才能正式上岗从事检测工作，特别是至少要取得中级（2 级）技术资格才能对检测结果负责、签发检测报告。随着工业生产发展与科学技术的进步，无损检测人员还必须通过持续的再教育以不断更新知识和提高技术业务水平（体现在技术资格等级的更新考核与重新认证、必要的学习资料及技术交流等）。这些都必须要有一定的教育培训经费投入，在核算无损检测技术费用时，必须考虑到这方面并进行分摊补偿。

在无损检测技术费用中，关于技术经验的积累、培训及考核费用的补偿分摊，据笔者的经验，以占无损检测技术费用的 5%～15% 为宜（视所采用无损检测技术的技术知识要求和培训的难易程度及实施无损检测工作的具体情况而定）。

3. 技术风险补偿

无损检测技术工作是一种复杂的脑力劳动与体力劳动的紧密结合，属于技术密集型的工作。无损检测结果的可靠性与无损检测人员的主观能力有着密切的关系。

事实上，由于无损检测技术本身的局限性、检测时所处的环境条件与工作条件等客观上各种干扰因素的存在，要对产品或材料进行百分之百检查并直接对其质量负责，无损检测人员所负的责任是异常重大的，他必然要承担一定的技术风险，尤其对于承受在复杂、苛刻工作条件下检测的产品或材料、构件以及有严格验收标准的产品更是如此，应该承认,无损检测技术的可靠性与准确性还不能够说完全达到百分之百。因此,笔者一直坚持认为,在无损检测技术费用中应该包含技术风险补偿费用,以作为一旦发生漏检、误判而给企业带来经济损失时的部分补偿。

还有一个方面,特别是对于制造厂来说,采用与不采用无损检测、采用不同的无损检测方法、采用不同的产品无损检测验收标准,所导致的产品或材料的合格率是不同的,所带来的经济效益也是不同的,因此也是在确定产品价格时必然要考虑的因素。

例如,某钢厂生产的合金结构钢轧棒,作为一般民用钢材时可按国标(GB)验收,不要求进行百分之百的超声无损检测,只需要按炉批号抽样作金相低倍与常温拉伸试验(机械性能)合格即可交付。但是作为航空用钢时,则要求按航空工业标准(HB)验收,不仅要按炉批号抽样作金相低倍与常温拉伸试验,而且要经过百分之百超声检测合格方可交付,意味着一炉钢的合格率必然有所降低,这样钢厂只有提高该钢材的售价(视超声检测验收标准的严格程度而定,例如以 $\Phi 1.2$ mm 平底孔当量为超声检测的验收标准时,则钢材的售价甚至可能提高 30%)。

笔者认为,在无损检测技术费用中,技术风险补偿应占 5%～15% 为宜(视产品或构件的具体检测要求、使用情况和技术风险的大小而定)。

应当指出,在技术风险补偿费用中,应该考虑包含有对无损检测人员适当的劳动报酬部分,因为无损检测人员的工作包括了要对所检查产品的安全使用承担个人法律责任的情况,例如铁路系统、锅炉压力容器等许多行业都有相关的规定与措施。目前,许多企业把这种技术风险补偿全部收归单位所有,而风险责任却要无损检测人员个人承担(大至法律责任,小至企业内部的行政、经济处罚),这是不妥当的。特别是在产品或材料、构件一旦发生质量事故而要追究他们个人的法律责任,而他们所承受的技术风险在平时却没有任何补偿的情况下,是难以调动其积极钻研技术、努力提高技术水平、更好地为企业保障产品质量贡献力量的积极性的。这种对无损检测人员不充分体现按劳取酬的分配原则、不尊重无损检测人员技术水平与实践经验的知识价值的行为,必将严重挫伤他们的积极性与责任心,甚至职业道德和从业信心,从而直接影响该企业无损检测技术的发展与提高。

目前也已经有不少企业采取的给予无损检测人员较高的工资、奖金等级、福利待遇,按照所具有无损检测人员技术资格等级的高低给予不同的岗位补贴等管理措施,实际上就是作为对其承担无损检测工作的技术风险的一种补偿。但是笔者认为,应该明确肯定"技术风险补偿"的意义,并在实际的企业管理和对无损检测人员的雇用中引起高度重视。

4. 其他费用

例如,劳务税金、企业管理费、利润等,需要按照国家和各工业系统、各企业的具体规定核算,特别是利润中还应包含用于积累再发展的成分。

笔者认为利润占无损检测技术费用的 10%～15% 较为适宜,利润中的积累再发展成分适用于企业自身的技术改造和再发展(例如设备更新、采用新技术等),而且不至于因为确定利润比例过高而造成过高的无损检测价格,以免不利于市场经济条件下的竞争。

无损检测技术服务的价格、计算单位与计算方法的混乱现象表现为价格偏高太多，或者价格偏低太多，这都是既不利于市场竞争，也不利于自身经济效益的，其基本原因恐怕也与没有严格认真仔细的成本核算有关，笔者认为有必要通过实际的分析核算来确定比较合理的价格，才有利于无损检测技术应用工作的开展。

在无损检测技术费用中，仪器设备的购入费用一般都是最重要的成本构成成分，通常采用折旧费形式分摊（包含设备的检查维修费用），无损检测中应用的仪器设备大多属于电子仪器（如X射线机、超声波探伤仪、超声波测厚仪、涡流探伤仪、涡流涂镀层测厚仪、白光照度计、黑光强度计等），我国规定电子仪器的最高折旧年限为10年（年折旧率10%），机械设备的最高折旧年限为20年（年折旧率5%），建筑物（如厂房、实验室、射线曝光室）的最高折旧年限为30年（年折旧率3.3%），但是企业考虑电子仪器设备零部件的有效工作寿命、设备更新换代的需要及使用期间的检查维修费用等因素，为了加快设备更新而往往把电子仪器的折旧年限规定为5年甚至更短。

下面以工业应用的五种常规无损检测技术（RT、UT、PT、MT、ET）为例，尝试说明无损检测技术费用的内容和价格核算方法，这些例子仅仅是希望说明无损检测技术服务费用的成本核算与价格的制定原则，本节中计算的价格参数和所得到的价格只是举例，仅供参考。

第一种，X射线照相检测（RT）。

（1）实际消耗成本。

对于便携式气绝缘X射线机、自动洗片机一般可考虑以5年折旧分摊（年折旧率20%），固定式油绝缘X射线机可以考虑按10年折旧分摊（年折旧率10%），与X射线照相检测相关的辅助器材设备也可按年折旧率20%计算。

例如，一台2005型便携式气绝缘定向X射线机用于室内检测，假设按满负荷工作，单张拍摄，每小时可以拍摄300 mm×80 mm胶片6张（1:1工作，曝光时间为5分钟/张）。

1）X射线机的费用分摊。

假定该X射线机为国产设备，价值1.5万元，使用国产玻璃X射线管，按我国的工业X射线管寿命考核标准，一般的国产玻璃X射线管有效寿命在500小时左右（辐射穿透力下降到80%），实际有效工作日按300天/年，每天6小时工作，每小时拍摄6张计算（实际累计开机曝光时间为36张×5分钟/张，即3个小时/天），亦即该台设备的X射线管寿命实际上不到一年即已达到额定时间（0.56年，此处假定是按200 kV、5 mA满负荷工作计算，其实仍可以用于较低管电压的拍摄，并非一定要报废更换），意味着按国产玻璃X射线管有效寿命500小时可拍摄胶片500×6=3 000张，假定就以该X射线管满负荷工作有效寿命为限，不考虑更换X射线管及维修等延长设备寿命的费用，则该设备费用分摊到一张300 mm×80 mm胶片上的费用是：15 000元÷3 000张 = 5元/张。

如果使用某进口2005型便携式气冷定向X射线机，假定价值15万元，其玻璃X射线管的有效寿命可达到5 000小时（5.6年，同样假定是按200 kV、5 mA满负荷工作计算），意味着可拍摄胶片5 000×6=30 000张，仍如上述思路，则该设备费用分摊到一张 300 mm×80 mm 胶片上的费用是：150 000 元÷30 000 张＝5 元/张。

上述例子说明使用有效寿命长的设备，虽然初始投资要增大，但是实际分摊到每张胶片的成本并未增加，但是减少了更换设备所带来的其他费用，曾有单位承接了拍片量达 10 万张的工程，就宁愿购买进口的便携式 X 射线机而不买国产的便携式 X 射线机，这也是在选择购买检测设备时应加以考虑的一个重要因素。当然，这里未考虑日常训机导致的 X 射线管寿命减少、设备故障维修费用等因素。

2）辅助器材设备的费用分摊。

这里指与 X 射线照相检测相关的辅助器材设备，如手工处理胶片的暗室设施（安全灯具、手工洗片槽、胶片干燥箱、排风扇、定时器、洗片夹等）、胶片的观察评定装置（黑度计、观片灯等）、像质计、胶片暗盒或暗袋、铅字、磁钢、铅垫板、校验曝光曲线的试块及其他辅助工具等，还有射线辐射防护装备（如防护屏、防护服、辐射剂量报警仪或剂量计等），我们假定这些辅助器材设备的总值为 2 万元，同样在不考虑这些辅助器材设备故障维修费用等因素的前提下，如果按上述每天 36 张 300 mm×80 mm 胶片，一年内分摊完毕，则分摊到一张 300 mm×80 mm 胶片上的费用是：20 000 元÷(36 张×300 天) ＝1.85 元/张。

3）建筑物折旧费分摊。

假定 X 射线试验室（控制室、混凝土曝光室、评片室和暗室）面积为 100m²，总建筑费用 90 万元，按 30 年折旧分摊，意味着在可拍摄胶片 30×300×36＝324 000 张的情况下，分摊到一张 300 mm×80 mm 胶片上的费用是：900 000 元÷324 000 张＝2.78 元/张。

4）实际消耗材料费用。

包括 X 射线胶片、处理胶片的药品、耗电、耗水、增感屏及其他消耗性材料工具（如记号笔、手套、照明灯泡或灯管等）。

假定使用国产 300 mm×80 mm 规格的某型号胶片，每盒 100 张，价格 400 元/盒，再假定胶片的废片率为 2%，则每张 300 mm×80 mm 胶片的材料单价应为：400 元/盒÷100 张/盒÷0.98%＝4.08 元/张。

如果使用进口 300 mm×80 mm 规格的某型号胶片，每盒 100 张，价格 800 元/盒，但是胶片的废片率为 0，则每张 300 mm×80 mm 胶片的材料单价应为：800 元/盒÷100 张/盒＝8 元/张。

其他消耗性材料、工具、水电等的费用可估算为每张 300 mm×80 mm 胶片分摊 2 元。

(2) 检测人员的费用。

假设以 3 名无损检测人员为一组进行室内检测工作，他们的工资、岗位津贴、福利费用总计为 18 万元/年（平均每人 6 万元），按每天一个工作班完成 36 张 300 mm×80 mm 胶片计算，则分摊到一张 300 mm×80 mm 胶片的人工费用为：180 000 元÷(36 张×300 天) ＝16.67 元/张。

这是以室内检测情况为依据计算的成本费用，则每张 300 mm×80 mm 胶片的成本应该为：5＋1.85＋2.78＋4.08（或 8）＋2＋16.67＝32.38（或 36.3）元/张。

我们把这个成本费用设定为 X 射线照相检测每张 300 mm×80 mm 胶片单价的 50%，即 64.76（或 72.6）元，亦即每张 300 mm×80 mm 胶片的单价取整数可为 65（或 75）元/张，其中含有：

（3）劳务税金 10%。

（4）企业管理费，取 10%（包括租用办公场地费用分摊）。

（5）技术经验与培训补偿，取 10%。

（6）技术风险补偿，取 10%。

（7）利润取 10%。

这应该是室内射线照相检测时对于逐张拍摄 300 mm×80 mm 胶片的基本单价。

300 mm×80 mm 胶片一般用于焊缝检测，焊缝照相检测常用的规格还包括如 240 mm×60 mm、120 mm×60 mm 等，对于铸件的射线照相检测则视需要可以有多种不同的胶片尺寸，常见的一种核算费用的方法是按拍摄胶片面积为单位，例如上面按 300 mm×80 mm 胶片计算得出的单价 65（或 75）元/张可以换算为以平方厘米为单位，即 0.27（或 0.31）元/cm²。以此可以换算出 240 mm×60 mm 胶片的单价取整数为 40（或 45）元/张，120 mm×60 mm 胶片的单价取整数为 20（或 25）元/张，14 英寸×17 英寸胶片的单价为 420（或 480）元/张，等等。笔者认为这样按拍摄胶片面积为单位核算费用的方法是比较灵活合理的。

如果是在野外或施工现场进行 X 射线照相检测，则可免去建筑物折旧费用（有不少专业无损检测检验服务公司的办公场地是租用的，其租用费也是考虑成本时的重要参数），但是需要增加设备器材的运输交通费、检测人员的差旅费或者野外作业津贴、高空作业津贴等。

实际上，由于 X 射线管通常不是在满负荷状态下工作，因此其寿命比额定值要长得多，而用大规格胶片裁切小规格胶片剩下的边角余料实际上还可用于其他更小规格胶片照相的场合，还有其他的参数在上面的计算中也基本上是按照最大可能消耗来计算，因此意味着这里得出的单价其实是上限，存在较大的下调余地。

应当特别说明的是，这里的例子是指采用定向机逐张拍摄的最高成本极限情况，如果是采用大焦距、大视场的多张胶片一次曝光，或者采用周向机的多张胶片全景曝光，不但检测效率大大提高，而且分摊到每张胶片的成本也将大幅度降低。当然，在任务不饱满、检测人员不能满负荷工作、管理人员过多等情况下，人工费用分摊、企业管理费等则会增加，这就需要企业在生产经营管理方面再做努力了。

第二种，超声检测（UT）。

假定使用一台超声波探伤仪，1 名熟练的检测人员，在生产车间现场采用手工接触法检测轧制钢棒，检测效率一般至少可达到每小时扫查 10 平方米的检测面积，每天工作 6 小时，每年 300 个工作日，以检测面积（平方米）计算。

（1）实际消耗成本。

1）设所用国产模拟式超声波探伤仪的价格为 1.2 万元/台，若用国产数字式超声波探伤仪器价格为 3 万元/台，另外配有超声参考对比试块一套，假定价格为 1 500 元，均按 5 年折旧计算，没有其他辅助设备，则：

（12 000＋1 500）元/台套÷5 年/台套÷300 天/年÷6 小时/天÷10 平方米/小时＝0.15 元/平方米。

或者：

（30 000＋1 500）元/台套÷5 年/台套÷300 天/年÷6 小时/天÷10 平方米/小时＝0.35 元/平方米。

2）消耗材料。使用国产刚玉保护膜的直探头，设价格为 180 元/只，根据笔者的经验，采用手工接触法检测毛面工件的情况下，这种探头的耐磨损寿命最低为 60 m^2 左右，质量好的探头加上合适的耦合剂和正确的使用，耐磨损寿命可达 200 m^2，如果工件表面光洁度在 3.2 μm 或以上时，探头的耐磨损寿命可达到 300～600 m^2；如果使用国产有机玻璃斜楔的斜探头，设其价格也是 180 元/只，采用手工接触法检测工件表面光洁度在 3.2 μm 或以上时，这种斜探头的耐磨损寿命可达到 200～300 m^2，如果工件表面光洁度在 6.3 μm 左右时，这种斜探头的耐磨损寿命将迅速降低到最低 60 m^2 左右（包括修磨）。此外，所使用的探头电缆线在使用过程中会因外皮磨损、接头断线及外皮老化等原因导致报废，因此也是消耗品，其价格约为 45 元/根，其使用寿命最低可达 1 年（包括维修）。

在本例中使用国产刚玉保护膜的直探头进行手工接触法周面径向探测，按最低耐磨寿命计算：

180 元/只÷60 平方米＝3 元/平方米。

探头电缆线消耗：

45 元/根÷300 天/年·根÷6 小时/天÷10 平方米/小时＝0.002 5 元/平方米。

探头电缆线消耗可忽略不计。

使用的耦合剂为 30#机油（设 6 元/公斤），据笔者的经验，消耗量约为 0.3 公斤/平方米：

6 元/公斤×0.3 公斤/平方米≈2 元/平方米

其他辅助材料如擦拭用棉纱或破布，以及电耗等可估算为 0.5 元/平方米。

（2）检测人员的费用。

设 1 名无损检测人员，工资、岗位津贴、福利费用等总计为 6 万元/年，则分摊到 1 m^2 检测面积为：

60 000 元÷300 天/年÷6 小时/天÷10 平方米/小时＝3.33 元/平方米。

以上合计为：

0.15（或 0.35）＋3＋2＋0.5＋3.33＝8.98（9.18）元/平方米

可以取整数 10 元/平方米。

我们把这个成本费用设定为超声检测每平方米扫查面积单价的 40%，亦即超声检测每平方米扫查面积的基本单价为 25 元/平方米。超声检测对检测人员的技术要求高，且检测结果的判断与评定更直接依赖检测人员的主观因素，因此在技术经验、培训方面的投入及技术风险的预估都需要提高百分比。其中含有：

（3）劳务税金 10%。

（4）企业管理费，取 10%（包括租用办公场地费用分摊）。

(5) 技术经验与培训补偿，取 15%。

(6) 技术风险补偿，取 15%。

(7) 利润取 10%。

如果是在野外或施工现场进行超声检测，还需要增加设备器材的运输交通费、检测人员的差旅费或者野外作业、高空作业津贴等。

如果是超声测厚，一般是以测量点数计算费用，即以一个测量点数据为核算单价，常见的报价如 1～2 元/点，这里不再做详细的核算分析。

如果是焊缝的超声检测，因为通常是采用有机玻璃斜楔的斜探头，因此探头损耗要比刚玉保护膜的直探头为大，检测扫查的面积与探测焊缝的厚度有关（扫查区域宽度随焊缝的厚度不同而不同），可以根据检测焊缝的长度和探头扫查区域宽度计算需要使用探头移动扫查的面积，得到以平方米为单位的核算单价，再回应焊缝长度报价，这样能适应不同厚度的焊缝有不同的价格，笔者认为这样才是合理的。据笔者的经验，一个熟练的超声检测 2 级人员检测焊缝的效率一般应在 15～20 米/小时。

第三种，渗透检测（PT）。

以使用溶剂清洗型喷罐式着色渗透剂现场检验为例，商品化 500 mL 装的着色渗透探伤剂零售价约为 150 元/套（如果是批量购买则价格要明显降低很多），包括了渗透剂、清洗剂和显像剂。据笔者的经验，这样的一套着色渗透探伤剂可检测面积为 5 m^2。因此：

(1) 实际消耗成本。

1）渗透检验材料的费用：150 元/套÷5 平方米＝30 元/平方米。

2）辅助器材的费用：国产普通渗透检测标准对比试块（铝合金对比试块或不锈钢镀铬三点辐射裂纹试块）的价格约为 300 元/块，重复使用的次数在正常情况下至少可达到 50 次以上，如果以每 10 平方米作为一个校验批次考虑，则一块试块就能用于 500 m^2，分摊费用为 0.6 元/平方米。为保存试块所用的丙酮为反复使用，其分摊费用可以忽略不计。

3）其他消耗材料如预清洗、中间清洗和后清洗擦拭用破布或擦纸可估算为 2 元/平方米。

(2) 检测人员的费用。

设 2 名无损检测人员的工资、福利费用总计为 10 万元/年，检测效率为 5 平方米/小时，每天工作 6 小时，则分摊到 1 m^2 检测面积为：

100 000 元÷300 天/年÷6 小时/天÷5 平方米/小时＝11.11 元/平方米。

以上总计：30＋0.6＋2＋11.11＝43.71 元/平方米。可取整数 45 元/平方米。

我们如果把这个成本费用设定为着色渗透检测每平方米面积单价的 60%，即着色渗透检测每平方米的基本单价为 75 元/平方米。渗透检测对检测人员的技术要求不算高，且检测结果有较直观的显示，因此在技术经验与培训方面的投入及技术风险的预估可以降低百分比。其中含有：

(3) 劳务税金 10%。

(4) 企业管理费，取 10%（包括租用办公场地费用分摊）。

(5) 技术经验与培训补偿，取 5%。

(6) 技术风险补偿，取 5%。

(7) 利润取 10%。

如果是在野外或施工现场进行超声检测，还需要增加设备器材的运输交通费、检测人员的差旅费或者野外作业、高空作业津贴等。

如果是在生产车间现场采用散装着色渗透液或荧光渗透液（商品化或自行配制）刷涂或浸没，则渗透材料的成本会大大降低，但是又带来了液槽、吊运、荧光渗透检测用的紫外线灯及其辅助设施（观察暗室、紫外线强度计等）、废液处理设备、耗水使量增大等费用，但总的来说，都会比溶剂清洗型喷罐式着色渗透检验的费用要低得多。

第四种，磁粉检测（MT）。

以固定式（床式）磁粉探伤机为例。

(1) 实际消耗成本。

1) 周向交流磁化电流 2 000 A，具有周向、纵向和复合磁化功能并带有断电相位控制器的国产固定式（床式）磁粉探伤机价格设为 15 万元/台，其折旧年限可按 10 年计算（实际上这类床式磁粉探伤机的使用寿命一般都可以超过 10 年），其检验效率按 4 平方米/小时计算，每年 300 个工作日，每天工作 6 小时，则有：

150 000 元/台 ÷ 10 年/台 ÷ 300 天/年 ÷ 6 小时/天 ÷ 4 平方米/小时 = 2.08 元/平方米。

辅助设备如退磁机、磁强计、白光照度计等按总值 5 万元，按 5 年折旧，则有：

50 000 元/台 ÷ 5 年/台 ÷ 300 天/年 ÷ 6 小时/天 ÷ 4 平方米/小时 = 1.39 元/平方米。

厂房折旧费：假定采用磁粉检测试验室方式，面积为 30 m²，总建筑费用 20 万元，按 30 年折旧，则：200 000 元 ÷ 30 年 ÷ 300 天/年 ÷ 6 小时/天 ÷ 4 平方米/小时 = 0.93 元/平方米。（如果直接在生产车间现场安装该设备，则应该免去此项）

2) 辅助器材与耗材：使用的磁粉检验灵敏度试片或标准试环、磁悬液浓度测定计、磁粉磁性称量仪、磁粉粒度测定仪及其他辅助应用工具等可以估算总值为 5 000 元，并按 1 年消耗，则有：5 000 元 ÷ 300 天/年 ÷ 6 小时/天 ÷ 4 平方米/小时 = 0.69 元/平方米。

磁粉采用 Fe_3O_4 黑磁粉，价格约为 30 元/公斤（荧光磁粉约为 600 元/公斤，但配比含量只要黑磁粉的 1/10 以下），以油磁悬液为例，变压器油和煤油比例 1:1，假定变压器油价格 6 元/升，煤油价格 5 元/升，磁悬液的黑磁粉浓度 25 克/升，在磁粉探伤机上使用时的消耗（主要是被检工件挂附带走）约为每检测 6 m² 的面积耗损 1 L 磁悬液，则每检测 1 m² 面积的耗费为：

[0.5 ×（6 元/升 + 5 元/升）+ 30 元/公斤 × 0.025 公斤/升] ÷ 6 平方米/升 = 1.04 元/平方米。

擦拭破布、电耗等其他消耗假定为 0.50 元/平方米。

(2) 检测人员的费用。

设 2 名无损检测人员的工资、福利费用总计为 10 万元/年，则：

100 000 元 ÷ 300 天/年 ÷ 6 小时/天 ÷ 4 平方米/小时 = 13.89 元/平方米。

以上合计：$2.08 + 1.39 + 0.93 + 0.69 + 1.04 + 0.50 + 13.89 = 20.52$ 元/平方米。可取整数 21 元/平方米。

我们把这个成本费用设定为磁粉检测每平方米的单价的 60%，即基本单价为 35 元/平方米。这里取技术经验、培训以及技术风险的百分比与渗透检测相当。其中含有：

(3) 劳务税金 10%。

(4) 企业管理费，取 10%（包括租用办公场地费用分摊）。

(5) 技术经验与培训补偿，取 5%。

(6) 技术风险补偿，取 5%。

(7) 利润取 10%。

注意：如果是在生产现场使用干法或湿法磁粉检验，并且磁粉或磁悬液不能回收循环使用，则磁粉及磁悬液的消耗将显著增大，据笔者的经验，采用干粉法时的干磁粉消耗量约在 $0.3 \sim 0.4 \text{ kg/m}^2$，采用湿法时的磁悬液消耗量约为 $0.5 \sim 1 \text{ L/m}^2$。如果是采用水磁悬液方式，由于水费便宜，尽管还需要加入润湿剂、防腐剂等添加剂，但水磁悬液的成本必定比油磁悬液低很多。如果采用荧光磁粉检测，则还需考虑配备紫外线灯、紫外线强度计等附加设备的费用。

在现场使用电磁轭（两极电磁轭、四极旋转磁场等）检测焊缝或大型锻铸件时，由于设备费用大大降低（国产两极电磁轭的零售价格约为 3 000 元/台），即便按照 1 年折旧完毕，而且使用商品化喷罐式磁悬液（国产 500 mL，约 15 元/罐，一般可用于 3 m^2），若再加上使用商品化喷罐式反差增强剂（国产 500 mL 装，约 15 元/罐，一般可用于 5 m^2），按上述方法计算所得的单价显然还可以有大幅度的降低。

第五种，涡流检测（ET）。

涡流检测一般不涉及明显的材料消耗，其实际检测对象通常包括涂镀层测厚、测定电导率和探伤三类，在实际检测中，多以检测工时，即以小时核算。涡流检测本身的检查效率很高，而且不需要涂刷耦合剂之类的辅助操作，如果在被检工件表面手工扫描检测，检查速度至少可以达到手工接触法超声检测的 2 倍，亦即每小时检查 20 m^2。下面以在实验室内进行涡流探伤为例：

(1) 实际消耗成本。

1) 国产数字式便携涡流探伤仪价格设为 8 万元，按 5 年折旧，每天工作 6 小时，点式探头每小时检查 20 m^2，则分摊到的设备费用：

80 000 元/台 ÷ 5 年/台 ÷ 300 天/年 ÷ 6 小时/天 ÷ 20 平方米/小时 = 0.44 元/平方米

2) 厂房折旧费。假定采用涡流检测实验室方式，面积为 30 m^2，总建筑费用 20 万元，按 30 年折旧，则：200 000 元 ÷ 30 年 ÷ 300 天/年 ÷ 6 小时/天 ÷ 20 平方米/小时 = 0.19 元/平方米。

(2) 检测人员的费用。

设两名无损检测人员为一组，工资、福利费用总计为 10 万元/年，则：100 000 元 ÷ 300 天/年 ÷ 6 小时/天 ÷ 20 平方米/小时 = 2.78 元/平方米。

其他消耗设为 0.50 元/平方米。

以上总计：$0.44 + 0.19 + 2.78 + 0.50 = 3.91$ 元/平方米，取整数 4 元/平方米。

我们把这个成本费用设定为涡流探伤检测每平方米的单价的50％，亦即涡流探伤检测每平方米的单价为8元/平方米。取技术经验、培训以及技术风险的百分比与X射线照相检测相当。其中含有：

（3）劳务税金10％。

（4）企业管理费，取10％（包括租用办公场地费用分摊）。

（5）技术经验与培训补偿，取10％。

（6）技术风险补偿，取10％。

（7）利润取10％。

如果是涡流测厚或电导率测定，一般是以测量点数计算费用，即以一个测量点数据为核算单价，常见的报价如1～2元/点，这里不再进行详细的核算分析。

对于涡流自动化检测，尽管其设备费用一般都很高昂，但是其检测效率极高，通常可达到150米/分钟以上的检测速度，而且自动化检测设备通常是安装在生产车间而不存在涡流检测实验室的建筑折旧费，因此单位检测费用是很低的。

说明：

以上例子是根据笔者多年从事生产第一线的无损检测与对外提供无损检测服务的实际经验和体会提出的推荐性计算方法，其中的价格数据为举例，鉴于市场、材料、设备、人工等价格变化及各单位的具体情况等应有适当的调整。

上述例子中涉及的设备、耗材及检测效率等与企业的管理有密切关系，加强管理、降低消耗、提高检测效率（包括检测工艺的改进）、提高检测人员的积极性（包括物尽其用、维护好设备器材以延长使用寿命、节约耗材、保证检测质量……）等都是降低成本、增加利润的关键因素。

企业管理费的含义除了包括企业管理人员及其他辅助人员的工资福利和行政管理等费用外，还应包括检测人员任务不饱满所致停工等的费用，因此，除了努力争取增加检测任务外，还应该从精简行政与辅助人员、节约办公经费等方面尽可能地降低企业管理费用，据笔者了解到的情况，一个现代化企业的企业管理费控制在10％左右是比较正常的，超过15％时就属于偏高了。

技术培训与经验补偿费用所占比例是按照不同检测方法对检测人员技术培训的难易程度、技术资格等级培训认证成本（脱产时间与费用）、对人员检测经验要求的程度等来确定的。

技术风险补偿费所占比例是根据检测结果显示是否直观，对检测结果判断、解释与评定的技术难度及产品验收标准的严格程度等确定的。

上述技术培训与经验补偿费和技术风险补偿费两项占有比例的大小可以说是控制实际总价格的关键。

制造企业在对产品、材料确定销售价格时，应该考虑到无损检测的费用不仅需要包含无损检测本身的费用，而且对于有无损检测工序的产品、材料、构件还应该考虑由于实施了无损检测而必然带来的不合格品处理及返修的费用。在采用不同的验收标准（亦即严格程度不同）时，则所带来的不合格品处理及返修的费用是不同的，显然，无损检测验收标准越严格，所涉及的这种费用也会越高。例如，在我国的冶金工业系统中，钢材或有色金属材料的价格通常在有无损检测要求时，将在原价格（未作无损检测）的基础上增加5%～30%，具体比例视所采用的无损检测方法和验收标准的严格程度综合考虑确定，但是这样确定的费用已经不再是本节中所述的无损检测技术服务的费用价格问题，而是从整个的产品价格来考虑了。

主要参考文献

[1] 王自明. 无损检测综合知识 [M]. 北京：机械工业出版社，2005.
[2] 王任达. 全息和散斑检测 [M]. 北京：机械工业出版社，2005.
[3] 王跃辉. 目视检测 [M]. 北京：机械工业出版社，2006.
[4] 吴孝俭，闫荣鑫. 泄漏检测 [M]. 北京：机械工业出版社，2005.
[5] 杨明纬. 声发射检测 [M]. 北京：机械工业出版社，2005.
[6] 叶云长. 计算机层析成像检测 [M]. 北京：机械工业出版社，2006.
[7] 夏纪真. 工业超声波检测技术 [M]. 广州：广东科技出版社，2009.
[8] 夏纪真. 工业无损检测技术（射线检测）[M]. 广州：中山大学出版社，2014.
[9] 夏纪真. 工业无损检测技术（渗透检测）[M]. 广州：中山大学出版社，2013.
[10] 夏纪真. 工业无损检测技术（磁粉检测）[M]. 广州：中山大学出版社，2013.
[11] 同济大学声学研究室. 超声工业测量技术 [M]. 上海：上海人民出版社，1977.
[12] 袁振民，马羽宽，何泽云. 声发射技术及其应用 [M]. 北京：机械工业出版社，1985.
[13] 王汝林，王咏涛. 红外检测技术 [M]. 北京：化学工业出版社，2006.
[14] 邢海燕，徐敏强，李建伟. 磁记忆检测技术及工程应用 [M]. 北京：中国石化出版社，2011.
[15] 周在杞，周克印，许会. 微波检测技术 [M]. 北京：化学工业出版社，2008.
[16] 任吉林，林俊明. 电磁无损检测 [M]. 北京：科学出版社，2008.
[17] 康宜华，武新军. 数字化磁性无损检测技术 [M]. 北京：机械工业出版社，2007.
[18] 任吉林，林俊明. 金属磁记忆检测技术 [M]. 北京：中国电力出版社，2000.
[19] 史亦韦，梁菁，何方成. 航空材料与制件无损检测技术新进展 [M]. 北京：国防工业出版社，2012.
[20] 施克仁. 无损检测新技术 [M]. 北京：清华大学出版社，2007.
[21] 机械工程手册、电机工程手册编辑委员会. 机械工程手册 [M]. 北京：机械工业出版社，1979.
[22] 孙金立. 无损检测及在航空维修中的应用 [M]. 北京：国防工业出版社，2004.
[23] 李家伟. 无损检测手册 [M]. 2版. 北京：机械工业出版社，2012.
[24] 日本无损检测协会. 无损检测概论 [M]. 上海：上海科学技术出版社，1981.

[25]（日）石井勇五郎. 无损检测学［M］. 北京：机械工业出版社，1986.
[26] 中国机械工程学会无损检测学会. 国外无损检测［M］. 上海：上海科学技术文献出版社，1981.
[27] 陈积懋，余南廷. 胶接结构与复合材料的无损检测［M］. 北京：国防工业出版社，1984.
[28] 李明轩. 声阻法检测原理［M］. 北京：科学出版社，1976.
[29] B. P. 希尔德，布兰德，等. 声全息导论［M］. 北京：科学出版社，1978.
[30] 美国无损检测学会. 美国无损检测手册［M］. 北京：世界图书出版公司，1992.
[31] 王永保. 激光全息检验［M］. 北京：国防工业出版社，1985.
[32]（美）R. K. 厄尔夫. 全息摄影无损检测［M］. 北京：机械工业出版社，1982.
[33] 李慧娟. 铝蒙皮蜂窝夹层结构的各种无损检测方法［J］. 无损探伤，2009（2）.
[34] 莫洪斌，周在杞. 微波检测技术的发展［J］. 无损检测，2009（4）.